交换与路由实用配置技术

（第3版）

主　编　曹炯清　阳　柳

副主编　徐　静　邹伟力　于　鹏

清华大学出版社

北京交通大学出版社

·北京·

内 容 简 介

本书主要针对计算机网络技术中的交换技术和路由技术进行介绍。

全书共分八个部分，分别是第 1 部分学习环境的搭建、第 2 部分网络技术基础知识、第 3 部分交换机基础、第 4 部分交换机实用配置、第 5 部分路由器基础、第 6 部分路由协议、第 7 部分三层设备实用配置、第 8 部分虚拟专用网配置，教学内容采用项目结合实训的编排方式，共有项目 23 个、实训 26 个，附录为防火墙配置实验。

本书秉承由浅及深、循序渐进的教学思路，对教学内容进行精心编排，侧重于基础理论和实践操作，大部分理论教学内容都配有相应的实训内容进行验证，实现理论支持实践、实践印证理论并相互结合的教学方法，全面提高学生理论和实践结合的综合素质，并培养学生的独立思考、解决问题和创新的能力。

本书可作为高等学校计算机网络技术专业的教材，也适用作网络技术方面的培训教材。此外，也可供网络工程技术专业人员参考使用。

图书在版编目（CIP）数据

交换与路由实用配置技术 / 曹炯清，阳柳主编；徐静，邹伟力，于鹏副主编. —3 版. —北京：北京交通大学出版社：清华大学出版社，2022.1

　ISBN 978-7-5121-4597-9

　Ⅰ．①交…　Ⅱ．①曹…　②阳…　③徐…　④邹…　⑤于…　Ⅲ．①计算机网络-信息交换机-高等职业教育-教材　②计算机网络-路由选择-高等职业教育-教材　Ⅳ．①TN915.05

　中国版本图书馆 CIP 数据核字（2021）第 230395 号

交换与路由实用配置技术
JIAOHUAN YU LUYOU SHIYONG PEIZHI JISHU

责任编辑：谭文芳
出版发行：清华大学出版社　　　　邮编：100084　　电话：010-62776969　　http://www.tup.com.cn
　　　　　北京交通大学出版社　　　邮编：100044　　电话：010-51686414　　http://www.bjtup.com.cn
印　刷　者：北京时代华都印刷有限公司
经　　　销：全国新华书店
开　　　本：185 mm×260 mm　　印张：17　　字数：432 千字
版 印 次：2010 年 6 月第 1 版　　2022 年 1 月第 3 版　　2022 年 1 月第 1 次印刷
定　　　价：49.00 元

本书如有质量问题，请向北京交通大学出版社质监组反映。对您的意见和批评，我们表示欢迎和感谢。
投诉电话：010-51686043，51686008；传真：010-62225406；E-mail：press@bjtu.edu.cn。

前　言

针对我国计算机网络技术专业教材的实际情况，结合国内知名网络厂商的网络产品和技术规范，选择具有代表性的网络专业技术知识，与实际网络工程技术相结合，这是本书编写的初衷。

本书以培养计算机网络技术专业高技术技能应用型人才为目标，重点训练学生的实际操作能力。在内容的选取、组织与编排上，强调先进性、技术性和实用性，突出实践，强调应用，秉承教材编者多年实际网络工程经验和教学经验，完全按照教学规律和实际网络工程技术相结合的思路，使用简洁明快的语言，采用大量的图解和实例，通过通俗易懂的讲解，针对所需的理论知识逐步进行循序渐进的介绍，并且根据每个项目中涉及的理论知识，安排了相应的实训项目，同时针对网络工程中实际使用技术进行分解，将实际网络技术分解到每一个项目的教学内容和每一个实训中。

本书第 1 版、第 2 版出版以来，得到了广大读者的关心和爱护，很多学校用作教材或教学参考书，选用情况较好，并得到了很多的反馈信息和良好建议，在此向这些朋友表示由衷的感激，同时也希望在本书出版后能得到更多的建议和指正，并针对交换和路由技术的教学过程、教学内容、教学方法和手段进行讨论，进一步提高我国计算机网络技术专业的教育水平。

关于本书的课时安排，建议理论教学学时 40 学时，实践教学学时 40 学时，可采用"教、学、做"一体化的教学方式，理论教学和实践教学交叉进行。

关于本书的作业方式，建议采用电子作业，由学生完成实训内容后并保存为配置文件递交教师，锻炼学生的实践动手能力。

关于本课程的考核方式，建议采用态度纪律、项目技术技能和期末考核相结合的方式，态度纪律为学生考勤情况，项目技术技能为学生实训完成情况，期末考核为理论实践结合的笔试考核，具体考核比例建议为态度纪律 20%，项目技术技能 40%，期末考核 40%，实际考核比例可根据学生的实际情况确定。

本书第 2 版荣获贵州省 2018 年省级教学成果一等奖。本书第 3 版由贵州电子信息职业技术学院曹炯清、阳柳任主编，新华三人才研学中心徐静、于鹏及新华三技术有限公司贵州代表处邹伟力任副主编。其中第 1 部分学习环境的搭建、第 5 部分路由器基础、第 6 部分路由协议、第 7 部分三层设备实用配置、第 8 部分虚拟专用网配置、附录防火墙配置实验由曹炯清编写，第 2 部分网络技术基础知识、第 3 部分交换机基础、第 4 部分交换机实用配置由阳柳编写，徐静、于鹏、邹伟力负责整体策划和内容审核。

在编写本书的过程中，由于作者水平有限，书中的不妥和错误在所难免，诚请各位专家、读者不吝指正（QQ：274685876），特此为谢。

曹炯清

2021 年 11 月

目　　录

第 1 部分　学习环境的搭建

项目 1　HCL 简介

在网络技术的学习中，通常需要进行技术的验证，因此在本书的第一部分，首先搭建学习环境和实验环境，同时对这样的学习环境进行熟悉。

进行网络技术学习的实验环境通常有思科公司的 PacketTracer、H3C 公司的 HCL、华为公司的 eNSP 等。在国内市场中，H3C 公司的产品占有较大的市场份额，技术也具有先进性和通识性，因此本书主要对 H3C 公司的网络产品进行介绍，也按照 H3C 公司提供的官方模拟器软件构建学习环境。

H3C 云实验室 HCL（H3C Cloud Lab）是一款界面图形化的全真网络模拟软件，用户可以通过该软件实现 H3C 公司多个型号虚拟设备的组网，是用户学习、测试基于 H3C 公司 Comware V7 平台网络设备的必备工具。Comware V7 是 H3C 公司新一代的网络操作系统。

HCL 官网下载位置：www.h3c.com/cn，首页→支持→文档与软件→软件下载→其他产品。

HCL 下载地址二维码如图 1-1 所示。

图 1-1　HCL 下载地址二维码

1.1　HCL 和 VirtualBox 的安装

从 H3C 官网下载的安装包，包含了 H3C 公司的 HCL 和 Oracle 公司的 Oracle VM VirtualBox（本书后面简称 VirtualBox）两个软件，HCL 的版本为 2.1.2。安装较为简单，按照默认安装即可，如图 1-2 所示。

图 1-2　安装 HCL

在 HCL 的安装过程中，需要安装 VirtualBox 软件，版本为 6.0.14，VirtualBox 是 HCL 正确运行所必需的软件，如图 1-3 和图 1-4 所示。

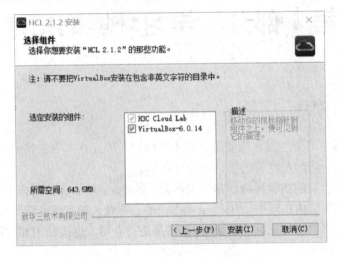

图 1-3　选择安装 VirtualBox

图 1-4　安装 VirtualBox

VirtualBox 安装完成以后，HCL 也正常安装完成了。

1.2　Wireshark 的安装

Wireshark 是一个网络数据封装分析软件。网络数据封装分析软件的功能是撷取网络封装数据包，以便进行网络通信协议的学习。

Wireshark 官网下载地址：https://www.wireshark.org/download.html。

本机使用的 Wireshark 版本为 3.4.3，根据本机 Windows 操作系统的情况，可选择 32 位或 64 位的 Wireshark 安装，安装如图 1-5 所示。

图 1-5　安装 Wireshark

在 Wireshark 的安装过程中会安装 Npcap 软件，Npcap 是 Windows 操作系统下网络抓包的底层工具包软件，务必默认安装，如图 1-6 所示。

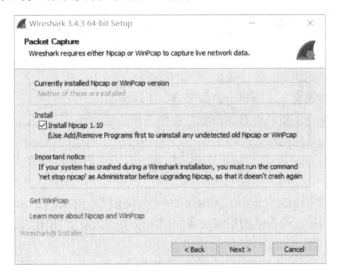

图 1-6　安装 Npcap

1.3　HCL 的操作界面

HCL 启动以后，操作界面较为简单，分为标题和菜单栏区、快捷操作区、设备区、工作台、抓包接口列表、拓扑汇总区等，HCL 操作界面如图 1-7 所示。

（1）标题和菜单栏区

标题显示当前工程的信息，菜单栏包含工程、编辑、设置、查看、帮助、收集日志文件和退出 7 个菜单项。

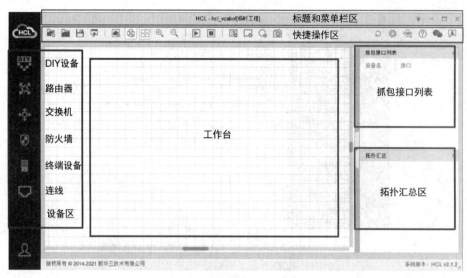

图 1-7 HCL 操作界面

（2）快捷操作区

从左至右包括工程操作、显示控制、设备控制、图形绘制、扩展功能五类快捷操作，鼠标悬停在图标上可以显示图标功能提示。

工程操作包括新建工程、打开工程、保存工程、导出工程。

显示控制包括显示接口名、隐藏设备名、隐藏网格、放大、缩小。

设备控制包括启动设备、停止设备。

图形绘制包括添加文本、画矩形、画椭圆、工作区截图。

扩展功能包括检查更新、设置、命令行查询工具、帮助等。

（3）设备区

从上到下依次为 DIY 设备（Do It Yourself，用户自定义设备）、路由器、交换机、防火墙、终端设备、连线。

HCL 目前支持模拟 H3C 公司的 MSR36-20 型号路由器、S5820V2-54QS-GE 型号交换机、F1060 型号防火墙。HCL 设备区的所有设备如图 1-8 所示。关于 HCL 的终端设备，在后续内容中进行介绍。

连线包括了 Manual 手动添加连线、自动添加 GigabitEthernet（1G 以太网接口）连线、自动添加 Ten-GigabitEthernet（10G 以太网接口）连线、自动添加 Forty-GigabitEthernet（40G 以太网接口）连线、自动添加 Serial（路由器串口）连线、自动添加 Pos（路由器 Packet Over SONET/SDH 接口）连线、自动添加 E1（路由器 E1 接口）连线、自动添加 ATM（路由器 Asynchronous Transfer Mode 接口）连线。

（4）工作台

用来搭建拓扑网络的工作区，可以进行添加设备、删除设备、连线、删除连线等可视化操作，并显示搭建出来的图形化拓扑网络。

（5）抓包接口列表

该区域汇总了已设置抓包的接口列表。通过右键菜单可以进行停止抓包、查看抓取报文等操作。

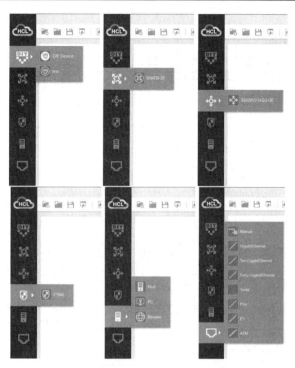

图 1-8　HCL 设备区的所有设备

（6）拓扑汇总区

该区域汇总了拓扑中的所有设备和连线。通过右键菜单可以对拓扑进行简单的操作。

项目 2　HCL 与 VirtualBox 的关系

2.1　VirtualBox 简介

Oracle 公司的 VirtualBox 是免费的虚拟机软件。虚拟机软件意味着可以在同一台计算机上同时创建和运行多个虚拟机，并且这些虚拟机可以运行不同的操作系统。

物理主机与 VirtualBox 虚拟机软件、虚拟设备之间的关系如图 2-1 所示。在物理主机上安装 VirtualBox 虚拟机软件，然后在 VirtualBox 虚拟机软件再安装不同的虚拟设备操作系统，从而实现在一台物理主机的硬件条件下、多台虚拟设备同时运行。

图 2-1　物理主机与 VirtualBox 虚拟机软件、虚拟设备之间的关系

2.2　HCL 与 VirtualBox 的关系

在 HCL 的默认安装目录 C:\Program Files (x86)\HCL\version 中可以找到 HCL 网络设备的虚拟机磁盘文件，文件后缀名为 vmdk，如图 2-2 所示。

图 2-2　HCL 网络设备的虚拟机磁盘文件

diy.vmdk 为 HCL 模拟器中 DIY 设备的操作系统。

msr36_b75.vmdk 为 HCL 模拟器中路由器 MSR36-20 的操作系统。

s5800_b75.vmdk 为 HCL 模拟器中交换机 S5820V2-54QS-GE 的操作系统。

f1000_fw_b64.vmdk 为 HCL 模拟器中防火墙 F1060 的操作系统。

pc.vmdk 为 HCL 模拟器中虚拟主机 VPC 的操作系统。

在 HCL 中添加设备并启动以后，在 VirtualBox 管理器中就会看到有虚拟网络设备正在运行，如图 2-3 所示。换句话说，HCL 模拟器对网络设备的模拟，其本质就是通过 VM VirtualBox 加载 H3C 网络设备的虚拟机磁盘文件（即网络设备的操作系统），从而实现网络设备的模拟运行。

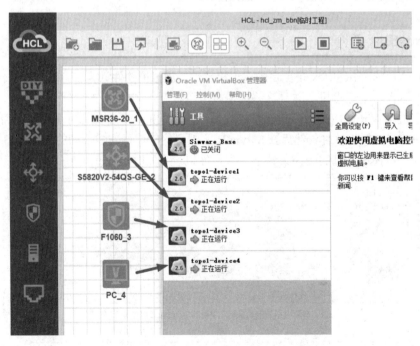

图 2-3　HCL 与 VirtualBox 中的设备运行

实训 1　VirtualBox 的使用

【实训任务】

通过本次实训任务，熟练掌握在 VirtualBox 中创建虚拟机及对虚拟机进行管理。熟练掌握在 VirtualBox 中配置虚拟网卡。

【实训步骤】

1．创建虚拟主机

在 VM VirtualBox 中新建一台操作系统为 Windows 7 的虚拟机，该虚拟机取名为 Win7-01，创建过程如实训图 1-1 所示。

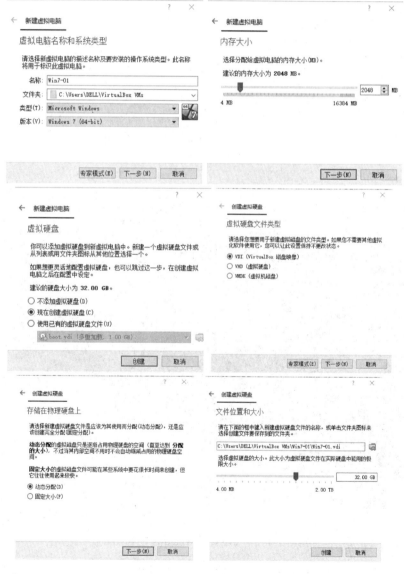

实训图 1-1　创建 Win7-01 虚拟机

　　完成 Win7-01 虚拟机的创建以后，选择创建好的虚拟机，鼠标右键设置，在"存储"选项卡中，添加 Windows 7 的操作系统安装光盘，如实训图 1-2 所示。确定后启动该虚拟机从而开始安装该虚拟机的 Windows 7 操作系统，如实训图 1-3 所示。

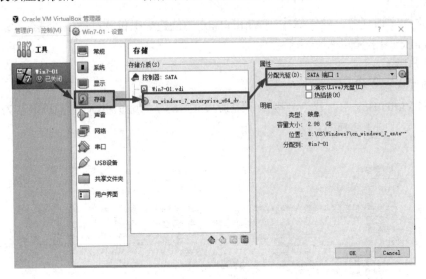

实训图 1-2　添加 Windows 7 的安装光盘

实训图 1-3　开始安装 Windows 7 操作系统

　　安装完成后，即可在 VirtualBox 中启动一台操作系统为 Windows 7 的虚拟机 Win7-01，虚拟机登录界面如实训图 1-4 所示。

实训图 1-4 安装完成启动虚拟机 Win7-01

　　登录进入 Win7-01 虚拟机后，为了有效测试网络连通性，务必关闭 Windows 7 的防火墙，操作过程如实训图 1-5 所示。

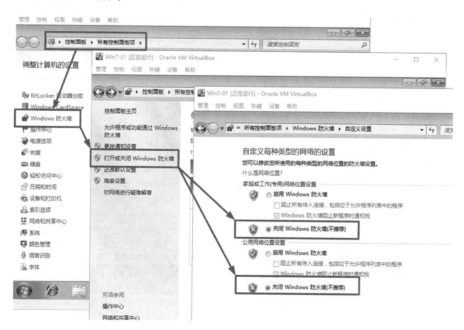

实训图 1-5 关闭虚拟机的防火墙

　　如果需要多台虚拟机，可以在已创建好的虚拟机 Win7-01 上选择复制，操作过程如实训图 1-6 所示。复制虚拟机时，取名为 Win7-02，同时务必在 MAC 地址设定中选择为所有网卡重新生成 MAC 地址。

在后续实训教学内容中会使用到 VirtualBox 的虚拟机 Win7-01 和 Win7-02。

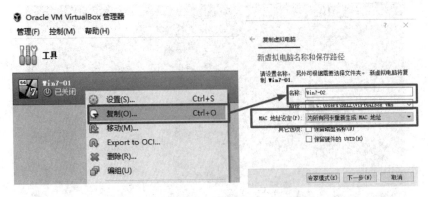

实训图 1-6　虚拟机的复制

2. 配置虚拟网络

为了配合 HCL 中可能需要使用的多台虚拟机，在 VirtualBox 中可以创建多个虚拟网络（其本质为增加多块 VirtualBox Host-Only Ethernet Adapter 虚拟以太网网卡），添加完成后的虚拟以太网网卡编号按照#2、#3、#4……顺序编排，操作过程如图 1-7 所示。

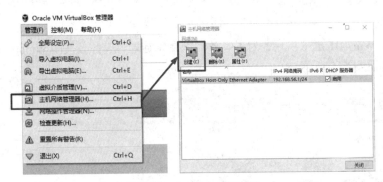

实训图 1-7　创建虚拟网络

同时关闭所有 VirtualBox Host-Only Ethernet Adapter 的 DHCP 服务器功能，操作过程如实训图 1-8 所示。

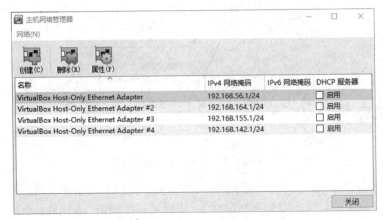

实训图 1-8　管理虚拟网络界面

实训 2　HCL 中 VPC 与 VirtualBox 中虚拟主机互通

【实训任务】

通过本次实训任务，熟练掌握 VPC 的配置，熟练掌握 Host 主机的配置，熟练掌握 HCL 中的连线方式，实现 Host 与 VPC 的主机互通。

在 HCL 中终端设备有三种，分别是本地主机、虚拟主机、远端虚拟网络，如实训图 2-1 所示。

实训图 2-1　HCL 中的终端设备

本地主机 Host 为 HCL 软件与 VirtualBox 相互连接的主机，后续实训教学内容中简称该类型的本地主机为 Host。

虚拟主机（VPC）为 HCL 软件运行的模拟 PC 功能的设备，功能过于简单，只能进行 ping 命令的操作，后续实训教学内容简称该类型的虚拟主机为 VPC。

远端虚拟网络 Remote，是用于与远程物理主机上运行的 HCL 相互网络连接。

其中 Host 与 VPC 连接的原理如实训图 2-2 所示，HCL 模拟器里的 VPC 连接 Host 的 VirtualBox Host-only Ethernet Adapter 网卡，在 VirtualBox 里的虚拟机 Win7-01 也连接 VirtualBox Host-only Ethernet Adapter 网卡，实际上就实现了 HCL 模拟器里的 VPC 连接了 VirtualBox 的 Win7-01。

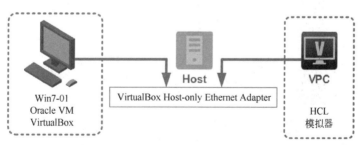

实训图 2-2　VPC 与 Host 连接的原理

【实训步骤】

1. 构建拓扑

在 HCL 中新建一台 Host 和一台 VPC，进行手动连线。其中 Host 选择 VirtualBox Host-only

Ethernet Adapter 网卡，如实训图 2-3 所示。

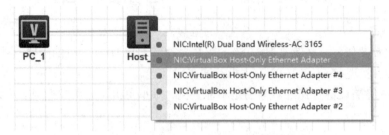

实训图 2-3　拓扑连线

连线完成后，添加文本标注，标注 VPC 的 IP 地址为 192.168.1.1，子网掩码 255.255.255.0，标注 Host 的 IP 地址为 192.168.1.2，子网掩码 255.255.255.0，标注后的拓扑结构如实训图 2-4 所示。

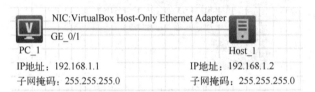

实训图 2-4　标注后的拓扑结构

2．配置 HCL 中的 VPC

启动 HCL 中的 VPC，选中 VPC，鼠标右键配置。启用该 VPC 的接口后，配置静态 IP 地址 192.168.1.1，掩码地址为 255.255.255.0，然后启用 IP 地址，操作过程如实训图 2-5 所示。

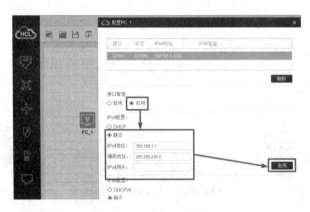

实训图 2-5　配置 VPC

双击进入该 VPC 的命令行界面，输入 "?"，可以查看可执行的命令。其中 ping 为网络连通性测试指令，如实训图 2-6 所示。

3．配置 VirtualBox 中的虚拟机

启动 VirtualBox 软件，选择 Win7-01，鼠标右键设置网络选项卡，选择 VirtualBox Host-Only Ethernet Adapter，确定后启动该虚拟机，操作过程如实训图 2-7 所示。

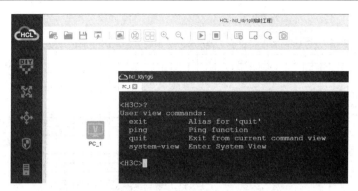

实训图 2-6　VPC 的命令行帮助

实训图 2-7　配置 Win7-01 虚拟机的网络连接

进入 Windows 操作系统之后，设置 Win7-01 的 IP 地址为 192.168.1.2，子网掩码为 255.255.255.0，配置界面如实训图 2-8 所示。

实训图 2-8　配置 Win7-01 虚拟机的 IP 地址

4．互通验证

完成以上配置后，在 Win7-01 下启动命令行，可以 ping 通 192.168.1.1，结果如实训图 2-9 所示。

实训图 2-9　Win7-01 连通 VPC 测试

在 HCL 中双击 VPC，可以 ping 通 192.168.1.2，结果如实训图 2-10 所示。

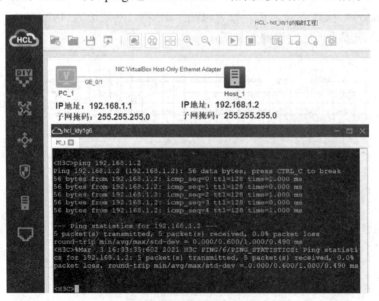

实训图 2-10　VPC 连通 Win7-01 测试

通过以上实训内容，即实现 VirtualBox 的 Win7-01 与 HCL 中的 VPC 相互连通。

第 2 部分　网络技术基础知识

项目 3　TCP/IP 协议体系

3.1　TCP/IP 协议体系简介

为了解决不同体系结构、不同标准的网络互联问题，国际标准化组织（International Organization for Standardization，ISO）于 1981 年制定了开放系统互连参考模型（Open System Interconnection /Reference Model，OSI/RM）。作为国际标准，OSI/RM 规定了可以互联的计算机系统之间的通信协议。

在实际的计算机网络中，由于 OSI/RM 过于庞大和复杂而并不适用，而真正在网络中使用的通信标准是 TCP/IP 协议体系，也可以这么认为，OSI/RM 是理论上的网络标准，而 TCP/IP 协议体系是实际使用的网络通信标准。

TCP/IP 协议体系是 20 世纪 70 年代中期美国国防部为其高级研究项目专用网络（Advanced Research Projects Agency Network，ARPANet）开发的网络体系结构和协议标准，以它为基础组建的 Internet 是目前世界上规模最大的计算机互联网络，正因为 Internet 的广泛使用，使得 TCP/IP 协议体系成为了事实上的网络通信标准。

TCP/IP 协议体系是网络中使用的最基本的通信协议集合，虽然从名字上看 TCP/IP 协议体系包括两个协议，传输控制协议 TCP 和网际协议 IP，但 TCP/IP 协议体系实际上是一组协议，它包括 TCP、IP、UDP、ICMP、RIP、TELNET、FTP、SMTP、ARP、TFTP 等许多协议，这些协议一起统称为 TCP/IP 协议体系，而这些协议都是由 Internet 体系结构委员会（Internet Architecture Board，IAB）作为 Internet 标准发布的协议。

3.2　TCP/IP 协议体系的层次结构

TCP/IP 协议体系和 OSI/RM 的对比示意图如图 3-1 所示。

TCP/IP 协议体系将网络划分为四个层次，分别是网络接口层、网络互联层、网络传输层、应用层。

计算机网络不可能离开物理网络——物理层而存在，因此为了便于实际的分析，通常在 TCP/IP 协议体系的基础上结合 OSI/RM，将计算机网络分为物理层、数据链路层、网络层、传输层和应用层。下面简单介绍各层的主要功能。

① 应用层。应用层是 TCP/IP 协议体系结构中的最高层。应用层确定进程之间通信的性质以满足用户的需要（这反映在用户所产生的服务请求）。

② 传输层。传输层的任务就是负责主机中两个进程之间的通信，其数据传输的单位是报文。

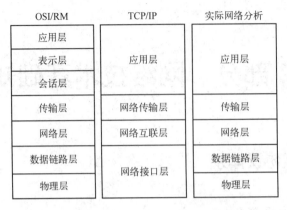

图 3-1　OSI/RM 与 TCP/IP 协议体系的对比

③ 网络层。网络层负责为不同网络中的不同主机之间提供通信。在网络层，数据的传送单位是分组或数据包。在 TCP/IP 协议体系中，网络层的分组叫作 IP 数据包。

④ 数据链路层。数据链路层的任务是在两个相邻结点间的线路上无差错地传帧，每一帧包括数据和必要的控制信息。数据链路层的目的就是把一条有可能传输中出现差错的物理链路，转变为从网络层向下看去是一条不出差错的数据链路。

⑤ 物理层。物理层的任务就是透明地传送比特流，并提供各种物理层标准的网络接口。

3.3　TCP/IP 协议体系的协议分布

前面已经提到 TCP/IP 协议体系是用于计算机通信的一组协议，而并非几个协议，部分协议分布情况如图 3-2 所示。

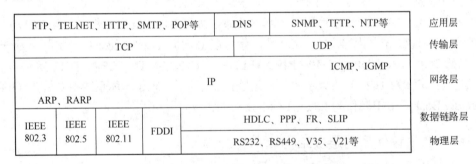

图 3-2　TCP/IP 协议体系的部分协议分布

表 3-1 是 TCP/IP 协议体系中一些常见协议的说明。

表 3-1　TCP/IP 协议体系中常见协议

协议/标准/规范名称	中 文 含 义
FTP（file transfer protocol）	文件传输协议
TELNET	远程终端登录
HTTP（hypertext transfer protocol）	超文本传输协议
SMTP（simple mail transfer protocol）	简单邮件传输协议

协议/标准/规范名称	中 文 含 义
POP（post office protocol）	邮局协议
DNS（domain name system）	域名系统
SNMP（simple network management protocol）	简单网络管理协议
TFTP（trivial file transfer protocol）	简单文件传输协议
NTP（network time protocol）	网络时间协议
TCP（transmission control protocol）	传输控制协议
UDP（user datagram protocol）	用户数据报协议
IP（internet protocol）	网际协议
ICMP（internet control messagemnet protocol）	网间控制报文协议
IGMP（internet group management protocol）	网间组选报文协议
ARP（address resolution protocol）	地址解析协议
RARP（reverse ARP）	逆向地址解析协议
FDDI（fiber distributed data interface）	光纤分布数据接口
HDLC（high-Level data link control）	高级数据链路控制规程
PPP（point to point protocol）	点对点协议
FR（frame relay）	帧中继
SLIP（serial line internet protocol）	串行线路网际协议
IEEE 802.3	总线访问控制方法及物理层规范（CSMA/CD）
IEEE 802.5	令牌环网访问控制方法及物理层规范
IEEE 802.11	无线局域网访问控制方法及物理层规范

其中应用层的协议分为三类：一类协议基于传输层的 TCP 协议，典型的如 FTP、TELNET、HTTP、SMTP、POP 等；另一类协议基于传输层的 UDP 协议，典型的如 SNMP、TFTP、NTP 等；还有一类应用层协议，即基于 TCP 协议又基于 UDP 协议，典型的如 DNS，这类协议较少。

传输层主要使用两个协议，即面向连接可靠的 TCP 协议和面向无连接不可靠的 UDP 协议。

网络层最主要的协议就是面向无连接不可靠的 IP 协议，另外还有 ICMP、IGMP、ARP、RARP 等协议。

数据链路层和物理层根据不同的网络环境，如局域网、广域网等情况，有不同的帧封装协议和物理层接口标准。

TCP/IP 协议体系的特点是上下两头大而中间小，应用层和网络接口层都有多种协议，而中间的 IP 层很小，上层的各种协议都向下汇聚到一个 IP 协议中，而 IP 协议又可以应用到各种数据链路层协议中，这种结构也可以表明，TCP/IP 协议体系可以为各种各样的应用提供服务，同时也可以连接到各种各样的网络类型，这种漏斗结构是 TCP/IP 协议体系得到广泛使用的最主要原因。

针对这样的结构，可以总结为"All Over IP 和 IP Over All"，即"所有"基于 IP 和 IP 基于"所有"，如图 3-3 所示。

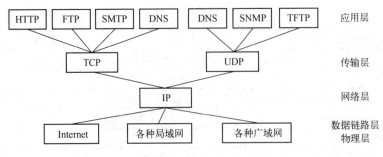

图 3-3　TCP/IP 协议体系的漏斗结构

3.4　TCP/IP 协议体系的协议数据封装与拆封

1. 数据封装与拆封

在 TCP/IP 协议体系中，存在着数据的封装与拆封的过程。

比如，源主机打开浏览器访问目的主机的网页（WWW 服务），首先源主机上的应用层功能实体（功能实体即实现某一功能的软件或硬件，在网络层以上通常为软件，在网络层以下通常为硬件），将用户的数据通过 HTTP 协议进行封装，也就是给数据加上 HTTP 协议的首部，然后递交给传输层，由于 HTTP 协议是基于 TCP 协议的，传输层的实体再给上层递交下来的数据加上 TCP 协议首部，然后递交给网络层，网络层再给上层递交下来的数据加上 IP 协议首部，然后递交给数据链路层，根据实际的网络环境，数据链路层再加上帧头和帧尾（如在局域网加上以太网的帧头和帧尾，如在广域网加上 PPP 协议的帧头和帧尾），最终帧进入物理层，在物理层转换为比特流信号进行发送，通过网络传输到达目的主机，过程如图 3-4 上图所示。数据拆封过程与数据封装过程相反，图 3-4 下图中也列出了基于 UDP 协议的应用层 SNMP 协议的数据封装和拆封过程。

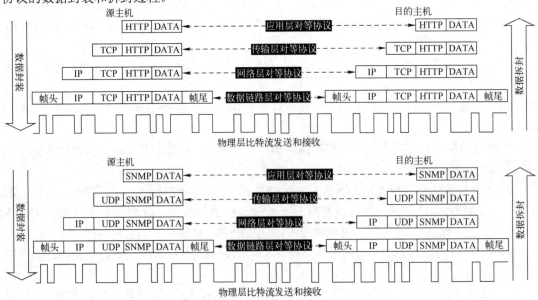

图 3-4　TCP/IP 协议体系的数据封装和拆封

由于网络中很少会出现源主机与目的主机直接连接的情况，源主机和目的主机之间需要通过网络互联设备才能进行通信，这些网络互联设备工作于 TCP/IP 协议体系的不同层次，例如，数据链路层设备会检查数据链路层封装的帧头和帧尾，然后进行处理转发，而网络层设备不光要检查数据链路层封装的帧头和帧尾，还要检查网络层封装的 IP 首部，然后进行处理转发，以此类推，最终到达目的主机，如图 3-5 所示。其中数据链路层设备主要有网桥、交换机等，网络层设备主要有路由器和三层交换机等。

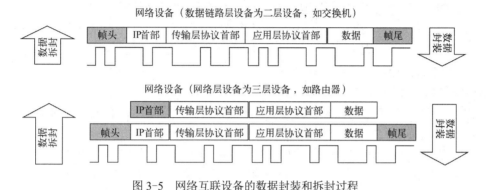

图 3-5　网络互联设备的数据封装和拆封过程

2. 协议和协议三要素

（1）协议的概念

从上面数据封装和拆封的过程中可以很容易地理解，发送方的各层功能实体在各层加上协议首部，到达接收方后，接收方的各层功能实体必须可以正确地理解协议首部，比如说，发送方网络层实体添加的 IP 协议首部有一定的格式、含义和信息，网络中转发设备的网络层实体、目的主机的网络层实体必须能够对这样的 IP 协议首部进行正确的理解，那么可以称为两个对等层实体遵循相同的协议，如图 3-6 所示。

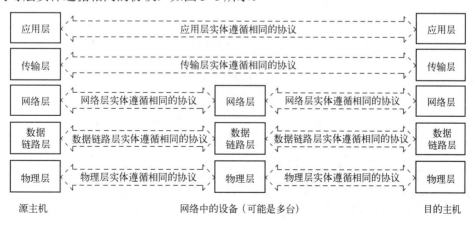

图 3-6　对等层遵循相同的协议

同样也可以认为网络中的计算机与计算机、计算机与网络设备之间要正确地传送数据，必须在数据传输的顺序、数据的格式及内容等方面有一个约定或规则，这种约定或规则称为协议。即协议是控制两个对等层实体进行通信的规则的集合。

特别强调的是，协议最大的特点就是水平性，即对等层的双方实体遵循相同的协议。

（2）协议的三要素

协议具有如下三个要素。

语法：数据与控制信息的结构和格式。

语义：数据传输中控制信息的含义。

时序：实现数据传输的详细顺序和步骤。

下面以两个人相互打招呼（双方数据通信）来理解协议的三个要素。

甲向乙说："你好吗？"这个句型就是语法，不能说："吗好你？"

甲说的"你好吗？"，表达的是一种问候的含义，这就是语义，乙不能认为是其他的含义。

甲先说"你好吗？"，然后才和乙进行交谈，最后说"再见"，这就是时序，而不能先说"再见"，然后才进行交谈。

3．TCP/IP 协议体系中数据封装的名称

图 3-7 是在 TCP/IP 协议体系中几种常见的数据封装结构和信息单元名称，物理层处理的信息单元称为比特流，数据链路层处理的信息单元称为数据帧，网络层处理的信息单元称为 IP 数据包，传输层处理的信息单元称为 TCP 报文或 UDP 报文，同时，ICMP 和 IGMP 也处于网络层，但需要 IP 协议的封装，所以网络层还有 ICMP 报文和 IGMP 报文。注意，网络层的 ARP 协议不经过 IP 协议封装。

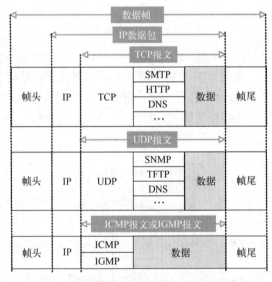

图 3-7　常见的数据封装结构和信息单元名称

至此为止，值得关心和注意的就是几个常见协议的首部结构（也称为头部），如 IP 协议、TCP 协议、UDP 协议，还有各种网络环境下不同的数据帧头和数据帧尾结构，如以太网帧头和帧尾、PPP 帧头和帧尾等，这些首部结构在后继内容中逐步讨论。

项目 4　TCP/IP 协议体系相关协议

4.1　IP 协议及特点

IP 协议是 TCP/IP 协议体系中最核心的协议，它提供不可靠、无连接的服务，也即依赖其

他层的协议进行差错控制。

图 4-1 为 IP 数据包首部结构。

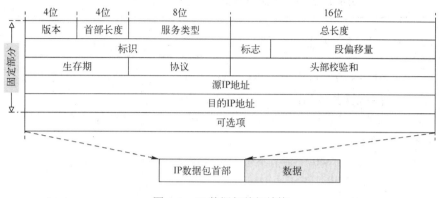

图 4-1　IP 数据包首部结构

版本：占 4 位，指 IP 协议的版本，目前主要使用的 IP 协议版本号为 4。IP 协议版本 6 与 IP 协议版本 4 具有有不同的首部格式。

首部长度：占 4 位，数值单位为 32 位，普通 IP 数据包（没有任何选项）该字段的值是 5，即 5×32 位=160 位=20 字节，20 字节也是 IP 首部最小长度（固定部分）。报头长度最大值为 15，15×32 位=480 位=60 字节，因此 IP 首部长度的最大值是 60 字节。

服务类型：占 8 位，其中前 3 位为优先级位。第 8 位保留未用。第 4 位至第 7 位分别表示延迟、吞吐量、可靠性和花费，当它们取值为 1 时分别表示该 IP 数据包要求路由器按照"最小延迟""最大吞吐量""最高可靠性""最小费用"进行处理转发，这 4 位的服务类型中只能置其中 1 位为 1，但 4 位可以全部置为 0，若全为 0 则表示一般服务，一般情况下，该 4 位均为 0。

总长度：占 16 位，指整个 IP 数据包的长度，单位为字节。IP 数据包最大长度为 65 535 字节。

标识：占 16 位，用来唯一地标识主机发送的每一份 IP 数据包。通常每发一份 IP 数据包，它的值会自动加 1。

标志：占 3 位，标志该 IP 数据包是否要求分段，由于各种类型网络的数据链路层对于最大传输单元（maximum transmission unit，MTU）的限定不一样，可能会出现某个 IP 数据包无法封装到数据链路层的帧中的情况，因此 IP 数据包可能会出现分段情况，例如，以太网最大帧的数据部分为 1 500 字节，而大于 1 500 字节的 IP 数据包只有通过分段以后才能封装到以太网帧中。

段偏移量：占 13 位，如果一份 IP 数据包要求分段的话，此字段指明该段距原始数据包开始的偏移位置。

生存期：占 8 位，即为 TTL（time to live）值，用来设置 IP 数据包最多可以经过的路由器数量，由发送数据的源主机设置，通常为 32、64、128 等，每经过一个路由器，由路由器将该字段值减 1，直到 0 时如果还未到达目的主机，该数据包被最后路由器丢弃。

协议：占 8 位，指明 IP 数据包所封装的上层协议类型，该字段指出此 IP 数据包携带的数据使用何种协议，以便目的主机的网络层决定将数据部分上交给上层哪个实体处理。常见协议字段值与上层协议对应关系如表 4-1 所示。其中开放式最短路径优先（open shortest path first，OSPF）是路由协议。

表 4-1　IP 数据包首部协议字段值与上层协议对应关系

协议字段值	1	2	6	17	89
上层协议名	ICMP	IGMP	TCP	UDP	OSPF

首部校验和：占 16 位，首部校验和只检验 IP 数据包的首部，不检验数据部分，也就是说 TCP/IP 协议体系中的网络层 IP 协议是无法进行数据差错检查的。

源 IP 地址和目的 IP 地址：各占 32 位，用来标明发送 IP 数据包的源主机地址和接收 IP 数据包的目的主机地址。

可选项：占 1 个字节到 40 个字节不等，用来定义一些任选项，如记录路径、时间戳等，实际上这些选项很少被使用。

从上面 IP 数据包的首部结构中，可以分析出 IP 协议是一个面向无连接不可靠的网络层协议，现在 Internet 上绝大多数的通信量都是属于"尽最大努力交付"的，如果数据必须可靠地无差错地交付给目的地，那么位于 IP 协议之上的高层协议必须负责解决这一问题，比如使用 TCP 协议解决 IP 协议的无连接不可靠的问题。

4.2　IP 地址与子网掩码

IP 协议首部中的 IP 地址是由 0 和 1 组成的 32 位二进制字符串，IP 地址采用点分八位十进制表示方法。

IP 地址由网络 ID 和主机 ID 两个部分组成。网络 ID 用来标识 Internet 中一个特定的网络，主机 ID 则用来表示该网络中特定的主机，而子网掩码就是用来标识 IP 地址中哪些位是网络 ID，哪些位是主机 ID 的。子网掩码不能单独存在，它必须结合 IP 地址一起使用。子网掩码只有一个作用，就是将 IP 地址划分成网络 ID 和主机 ID 两部分。与 IP 地址类似，子网掩码的长度也是 32 位，左边是网络 ID，用二进制数字"1"表示；右边是主机 ID，用二进制数字"0"表示。

因此，IP 地址的编址方式明显地携带了位置信息。如果给出一个具体的 IP 地址，通过与子网掩码的配合，就可以知道它位于哪个网络，这给 IP 数据包从源主机传输到目的主机带来很大好处。从某种意义上说，IP 地址类似于日常生活中使用的电话号码，如电话号码"08558239372"，其中"0855"表明了某个地区，而"8239372"表明了该地区中的某个电话，那么 IP 地址中的"网络 ID"表示了某个网络，而"主机 ID"表明了该网络中的某台主机。

如图 4-2 所示就是 IP 地址 210.31.233.27，子网掩码为 255.255.255.0 的具体表示方法，其中网络 ID 为 210.31.233.0，而主机 ID 为 0.0.0.27，这就表明了具有 210.31.233.27 这个 IP 地址的主机位于 210.31.233.0 网络中，在这个网络中的编号为 0.0.0.27。

1. IP 地址的分类

为了适应各种网络规模的不同，IP 协议将 IP 地址划分为 A、B、C、D、E 共 5 类地址，它们分别使用 IP 地址的前几位（地址类别）加以区分，如图 4-3 所示。常用的为 A、B 和 C 三类。

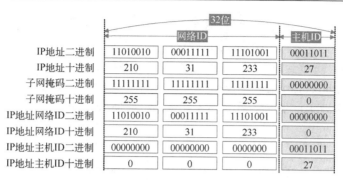

图 4-2 IP 地址与子网掩码的表示

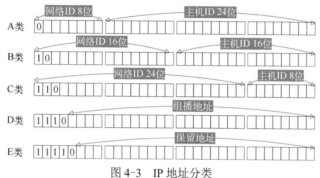

图 4-3 IP 地址分类

① 可以用于分配的 A 类 IP 地址范围：1.x.y.z～126.x.y.z，其中 x、y、z 的各个二进制位不能全为 0 或全为 1，A 类标准子网掩码为 255.0.0.0。

② 可以用于分配的 B 类 IP 地址范围：128.0.y.z~191.255.y.z，其中 y、z 的各个二进制位不能全为 0 或全为 1，B 类标准子网掩码为 255.255.0.0。

③ 可以用于分配的 C 类 IP 地址范围：192.0.0.z～223.255.255.z，其中 z 的各个二进制位不能全为 0 或全为 1。C 类标准子网掩码为 255.255.255.0。

④ D 类 IP 地址主要用于组播。

⑤ E 类 IP 地址被保留。

2．特殊的 IP 地址

在 IP 地址中存在一些比较特殊的 IP 地址，现罗列如下。

（1）网络地址

网络地址包含了一个有效的网络 ID 和一个全 "0" 的主机 ID。例如，地址 113.0.0.0，子网掩码为 255.0.0.0，就表示该网络是一个 A 类网络的网络地址，而一个具有 IP 地址为 202.100.100.2、子网掩码为 255.255.255.0 的主机所处的网络地址为 202.100.100.0。

（2）广播地址

当一台主机向网络上所有的主机发送数据时，就产生了广播。为了使网络上所有主机能够注意到这样一个广播，必须使用一个可进行识别和侦听的 IP 地址。IP 协议的广播地址有两种形式，一种叫直接广播，另一种叫有限广播。

① 直接广播：如果广播地址包含一个有效的网络 ID 和一个全 "1" 的主机 ID，那么称为直接广播（directed broadcasting）地址。任意一台主机均可向其网络进行直接广播，例如 C 类地址 202.100.100.255（子网掩码为 255.255.255.0）就是一个直接广播地址，如果一台主机

使用该地址作为 IP 数据包的目的地址，那么这个数据包将同时发送到 202.100.100.0 网络上的所有主机。直接广播的一个主要问题是在发送前必须知道目的网络的网络 ID。

② 有限广播：32 位全为"1"的 IP 地址（255.255.255.255）用于本网广播，该地址叫作有限广播（limited broadcasting）地址。实际上，有限广播将广播限制在最小的范围内。有限广播不需要知道网络 ID。因此，在主机不知道本机所处的网络时（如主机的启动过程中），只能采用有限广播方式。

（3）环回地址

即 Loopback 地址，环回地址 127.0.0.0 网段是一个保留地址，用于网络软件测试以及本地主机进程间通信。无论什么程序，一旦使用环回地址发送数据，协议软件不进行任何网络传输，立即将之返回。因此，含有网络 ID 为 127 的 IP 数据包不可能出现在任何网络上。

（4）私有地址

又称为内部地址、专有地址，地址范围 10.0.0.0～10.255.255.255、172.16.0.0～172.31.255.255、192.168.0.0～192.168.255.255 都属于私有地址，这些地址被大量用于企业内部网络中，都是可以随意使用的 IP 地址，而不需要向 IP 地址分配机构进行申请和付费。使用私有地址的私有网络在接入 Internet 时，要使用网络地址转换 NAT 技术，将私有地址转换成公有合法地址。

4.3 IP 子网

1. IP 子网划分

当一个组织申请了一段 IP 地址后，可能需要对 IP 地址进行进一步的子网划分。例如，某个规模较大的公司申请了一个 B 类 IP 地址 166.133.0.0，如果采用 B 类标准子网掩码 255.255.0.0 而不进一步划分子网，那么 166.133.0.0 网络中的所有主机（最多共 65 534 台）都将处于同一个直接广播范围内或有限广播范围内，网络中充斥的大量广播数据包将导致网络最终不可用。另外，如果不进行子网划分的话，就存在着 IP 地址大量浪费的情况，因为实际上很少有企业具有 65 000 多台主机。

解决方案是进行非标准子网划分。非标准子网划分的策略是借用主机 ID 的一部分充当网络 ID。具体方法是采用非标准子网掩码，而不采用默认的标准子网掩码。

例如，B 类地址 166.133.0.0，不使用 B 类标准子网掩码 255.255.0.0，而是使用非标准子网掩码，如 255.255.240.0、255.255.255.0 等将网络划分为多个子网。

下面分别以 C 类 IP 地址段为例讨论非标准子网划分。

对于标准的 C 类网络 210.31.233.0 来说，标准子网掩码为 255.255.255.0，即前 24 位为网络 ID，后 8 位为主机 ID，该 C 类网络可容纳 254 台主机，IP 地址范围为 210.31.233.1 到 210.31.233.254。

现在，借用 2 位的主机 ID 来充当子网络 ID 的情形，如图 4-4 所示。

为了借用原来 8 位主机 ID 的前两位充当子网络 ID，采用了新的、非标准子网掩码 255.255.255.192。

采用了新的子网掩码后，借用的 2 位子网号可以用来标识四个子网：00 子网、01 子网、10 子网和 11 子网（现在大部分网络设备均可以使用全 1 子网和全 0 子网）。以下举例暂不讨论全 0 子网和全 1 子网。

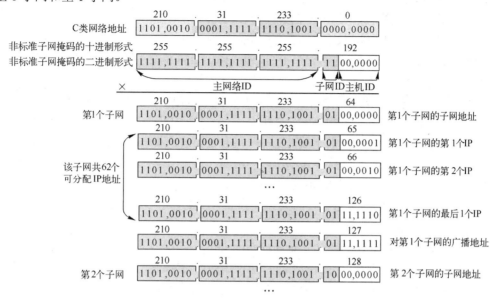

图 4-4　C 类 210.31.233.0 借用 2 位的主机 ID 划分子网

对于 01 子网，其网络 ID 为 210.31.233.64，该子网的 IP 地址范围是 210.31.233.65～210.31.233.126（注意：主机 ID 不能全 0 和全 1），共可容纳 62 台主机，对该子网的直接广播地址为 210.31.233.127。

对于 10 子网，其网络 ID 为 210.31.233.128，该子网的 IP 地址范围是 210.31.233.129～210.31.233.190（注意：主机 ID 不能全 0 和全 1），共可容纳 62 台主机，对该子网的直接广播地址为 210.31.233.191。

同理，还可以借用 3 位、4 位等主机 ID 来充当子网 ID，相应的子网掩码、子网 ID、子网的地址范围、容纳主机数量、子网内广播地址也都不尽相同。

2. 可变长子网掩码

可变长子网掩码（variable length subnet mask，VLSM），规定了如何在一个进行了子网划分的网络中的不同部分使用不同的子网掩码。这对于网络内部不同网段需要不同大小子网的情形来说非常有效。

VLSM 实际上是一种多级子网划分技术，如图 4-5 所示。

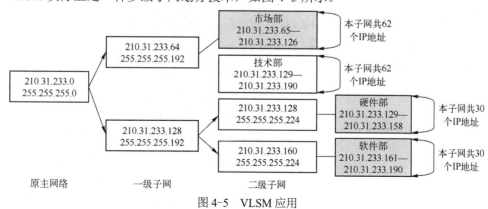

图 4-5　VLSM 应用

如图 4-5 所示，某公司有两个主要部门：市场部和技术部。技术部又分为硬件部和软件部。该公司申请到了一个完整的 C 类 IP 地址段 210.31.233.0，子网掩码为 255.255.255.0，为了便于分级管理，该公司采用了 VLSM 技术，将原主网络划分为两级子网（未考虑全 0 和全 1 子网）。

市场部分得了一级子网中的第一个子网，即 210.31.233.64，子网掩码为 255.255.255.192，该一级子网共有 62 个 IP 地址。

技术部将所分得的一级子网中的第二个子网 210.31.233.128，子网掩码为 255.255.255.192，又进一步划分成了两个二级子网。其中第一个二级子网 210.31.233.128，子网掩码 255.255.255.224，划分给技术部的下属分部——硬件部，该二级子网共有 30 个 IP 地址可供分配。技术部的下属分部——软件部分得了第二个二级子网 210.31.233.160，子网掩码 255.255.255.224，该二级子网共有 30 个 IP 地址可供分配。

在实际工程实践中，可以进一步将网络划分成三级或者更多级子网。

3. 无类别域间路由

提出无类别域间路由（classless inter-domain routing，CIDR）的初衷是为了解决 IP 地址空间即将耗尽的问题。CIDR 并不使用传统的有类网络地址的概念，即不再区分 A、B、C 类网络地址。在分配 IP 地址段时也不再按照有类网络地址的类别进行分配，而是将 IP 网络地址空间看成是一个整体，并划分成连续的地址块，然后采用分块的方法进行分配。

在 CIDR 技术中，常使用子网掩码中表示网络 ID 二进制数的长度来区分一个网络地址块的大小，称为 CIDR 前缀。如 IP 地址 210.31.233.1、子网掩码 255.255.255.0 可表示成 210.31.233.1/24；IP 地址 166.133.67.98、子网掩码 255.255.0.0 可表示成 166.133.67.98/16；IP 地址 192.168.0.1、子网掩码 255.255.255.240 可表示成 192.168.0.1/28 等。

CIDR 可以用来做 IP 地址汇总（或称超网、子网汇聚）。在未做 IP 地址汇总之前，路由器需要对外申明所有的内部网络 IP 地址空间段，这将导致 Internet 核心路由器中的路由表目项非常庞大。采用 CIDR 的 IP 地址汇总后，可以将连续的地址空间块汇总成一条路由条目。路由器不再需要对外申明内部网络的所有 IP 地址空间，这样，就大大减少了路由表中路由条目的数量。

例如，某公司申请到了 1 个网络地址块（共 8 个 C 类网络地址）：210.31.224.0/24～210.31.231.0/24，为了对这 8 个 C 类网络地址块进行汇总，采用了新的子网掩码 255.255.248.0，CIDR 前缀为/21，将这 8 个 C 类网络地址汇总成为 210.31.224.0/21，如图 4-6 所示。

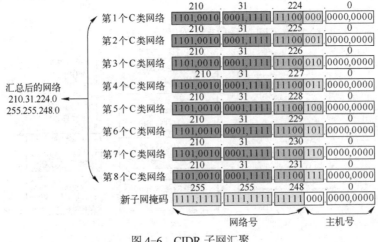

图 4-6　CIDR 子网汇聚

可以看出，CIDR 实际上是借用部分网络 ID 充当主机 ID 的方法，图中 8 个 C 类地址网络 ID 的前 21 位完全相同，变化的只是最后的 3 位网络 ID，因此，可以将网络 ID 的后 3 位看成是主机 ID，选择新的子网掩码为 255.255.248.0，将 8 个 C 类网络汇总成为 210.31.224.0/21。

4.4　TCP 协议

TCP 协议是一种面向连接的、可靠的、基于字节流的传输层通信协议，该协议主要用于在源主机和目的主机之间建立一个虚拟连接，以实现高可靠性的数据交换。

通过 IP 协议并不能清楚地了解到数据是否顺利地发送到目的主机。而使用 TCP 协议就不同了，在 TCP 传输中，将数据成功发送给目的主机后，目的主机将向源主机发送一个确认，如果源主机在某个时限内没有收到确认，那么源主机将重新发送数据，这实际上就是延时重发的技术。另外，在传输的过程中，如果接收到无序、丢失及被破坏的数据，TCP 协议还可以负责恢复。

1. TCP 报头结构及特点

图 4-7 为 TCP 报文首部（TCP 报头）结构。

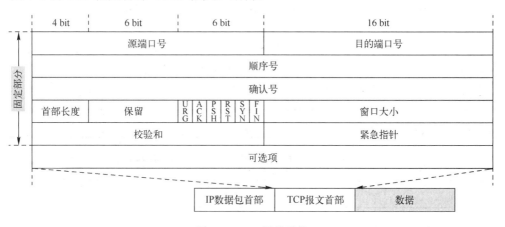

图 4-7　TCP 报头结构

（1）源端口号和目的端口号字段

这个端口的含义是传输层的逻辑端口，各占 2 字节，TCP 协议通过使用"端口"来标识源主机和目的主机的应用进程。端口号可以使用 0～65 535 之间的任何数字。在网络的客户-服务器（client/server，C/S）模式下，客户端的应用进程产生随机端口去访问服务器，而在服务器一端，每种服务在"众所周知的"端口（well-known port）为用户提供服务，如 TCP 80 端口就是 WWW 服务的端口，TCP 21 端口就是 FTP 服务的端口。

以下通过图 4-8 来理解传输层逻辑端口的概念。

源主机需要访问目的主机的 WWW 服务（使用 HTTP 协议）和 FTP 服务（使用 FTP 协议），目的主机的 WWW 服务由 X 进程提供，而 FTP 服务由 Y 进程提供，源主机访问 WWW 服务的进程为 A 进程，访问 FTP 服务的进程为 B 进程，即 A 进程需要与 X 进程进行通信，而 B 进程需要与 Y 进程进行通信，源主机的 IP 为 1.1.1.1，目的主机的 IP 为 2.2.2.2，源主机在网络层封装的 IP 数据包首部中，源 IP 地址封装为 1.1.1.1，目的 IP 地址封装为 2.2.2.2，这样网络层的封装可以确保源主机发出的 IP 数据包可以寻址到达目的主机。为了确保 A 进程可以与 X 进程进行通信，在源主机的传输层 TCP 报文报头中封装源端口为 1111，目的端口为 80；为了确保 B 进程可以与 Y 进程进行通信，在源主机的传输层 TCP 报文报头中封装源端口为 2222，目的端口为 21。

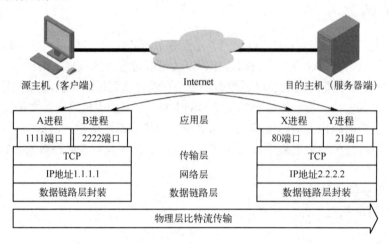

图 4-8　传输层逻辑端口的概念

WWW 服务访问时，源主机与目的主机之间的数据通信封装如下。

① 源主机 A 进程与目的主机 X 进程之间通信的数据封装结构为：

IP 首部 源 IP 地址 1.1.1.1→目的 IP 地址 2.2.2.2	TCP 首部 源端口 1111→目的端口 80	HTTP 协议报头	数据

② 目的主机 X 进程与源主机 A 进程之间通信的数据封装结构为：

IP 首部 源 IP 地址 2.2.2.2→目的 IP 地址 1.1.1.1	TCP 首部 源端口 80→目的端口 1111	HTTP 协议报头	数据

FTP 服务访问时，源主机与目的主机之间的数据通信封装如下。

① 源主机 B 进程与目的主机 Y 进程之间通信的数据封装结构为：

IP 首部 源 IP 地址 1.1.1.1→目的 IP 地址 2.2.2.2	TCP 首部 源端口 2222→目的端口 21	FTP 协议报头	数据

② 目的主机 Y 进程与目的源主机 B 进程之间通信的数据封装结构为：

IP 首部 源 IP 地址 2.2.2.2→目的 IP 地址 1.1.1.1	TCP 首部 源端口 21→目的端口 2222	FTP 协议报头	数据

由此可以这样来总结端口的含义，传输层的逻辑端口主要是为了标识应用层的进程。

（2）顺序号

占 4 字节，用来标识从 TCP 源端向 TCP 目的端发送的数据字节流，它表示在这个报文段中的第一个数据字节。

（3）确认号

占 4 字节，只有 ACK 标志为 1 时，确认号字段才有效，它表示的是期望收到对方的下一个报文段数据的第一个字节的序号。

（4）首部长度

占 4 位，数值单位为 32 位，最小值为 5，即 TCP 报文首部长度为 5×32 位=160 位=20 Byte，最大值为 15，即 TCP 报文首部长度为 15×32 位=480 位=60 Byte。

（5）保留字段

占 6 位，保留为今后使用，但目前应置为 0。

（6）标志字段

占 6 位，各位含义如下。

紧急比特 URG：当 URG=1 时，表明紧急指针字段有效。它告诉系统此报文段中有紧急数据，应尽快传送（相当于高优先级的数据）。

确认比特 ACK：当 ACK=1 时确认号字段值有效。当 ACK=0 时确认号字段值无效。

推送比特 PSH：接收方收到推送比特置 1 的 TCP 报文段，就尽快地交付给接收应用进程，而不再等到整个缓存都填满了后再向上交付。

复位比特 RST：当 RST=1 时，表明 TCP 连接中出现严重差错，必须释放连接，然后再重新建立传输连接。

同步比特 SYN：同步比特 SYN 置为 1，就表示这是一个建立 TCP 连接请求或 TCP 连接接收报文。

终止比特 FIN：用来释放一个 TCP 连接。当 FIN =1 时，表明此 TCP 报文的发送端数据已发送完毕，并要求释放 TCP 连接。

（7）窗口大小

占 2 字节，窗口字段用来控制对方发送的数据量，单位为字节。TCP 连接的一端根据设置的缓存空间大小确定自己的接收窗口大小，然后通知对方以确定对方的发送窗口的上限。

（8）校验和

占 2 字节，校验和字段检验的范围包括首部和数据这两部分。

（9）紧急指针

占 2 字节，紧急指针指出在本报文段中的紧急数据的最后一个字节的序号。

（10）可选项

最多 40 字节，可能包括"窗口扩大因子""时间戳"等选项，实际情况很少使用。

从上面TCP数据报的首部结构，可以分析出 TCP 协议是一个面向连接可靠的传输层协议，具体表现在：

① 应用层数据被分割成 TCP 协议认为最适合的数据段，然后进行发送。

② 当 TCP 连接的一端发出一个 TCP 报文后，它启动一个定时器，等待目的端确认收到这个 TCP 报文。如果不能及时收到目的端的确认，将重发这个 TCP 报文，即实现超时重发的机制。

③ 当 TCP 连接的一端收到发自 TCP 连接另一端的 TCP 报文时，它将发送一个确认。

④ TCP 报头中包括了首部和数据的校验和。这是一个端到端的校验和，目的是检测数据在传输过程中的任何变化。如果收到 TCP 报文的校验和有差错，TCP 将丢弃这个报文并不确认收到此报文（希望发送端超时重发）。

⑤ 既然 TCP 报文封装在 IP 数据包中进行传输，而 IP 数据包的到达可能会失序，因此

TCP 报文也可能会失序。如果必要，TCP 将对收到的数据进行重新排序，将收到的数据以正确的顺序交给应用层。

⑥ TCP 协议能提供流量控制，TCP 连接的每一端都有固定大小的缓冲空间，TCP 的接收端只允许另一端发送接收端缓冲区所能接纳的数据量。这将防止由于发送方的发送能力超过接收方的接收能力，接收方来不及接收而造成接收方主机的缓冲区溢出，即实现了端到端的流量控制。

2．TCP 连接的三次握手与释放的四次挥手

前面已经提到 TCP 是面向连接的传输层协议，因此在数据传输之前，就会存在建立 TCP 连接的过程，数据传输完成之后，就会存在释放 TCP 连接的过程。在网络术语中，把 TCP 建立连接的过程称为三次握手，而 TCP 释放连接的过程称为四次挥手。

三次握手的目的是使 TCP 报文的发送和接收同步，具体步骤示意图如图 4-9 所示。

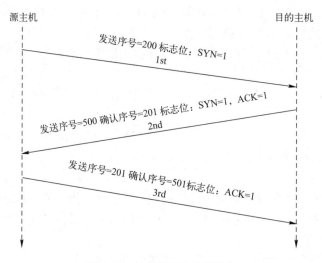

图 4-9　TCP 连接的三次握手

① 源主机发送一个 SYN=1（表明请求建立连接）的 TCP 报文，同时标明初始发送序号为 200。初始发送序号是一个随机变化值。

② 目的主机收到该 TCP 报文后，如果有空闲，则发回确认 TCP 报文，其中 ACK=1（表明确认序号有效）、SYN=1（表明同意建立连接），同时标明发送序号为 500，确认序号为期望收到的下一个 TCP 报文序号 201（表明已收到 200，期望接收 201）。

③ 源主机再回送一个 TCP 报文，其中 ACK=1（表明确认序号有效和表明连接建立），同时标明发送序号为 201，确认序号为期望收到的下一个 TCP 报文序号 501（表明已收到 500，期望接收 501）。

至此为止，TCP 连接的三次握手完成，然后可以进行数据的传输。

四次挥手的目的是释放源主机和目的主机的占用资源，具体步骤如图 4-10 所示。

① 源主机发送一个 FIN=1（表明请求释放连接）的 TCP 报文，另外包含发送序号=200、确认序号=500 和 ACK=1。

② 目的主机接收到释放连接请求以后，回送一个 TCP 报文，其中 ACK=1，表明同意释放连接，还包含发送序号=500、确认序号=201。

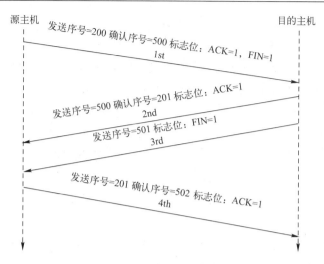

图 4-10 TCP 连接的四次挥手

③ 目的主机再发送一个 FIN=1（表明请求释放连接）的 TCP 报文，另外包含发送序号 =501。

④ 源主机回送一个 TCP 报文，其中 ACK=1，表明同意释放连接，还包含发送序号 201、确认序号=502。

至此为止，TCP 连接的四次挥手结束。

在 Windows 系统下，可以使用 netstat –an 命令查看本机与外部主机的逻辑端口 TCP 连接情况，如图 4-11 所示，其中 ESTABLISHED 状态为建立连接，LISTENING 状态为服务端口监听等待连接。

```
C:\WINDOWS\system32\cmd.exe

C:\Documents and Settings\Administrator>netstat -an

Active Connections

  Proto  Local Address          Foreign Address        State
  TCP    0.0.0.0:135            0.0.0.0:0              LISTENING
  TCP    0.0.0.0:445            0.0.0.0:0              LISTENING
  TCP    0.0.0.0:1025           0.0.0.0:0              LISTENING
  TCP    192.168.1.50:139       0.0.0.0:0              LISTENING
  TCP    192.168.1.50:1027      192.168.1.250:139     TIME_WAIT
  TCP    192.168.1.50:1030      111.85.121.198:80     ESTABLISHED
  TCP    192.168.1.50:1031      111.85.121.198:80     ESTABLISHED
  TCP    192.168.1.50:1033      61.4.185.34:80        ESTABLISHED
  TCP    192.168.1.50:1034      69.192.51.191:80      ESTABLISHED
  TCP    192.168.1.50:1035      61.4.185.34:80        ESTABLISHED
  TCP    192.168.1.50:1036      59.53.86.3:80         SYN_SENT
  TCP    192.168.1.50:1037      80.154.117.11:80      ESTABLISHED
  UDP    0.0.0.0:445            *:*
  UDP    0.0.0.0:500            *:*
```

图 4-11 netstat –an 指令运行情况

4.5 UDP 协议

UDP 协议是 TCP/IP 协议体系中一种无连接传输层协议，提供面向事务的简单不可靠信息传送服务。与 TCP 不同，UDP 并不提供对 IP 协议的可靠机制、流量控制及错误恢复等功能。由于 UDP 比较简单，UDP 头包含很少的字节，比 TCP 负载消耗少，而且不需要建立连接，在传送数据较少的情况下，UDP 比 TCP 更加高效。

　　UDP 适用于不需要 TCP 可靠机制的情形，比如，当高层协议或应用程序提供错误和流控制功能的时候。UDP 服务于很多知名应用层协议，包括 SNMP、DNS 及 TFTP 等。

　　图 4-12 为 UDP 报文首部（UDP 报头）结构。

图 4-12　UDP 报头结构

　　① 源端口号和目的端口号：各占 2 字节，作用与 TCP 报头中的逻辑端口号字段相同，用来标识源主机和目的主机的应用进程。

　　② 长度：占 2 个字节，用来标明整个 UDP 报文的总长度字节。

　　③ 校验和：占 2 个字节，用来对 UDP 首部和 UDP 报文的数据部分进行校验。

4.6　ARP 协议

1. ARP 协议简介

　　ARP 协议即地址解析协议的英文缩写。所谓"地址解析"就是主机在发送数据帧前将目的 IP 地址转换成目的 MAC 地址的过程。ARP 协议的基本功能是通过目的主机的 IP 地址，查询目的主机的 MAC 地址，以保证通信的顺利进行。

　　在介绍 ARP 协议的工作原理之前，首先了解什么是 MAC 地址。

　　MAC 地址，又称为网卡地址（NIC address）、硬件地址（physical address），与网络层的 IP 地址不同，MAC 地址是数据链路层的地址。

　　介质访问控制（media access control，MAC）子层是局域网数据链路层中与传输媒体相关的子层，MAC 地址是烧录在网卡（network interface card，NIC）里的硬件地址，MAC 地址 48 位（6 字节），具体表示的时候通常采用十六进制形式，如 00-03-0D-88-6B-F1。

　　MAC 地址中高 24 位为生产厂商标识符，由 IEEE 的注册委员会统一分配给生产厂商，低 24 位为扩展标识符，由生产厂家自行定义（应保证每块网卡 MAC 地址的唯一性），也就是说，在网络底层的传输过程中，是通过 MAC 地址来识别主机的。形象地说，MAC 地址就如同身份证上的身份证号码，具有全球唯一性，而 IP 地址更像居住地点的门牌号，而 IP 地址中的网络 ID 就是居住的城市名称，这样一来可以通过城市名称—居住地点的门牌号—身份证号来寻找到某个人，而在网络中，通过 IP 地址中的网络 ID—IP 地址中的主机 ID—主机的 MAC 地址就可以寻找到某个网络中某台主机的某块网卡。

　　在 Windows 系统下，可以使用 ipconfig/all 指令查看本计算机的 MAC 地址，如图 4-13 所示。

　　至此，通过前面的介绍可以了解到在数据的封装过程中需要有网络层的地址信息（IP 地址）、传输层的地址信息（逻辑端口号）和数据链路层的地址信息（MAC 地址）。关于数据帧的结构，针对不同的局域网和广域网情况，在后续内容中再进行介绍。

　　这里总结一下各层的信息单元名称和信息单元中的地址信息，如表 4-2 所示。

```
C:\Documents and Settings\Administrator>ipconfig/all

Windows IP Configuration

    Host Name . . . . . . . . . . . . : gzeic-bdc8f062d
    Primary Dns Suffix  . . . . . . . :
    Node Type . . . . . . . . . . . . : Unknown
    IP Routing Enabled. . . . . . . . : No
    WINS Proxy Enabled. . . . . . . . : No

Ethernet adapter 本地连接:

    Connection-specific DNS Suffix  . :
    Description . . . . . . . . . . . : SiS191 Ethernet Controller
    Physical Address. . . . . . . . . : 00-03-0D-88-6B-F1
    DHCP Enabled. . . . . . . . . . . : No
    IP Address. . . . . . . . . . . . : 192.168.1.88
    Subnet Mask . . . . . . . . . . . : 255.255.255.0
    Default Gateway . . . . . . . . . : 192.168.1.1
    DNS Servers . . . . . . . . . . . : 211.92.136.81
                                        211.92.136.91
```

图 4-13   MAC 地址的查看

表 4-2   TCP/IP 协议体系下三层信息单元与地址

TCP/IP 协议体系层次	信 息 单 元	地 址 信 息
传输层	TCP 报文、UDP 报文	TCP 逻辑端口、UDP 逻辑端口
网络层	IP 数据包	IP 地址
数据链路层	数据帧	MAC 地址

2. ARP 工作过程

ARP 协议的目的是获取某个 IP 地址所对应的 MAC 地址。在如图 4-14 所示的局域网的以太网环境中，当主机 A 要和主机 B 通信时，主机 A 会先检查其 ARP 缓存内是否有主机 B 的 IP 地址与主机 B 的 MAC 地址的对应关系。如果没有，主机 A 会发送一个 ARP 请求广播，此广播内包含着要与其通信的主机 B 的 IP 地址。当主机 B 收到此广播后，会将自己的 MAC 地址利用 ARP 单播响应传给主机 A，并更新自己的 ARP 缓存，也就是将主机 A 的 IP 地址/MAC 地址对应关系保存起来，以供后面使用。主机 A 得到主机 B 的 MAC 地址之后，就可以与主机 B 通信了，同时，主机 A 也将主机 B 的 IP 地址/MAC 地址对应关系保存在自己的 ARP 缓存中。

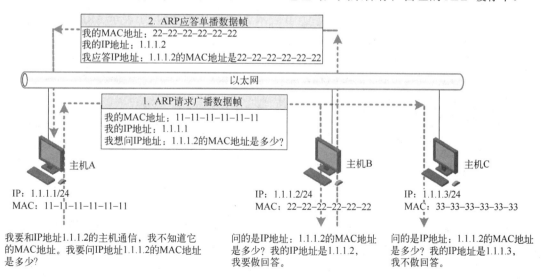

图 4-14   ARP 工作过程

3. ARP 报文格式

ARP 报文是被封装在以太网帧首部中传输的，如图 4-15 所示就是 ARP 请求协议报文首部格式，注意 ARP 并不经过 IP 的封装。

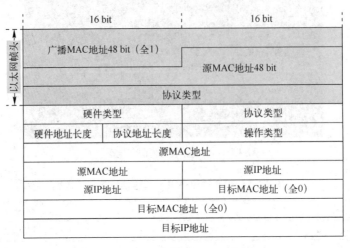

图 4-15　ARP 请求协议报文首部格式

图中灰色的部分是以太网的帧头，关于以太网的帧头结构在后面再详细讨论，其中，第一个字段 48 位是广播类型的 MAC 地址：FF-FF-FF-FF-FF-FF，其广播对象是网络上的所有主机网卡。第二个字段 48 位是源 MAC 地址，即请求地址解析的主机 MAC 地址。第三个字段是协议类型，这里用 0X0806 代表封装的上层协议是 ARP 协议。

接下来是 ARP 协议报文部分。其中各个字段的含义如下。

① 硬件类型：表明 ARP 实现在何种类型的网络上。

② 协议类型：代表解析协议，这里一般是 0800，即 IP 协议，表明要解析 IP 地址。

③ 硬件地址长度：MAC 地址长度，此处为 6 个字节（48 位 MAC 地址）。

④ 协议地址长度：IP 地址长度，此处为 4 个字节（32 位 IP 地址）。

⑤ 操作类型：代表 ARP 数据包类型，0 表示 ARP 请求数据包，1 表示 ARP 应答数据包。

⑥ 源 MAC 地址：发送端的 MAC 地址。

⑦ 源 IP 地址：发送端的协议地址（IP 地址）。

⑧ 目的 MAC 地址：目的端的 MAC 地址（待填充）。

⑨ 目的 IP 地址：目的端的协议地址（IP 地址）。

ARP 应答协议报文和 ARP 请求协议报文类似。不同的是，此时，以太网帧首部的目的 MAC 地址为发送 ARP 地址解析请求的主机的 MAC 地址，而源 MAC 地址为被解析的主机的 MAC 地址。同时，操作类型为 1，表示 ARP 应答数据包，目的 MAC 地址字段被填充以目的 MAC 地址。

4. ARP 缓冲区

每次解析以后获得的 MAC 地址，都会与相应的 IP 地址存入本机的 ARP 缓冲区，以备下次使用，同时为了节省 ARP 缓冲区内存，被解析过的 ARP 条目的寿命都是有限的。如果一段时间内该条目没有被使用，则该条目被自动删除。

在 Windows 环境中，可以使用命令 arp –a 查看本机当前的 ARP 缓存，如图 4-16 所示。

```
C:\>arp -s 192.168.1.166 00-aa-00-62-c6-09

C:\>arp -a

Interface: 192.168.1.88 --- 0x10004
  Internet Address      Physical Address      Type
  192.168.1.1           00-0f-e2-17-ce-59     dynamic
  192.168.1.2           00-e0-4c-80-21-88     dynamic
  192.168.1.166         00-aa-00-62-c6-09     static

C:\>
```

图 4-16　ARP –a 输出结果

另外可以使用 arp –s 命令，进行静态的 IP 地址与 MAC 地址关系绑定。使用 arp –d 命令，可以清除 ARP 缓冲区。

4.7　ICMP 协议

1．ICMP 协议简介

IP 协议是一种不可靠的协议，无法进行差错控制。但 IP 协议可以借助其他协议来实现这一功能，如 ICMP 协议。

ICMP 协议是 TCP/IP 协议体系中的一个子协议，属于网络层协议，主要用于在主机与路由器之间传递控制消息，控制消息是指网络是否畅通、主机是否可达、路由是否可用等网络本身的消息。这些控制消息虽然并不传输用户数据，但是对于用户数据的传输起着重要的作用。当遇到 IP 数据包无法访问目的、IP 路由器无法按当前的传输速率转发数据包等情况时，会自动发送 ICMP 消息。

实际情况下在网络中经常会使用到 ICMP 协议，只不过觉察不到而已。比如经常使用的用于检查网络是否畅通的 ping 命令，就使用了 ICMP 协议的类型 8 和类型 0；还有其他的网络命令，如跟踪路由的 tracert 命令也是基于 ICMP 协议的。

2．ICMP 报文格式

ICMP 报文被封装在 IP 数据包内部传输。IP 首部的协议字段值为 1 说明封装的是一个 ICMP 报文。ICMP 报文格式如图 4-17 所示，ICMP 首部为 8 个字节。

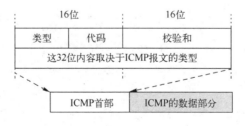

图 4-17　ICMP 报文格式

ICMP 首部中的类型用于说明 ICMP 报文的作用及格式，此外还有一个代码用于详细说明某种 ICMP 报文的类型，所有数据都在 ICMP 首部后面。

ICMP 报文有两种类型，即差错报告报文和询问报文。具体如表 4-3 所示。

表 4-3　ICMP 报文类型

ICMP 报文类型	类型的值	ICMP 报文的类型
差错报告报文	3	终点不可达
	4	源站抑制
	11	时间超过
	12	参数问题
	5	改变路由
询问报文	8 或 0	回送请求或应答
	13 或 14	时间戳请求或回答
	17 或 18	地址掩码请求或回答
	10 或 9	路由器询问或通告

3．ICMP 报文的典型应用

（1）ping 命令

如图 4-18 所示，源主机发出 ICMP 报文类型 8（回送请求）到目的主机，如果途中没有异常（例如被路由器丢弃、目的主机不回应或传输失败），目的主机收到后发出 ICMP 报文类型 0（回送应答）回到源主机，这样源主机就可以知道目的主机的存活性和到目的主机的路径连通性是否正常。

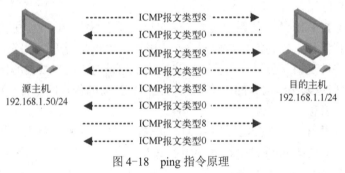

图 4-18　ping 指令原理

在 Windows 操作系统的情况下，ping 指令默认情况下发出 4 个回送请求，正常情况下可以收到 4 个回送应答并进行显示，ping 指令运行结果如图 4-19 所示。ping –t 则是不停地发送回送请求，直到用户中断为止。

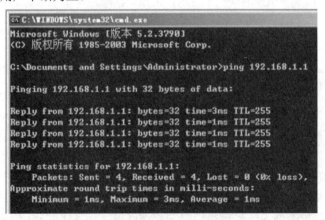

图 4-19　ping 指令运行结果

（2）tracert 命令

路由跟踪的命令，在 Windows 系统下为 tracert，在 Linux 系统下为 traceroute。

在 tracert 执行过程中，源主机将向目的主机发送一连串的 IP 数据包，首先源主机发送第一个 IP 数据包（TTL 值设置为 1），当第一个数据包到达路径上的第一台路由器时，路由器收下后将 TTL 值减 1 而变为 0，第一台路由器就将该 IP 数据包丢弃，并向源主机发送一个 ICMP 时间超过（类型 11）的差错报告，源主机收到后接着发送第二个 IP 数据包（TTL 值设置为 2），该 IP 数据包到达路径上的第二台路由器时，第二台路由器收下后将 TTL 值减 1 而变为 0，第二台路由器就将该 IP 数据包丢弃，并向源主机发送一个 ICMP 时间超过（类型 11）的差错报告，以此类推。这样一来，源主机就可以收集到达目的主机所经过的路由器的信息。从而可以判断从源主机到的目的主机所经过的路径。如图 4-20 所示为 tracert www.163.com 指令运行结果。

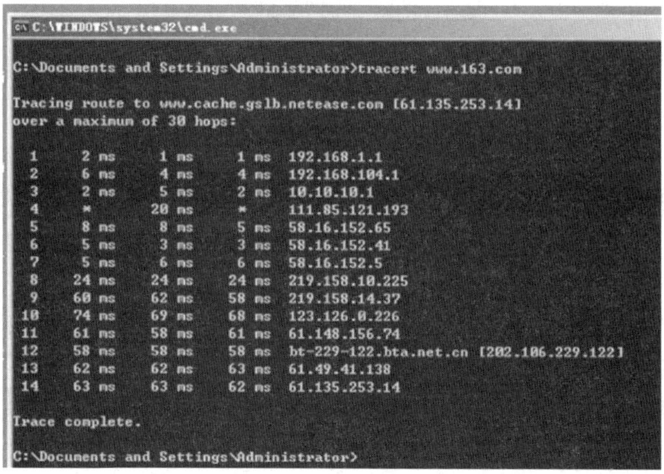

图 4-20　tracert 指令运行结果

项目 5　以太网基础和广域网基础

5.1　以太网的发展

局域网（local area network，LAN）是指在某一地域内由多台计算机互联成的计算机组。"某一地域"一般是方圆几千米以内。

以太网是局域网的一种，在现今局域网技术中，以太网技术的应用最为广泛和普及。

1968 年，夏威夷大学的 Norman Abramson 及其同事研制了一个名为 ALOHA 系统的无线电网络，它使用共享信道传送数据。由于存在共享信道信号冲突的问题，ALOHA 系统采用了信道冲突延时重发的解决方法。

1980 年 9 月，DEC 公司、Intel 公司和 Xerox 公司三方在 ALOHA 系统的基础上，正式推出了以太网 DIX 1.0 规范，DIX 1.0 以 10 Mbps 的速率运行。1982 年，3 家公司公布了以太网 DIX 2.0 规范作为终结。之所以称之为以太网（Ethernet），其灵感来自"电磁辐射是可以通过发光的以太来传播"的这一想法。

后来这三家公司将此规范提交给电子电气工程师协会（Institute of Electrical and Electronics Engineers，IEEE）的 802 委员会，经过修改成为了 IEEE 的正式标准 IEEE 802.3，传输速率为 10 Mbps。

1995 年，IEEE 802.3u 发布，传输速率达到了 100 Mbps。

1998 年，IEEE 802.3z 和 IEEE802.3ab 发布，传输速率达到了 1 000 Mbps（1 Gbps）。

2002 年，IEEE 802.3ae 发布，传输速率达到了 10 000 Mbps（10 Gbps）。

2010—2015 年，IEEE 802.3ba、IEEE 802.3bm 发布，传输速率达到了 40 Gbps 和 100 Gbps。

OSI/RM 的 7 层体系结构同样适用于以太网，但以太网只涉及其中的下两层：物理层、数据链路层，IEEE 802.3 与 OSI/RM 的对应关系如图 5-1 所示。

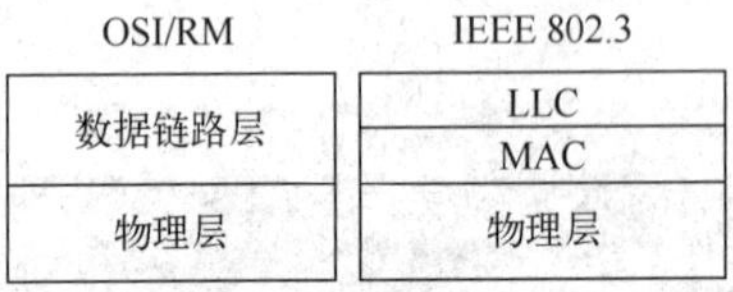

图 5-1　IEEE 802.3 与 OSI/RM 的对应关系

① 为了使数据链路层能更好地适应多种局域网标准，802 委员会就将局域网的数据链路层拆成两个子层：逻辑链路控制（logical link control，LLC）子层，介质访问控制（MAC）子层。

② 与接入到传输媒体有关的内容都放在 MAC 子层，而 LLC 子层则与传输媒体无关，不管采用何种协议的局域网对 LLC 子层来说都是透明的。

在实际以太网的应用中，由于 TCP/IP 协议体系经常使用的以太网标准是 DIX 2.0 而不是 IEEE 802.3，因此现在 802 委员会制定的逻辑链路控制子层 LLC 作用已经不大了。很多厂商生产的网卡上就仅装有 MAC 协议而没有 LLC 协议。

5.2　以太网的帧结构

以太网的 MAC 帧格式有两种标准，一种是 DIX 2.0 标准，另一种是 IEEE 802.3 标准。图 5-2 所示为这两种不同的 MAC 帧格式，实际使用的是 DIX 2.0 标准。

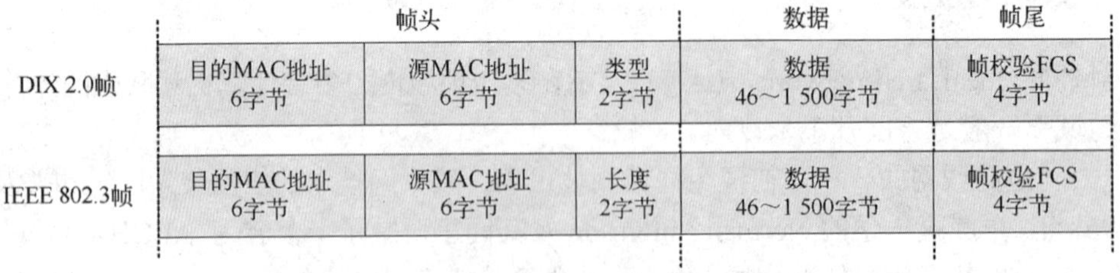

图 5-2　DIX 2.0 帧结构和 IEEE 802.3 帧结构

① 目的 MAC 地址：6 个字节的接收方 MAC 地址，MAC 地址又称为网卡地址、硬件地址。

② 源 MAC 地址：6 个字节的发送方 MAC 地址。在 Windows 操作系统下使用 ipconfig/all 指令可以查看本机网卡的 MAC 地址。

③ 类型：2 个字节，DIX 2.0 帧中的类型字段，表明帧所携带的上层数据类型，如 0X0800 代表封装的上层协议是 IP 协议，0X0806 代表封装的上层协议是 ARP 协议。

④ 长度：2 个字节，IEEE 802.3 帧中的长度字段，表明数据区域的长度。

⑤ 数据：46～1 500 字节，为不定长的数据字段。

⑥ 帧校验（frame check sequence，FCS）：4 个字节，采用 32 位 CRC 循环冗余码对从"目的 MAC 地址"字段到"数据"字段的数据进行校验，由发送方计算产生，在接收方被重新计算以确定数据帧在传送过程中是否被损坏。

从上面图 5-2 中可以看出，无论是 DIX 2.0 的帧还是 IEEE 802.3 的帧，最小帧为 64 字节，最大帧为 1 518 字节。

根据帧的目的地址，可以把帧分为以下三种帧。

① 单播（unicast）帧：一对一，即目的 MAC 地址为单一的 MAC 地址，如 00-50-56-C0-3F-01。

② 广播（broadcast）帧：一对全体，即发送给所有站点的帧，也就是目的 MAC 地址 FF-FF-FF-FF-FF-FF。ARP 请求报文就是通过这样的广播帧进行发送的。

③ 多播（multicast）帧：一对多，即发送给一部分站点的帧。

5.3　广域网的概念

广域网是一个地理覆盖范围超过局域网的数据通信网络。图 5-3 表示相距较远的局域网可以通过路由器（router）与广域网相连，从而实现互通，而不同的广域网也可以通过路由器相互连接，这样就构成了一个覆盖范围更广的互联网，因特网（Internet）就是世界上最大的互联网，从这里可以看到路由器在整个网络互联中担负极其重要的角色。

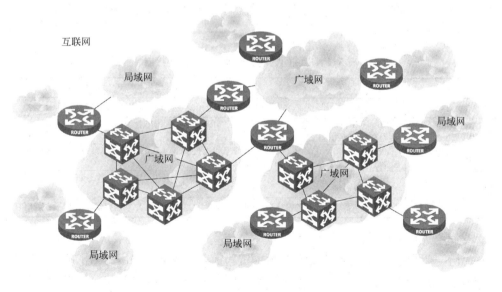

图 5-3　广域网连接示意图

构建广域网和构建局域网不同，构建局域网可由用户自行完成网络的建设，网络的传输速率可以很高。但构建广域网由于受各种条件的限制，必须借助公共传输网络。公共传输网络的内部结构和工作机制用户是不关心的，用户只需了解公共传输网络提供的接口，知道如何实现和公共传输网络之间的连接，并通过公共传输网络实现远程端点之间的数据传输即可。

5.4 广域网的体系结构

OSI/RM 的 7 层体系结构同样适用于广域网，但广域网只涉及其中的下三层：物理层、数据链路层和网络层，图 5-4 中按照 OSI/RM 列举了广域网各层的一些常见协议。

OSI/RM模型	广域网协议
网络层	X.25的PLP、TCP/IP的IP
数据链路层	PPP（点对点协议） SLIP（串行线路互连协议） HDLC（高级数据链路控制规程） LAPB（链路访问过程平衡） Frame Realy（帧中继） ATM（异步传输模式）
物理层	EIA/TIA-232、EIA/TIA-449 EIA-530、EIA/TIA-612/613 V.35、X.21

图 5-4 广域网各层协议

1. 物理层协议

物理层协议描述了广域网如何提供电气、机械、过程和功能的连接到通信服务提供商。广域网物理层描述了数据终端设备（data terminal equipment，DTE）和数据通信设备（data communications equipment，DCE）之间的接口。表 5-1 中列举了常用物理层标准和它们的连接器。

表 5-1 广域网物理层标准和它们的连接器

标 准	描 述
EIA/TIA-232	在近距离范围内，允许 25 针 D 型连接器上的信号速度最高可达 64 Kbps，也称为 RS-232
EIA/TIA-449 EIA-530	EIA／TIA-232 的高速版本（最高可达 2 Mbps），它使用 36 针 D 型连接器，传输距离更远，也被称为 RS-422 或 RS-423
EIA/TIA-612/613	高速串行接口，使用 50 针 D 型连接器，可以提供 T3（45 Mbps）、E3（34 Mbps）和同步光纤网 SONET 的 STS-1（51.84 Mbps）速率接入服务
V.35	用来在网络接入设备和分组网络之间进行通信的一个同步、物理层协议的 ITU-T 标准，V.35 普遍用在美国和欧洲
X.21	用于同步数字线路上的串行通信 ITU-T 标准，它使用 15 针 D 型连接器，主要用在欧洲和日本

2. 数据链路层协议

在每个广域网连接上，数据在通过广域网链路前都被封装到帧中。为了确保使用恰当的协议，必须在路由器配置适当的第二层封装（数据链路层封装）。封装协议的选择需要根据所采用的广域网技术和通信设备确定。目前，最常用的两个广域网协议是 HDLC 和 PPP。

3. 网络层协议

著名的广域网网络层协议有 X.25 的分组层协议（packet level protocol，PLP）和 TCP/IP 协议体系中的 IP 协议等，其中 IP 协议是广域网中网络层最常使用的协议。

5.5　PPP 协议

1. PPP 协议简介

PPP 协议是从 SLIP 协议改进而来的。PPP 是为在同等单元之间传输数据包这样的简单链路设计的数据链路层协议。这种链路提供全双工操作，并按照顺序传递数据包。其设计目的主要是用来通过拨号或专线方式建立点对点连接发送数据，因而成为各种主机、网桥和路由器之间简单连接的一种共通的解决方案。

2. PPP 的帧结构

PPP 的帧结构如图 5-5 所示。

帧头			数据	帧尾
地址字段 0XFF	控制字段 0X03	协议字段	数据字段	帧校验字段
1个字节	1个字节	2个字节	不超过 1 500字节	2个字节

图 5-5　PPP 的帧结构

① 地址字段：规定为 0XFF，即全为 1，这是由于点对点链路只有两者存在。

② 控制字段：规定为 0X03。

③ 协议字段：如果为 0X0021，表示数据字段为 IP 数据包；如果为 0XC021，表示数据字段为 PPP 的链路控制协议数据。

④ 数据字段：长度可变，不超过 1 500 字节。

⑤ 帧校验字段：采用 CRC 循环冗余码对整个帧进行差错编码。

3. PPP 链路建立过程

PPP 协议中提供了一整套方案来解决链路建立、维护、拆除、上层协议协商、验证等问题。

PPP 协议包含这样几个部分：链路控制协议（link control protocol，LCP）、网络控制协议（network control protocol，NCP）和验证协议，其中验证协议包括口令验证协议（password authentication protocol，PAP）和挑战握手验证协议（challenge-handshake authentication protocol，CHAP）。

其中，LCP 负责创建、维护或终止一次物理连接，NCP 负责解决物理连接上运行什么网络协议以及解决上层网络协议发生的问题，而验证协议则用于网络安全方面的验证。

（1）创建 PPP 链路

LCP 负责创建链路。在这个阶段，将对基本的通信方式进行选择。链路两端设备通过 LCP 向对方发送配置信息。一旦一个配置成功信息被发送且被接收，就完成了交换，进入了 LCP 开启状态。应当注意，在链路创建阶段，只是对验证协议进行选择，用户验证将在第 2 阶段实现。

（2）用户验证

在这个阶段，客户端会将自己的身份发送给远端。该阶段使用一种安全验证方式，避免第三方窃取数据或冒充远端客户接管与客户端的连接。在验证完成之前，禁止从验证阶段前进到网络层协议阶段。如果验证失败,应该跃迁到链路终止阶段。在这一阶段里,只有链路控制协议、验证协议和链路质量监视协议的包是被允许的,在该阶段里接收到的其他包必须被丢弃。最常用的认证协议有 PAP 协议和 CHAP 协议。

（3）调用网络层协议

验证完成之后,PPP 将调用在链路创建阶段选定的网络控制协议 NCP。选定的 NCP 解决 PPP 链路之上的高层协议问题,例如,在该阶段 IP 控制协议可以向拨入用户分配动态地址。这样,经过三个阶段以后,一条完整的 PPP 链路就建立起来了。

4. 验证方式

（1）PAP 协议

PAP 验证的特点是两次握手验证,过程为明文,由被验证方发起。过程如图 5-6 所示。

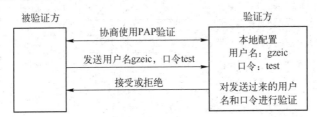

图 5-6　PAP 验证

① 被验证方发送用户名和口令到验证方。

② 验证方根据用户配置查看是否有此用户名以及口令是否正确,然后返回不同的响应。

（2）CHAP 协议

CHAP 验证的特点是三次握手验证,过程为密文,由验证方发起。过程如图 5-7 所示。

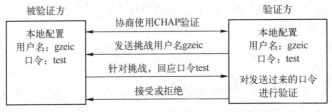

图 5-7　CHAP 验证

① 验证方向被验证方发送一个挑战（含有加密的用户名）。

② 被验证方针对接收到的挑战向验证方返回一个响应（含有加密的口令）。

③ 验证方根据收到的响应决定验证是否通过,然后返回接受或拒绝的响应。

实训 3　Wireshark 下抓包分析数据封装

【实训任务】

通过本次实训任务,使用 Wireshark 工具软件进行数据抓包,对 TCP/IP 协议体系中的常见 IP 协议、TCP 协议、UDP 协议、以太网帧等进行捕获和分析。

【实训步骤】

1. 抓包准备

本实训捕获网络传输的数据封装结构并进行分析。为了捕获本机与固定 IP 地址之间的通信，首先使用域名解析指令获得一个 Internet 上的固定 IP 地址。

在实验主机的命令行输入域名解析指令 nslookup www.gzeic.com，获得 www.gzeic.com 的服务器 IP 地址为 58.16.144.93。如实训图 3-1 所示。

2. 配置 Wireshark 捕获过滤器

打开 Wireshark 抓包软件，选择需要捕获其数据通信的网卡，并输入捕获过滤器。

捕获过滤器为 host 58.16.144.93 and port 80 and http，即捕获与 IP 地址为

实训图 3-1　域名解析指令

58.16.144.93、逻辑端口为 80、应用协议为 http 的通信数据，然后启动抓包，如实训图 3-2 所示。

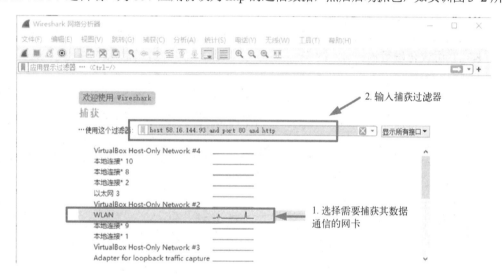

实训图 3-2　配置 Wireshark

打开浏览器，输入 www.gzeic.com，访问网站服务器，如实训图 3-3 所示。

实训图 3-3　访问 www.gzeic.com

Wireshark 捕获的结果如实训图 3-4 所示。其中序号为 1、2、3 的分组数据封装为 TCP 三次握手的过程。分组 4 为本机向服务器请求网站页面的数据封装。

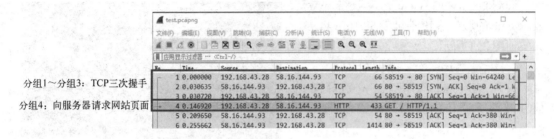

实训图 3-4　Wireshark 捕获结果

3．分析捕获结果

（1）认识捕获的数据封装结构

双击分组 4，其结构如实训图 3-5 所示，依次找到以太网帧头、IP 协议首部、TCP 协议首部、HTTP 协议传输数据。

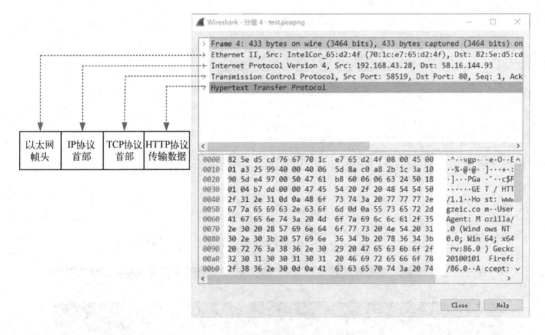

实训图 3-5　数据封装结构分析

（2）分析以太网帧首部

根据实训图 3-6，依次找到以太网帧头中的目的 MAC 地址、源 MAC 地址、类型。

（3）分析 IP 协议首部

根据实训图 3-7，依次找到 IP 数据包首部的各个字段。

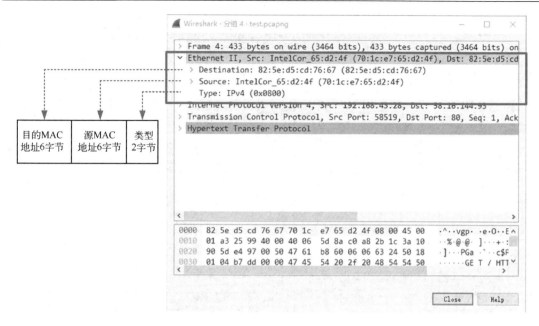

实训图 3-6　分析以太网帧首部

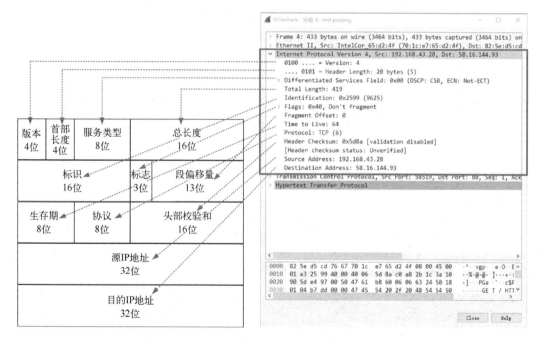

实训图 3-7　分析 IP 协议首部

（4）分析 TCP 协议首部

根据实训图 3-8，依次找到 TCP 报文首部的各个字段。

（5）分析 TCP 三次握手的过程

针对分组 1、分组 2、分组 3，根据实训图 3-9，分析 TCP 建立连接的三次握手过程。

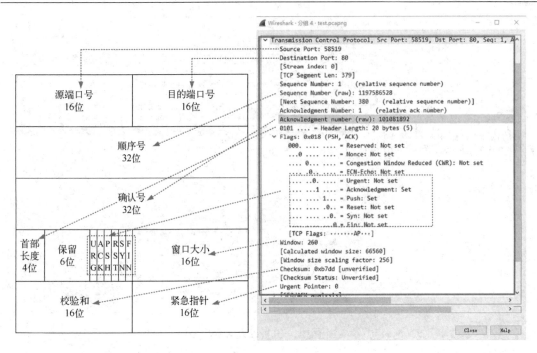

实训图 3-8　分析 TCP 报文首部

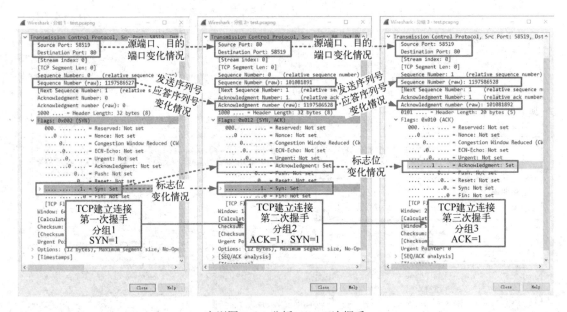

实训图 3-9　分析 TCP 三次握手

第3部分 交换机基础

项目 6 交换机工作原理

6.1 共享式以太网和交换式以太网

1. 共享式以太网和 CSMA/CD

在早期的以太网中，多站点共享同一信道，站点间通信采用广播方式，易发生信号冲突。这种情况就如同在开圆桌会议一样，只能一个人说话而其他人听，如果很多人同时说话就会杂乱而产生冲突，因为大家是共享信道，另外相互对话的是某两个人，相互说话都带有地址信息，所有的人都会收到，只有对话双方会进行相互回应，而其他人都会丢弃该信息，因为大家的通信方式是广播式通信，如图 6-1 所示。在这里需要强调的是信号、数据的区别，信号是数据在传输过程中的表现方式，而网络中物理层的比特流就是这样的信号，换句话说就是数据只有成为信号之后才能进行网络传输。

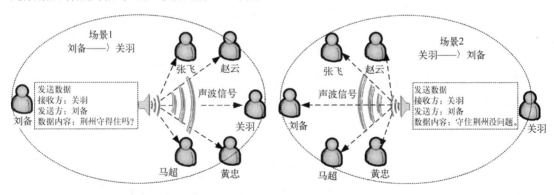

图 6-1 共享信道广播式通信

这种共享信道广播式通信的以太网简称为共享式以太网。

共享式以太网用 CSMA/CD 技术（carrier sense multiple access/collision detect，载波监听多路访问/冲突检测）来避免和减少信号冲突。CSMA/CD 的工作过程如图 6-2 所示。CSMA/CD 的工作原理就是发送数据的比特流信号之前，先监听信道上是否有传输信号，如果没有就发送比特流信号，如果有则等待，在发送比特流信号的同时，发送方继续监听是否有冲突信号返回，如果有则停止发送，延时后再重新发送。CSMA/CD 的工作原理可以总结为"先听后发、边发边听、冲突停止、延时重发"。

2. 冲突域的概念

在早期的以太网中，由于传输距离的增加会造成传输的比特流信号衰减，早期以太网使用中继器和集线器来对信号进行再生放大，从而延长传输信号的距离。这种只能对物理层的比特流信号进行再生放大的设备，如中继器 Repeater、集线器 HUB，我们称之为物理层设备。信号的再生放大如图 6-3 所示。

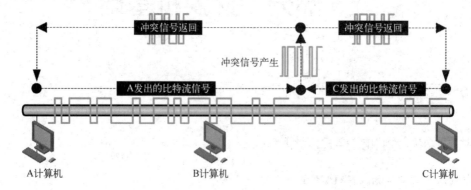

图 6-2　CSMA/CD 工作过程

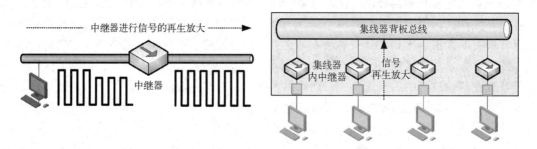

图 6-3　比特流信号的再生放大

值得注意的是，通过中继器、集线器虽然增强了比特流信号，网络布线距离得到了延长，但是同样还是不能有两台站点同时发送比特流信号，因为中继器、集线器并不能隔离冲突信号，不能隔离冲突信号的原因如图 6-4 所示。

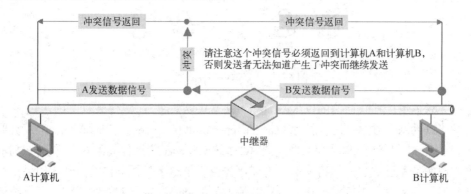

图 6-4　物理层设备不能隔离冲突

那么所谓冲突域，就是连接在同一共享信道上的所有工作站的集合，或者说是竞争同一带宽的站点集合，使用中继器、集线器相互连接的站点集合都处在同一个冲突域中。图 6-5 表明了使用物理层设备中继器、集线器连接的物理网络都属于同一个冲突域，这样冲突域的网络中任何一个时间节点都只能是一个站点发送数据、一个站点接收数据，而不能同时多个站点进行数据传输，例如在图 6-5 中 A 发数据给 B 的时候，只能是 A 发送、B 接收，其他站点 C、D 都不能进行数据传输。

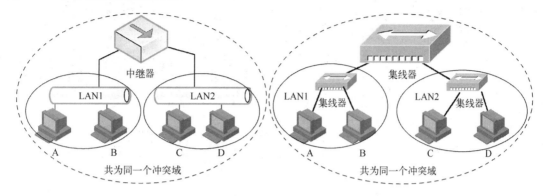

图 6-5　冲突域的概念

3．交换式以太网的产生

从上面可以了解到，所有采用物理层设备连接的所有站点整体上构成一个冲突域，冲突域中站点数量越多，数据发送的需求就越多，冲突发生的可能性就越大，冲突发生的越多，网络实际用于数据传输的效率就越低，即共享式以太网存在的问题如下。

① 随着网络接入站点的增多，冲突增多，线路上数据有效传输严重下降，线路上充斥着大量无效无用的冲突信号，而严重影响网络的性能。

② 网络的扩大，数据流量应该本地化，也就是本地的两台站点之间的通信，不应该影响其他站点之间的数据通信。

③ 由于共享信道广播式通信，网络传输中数据的安全性无法得到保证，容易被窃听。

由于共享信道广播式网络存在以上的缺点，为了有效地隔离冲突域，即将一个大的冲突域减小为多个小的冲突域，从而减少冲突的发生，如图 6-6 所示，在 1993 年局域网内可以隔离冲突域的交换设备应运而生，传统共享式以太网也演变成了交换式以太网。

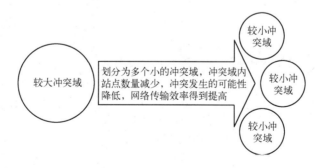

图 6-6　隔离冲突域的思路

那么交换设备如何隔离冲突域的呢？冲突产生的根本原因在于共享信道，因此隔离冲突域的基本思路就是将共享式以太网的共享信道改变成为交换式以太网的独享信道，如图 6-7 所示，原来使用的中继器、集线器也演变成了现在使用的交换机。

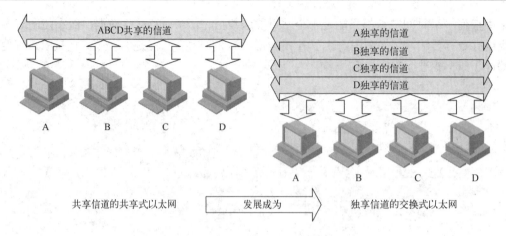

图 6-7　共享式以太网与交换式以太网

6.2　交换机工作原理和广播域

1. 交换机的工作原理

以太网交换机的英文名称为"switch"，工作在 OSI/RM 模型的数据链路层，属于二层设备，这一点与中继器和集线器完全不一样，中继器和集线器工作于物理层，处理的信息单元是比特流信号，而交换机处理的信息单元是数据链路层的以太网帧。交换机关键的技术就是交换机可以识别连在网络上站点的网卡 MAC 地址，并把它们放到交换机的 MAC 地址表中。交换机的 MAC 地址表如图 6-8 所示。

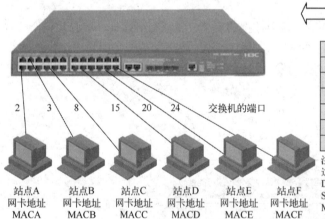

MAC地址表			
MAC地址	端口号	VLAN信息	类型
MACA	2	100	DYNAMIC
MACB	3	100	DYNAMIC
MACC	8	200	STATIC
MACD	15	200	STATIC
MACE	20	300	DYNAMIC
MACF	24	100	STATIC

注意：各个MAC地址应该是类似于0a00-2700-0007
这样的48位网卡地址。
DYNAMIC说明该条是交换机自动学习获得的。
STATIC说明该条是网络管理员手工设定的。
MAC地址表中VLAN信息的作用在后继章节介绍。

图 6-8　交换机的 MAC 地址表

交换机的工作原理示意图如图 6-9 所示。以太网交换机从物理层接收比特流信号，恢复出以太网数据帧提交给数据链路层，数据链路层对以太网数据帧进行帧校验等检查后，根据以太网数据帧目的 MAC 地址进行转发。

交换机工作原理就是五个工作特性，分别是学习源 MAC 地址、泛洪广播帧、泛洪未知目的帧、转发数据帧和过滤数据帧。

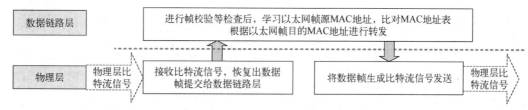

图 6-9　以太网交换机工作原理示意图

当交换机接收到一个数据帧时,交换机将数据帧的源 MAC 地址和交换机的 MAC 地址表进行比较,如果源 MAC 地址不在 MAC 地址表中,交换机会将该数据帧的源 MAC 地址加入MAC 地址表中,同时加入的还有接收该数据帧的交换机端口号,如果源 MAC 地址在 MAC地址表中,但 MAC 地址表中对应的端口和接收该数据帧的交换机端口不一致,则进行更新MAC 地址表中该 MAC 地址对应的端口号为接收该数据帧的交换机端口号。这就是网桥的"学习源 MAC 地址"特性。

如果交换机接收的一个数据帧,如果该数据帧的目的 MAC 地址为 FF-FF-FF-FF-FF-FF(即该帧为广播帧),则交换机向除接收该帧的端口以外的所有端口扩散该帧,也就是交换机不能隔离广播帧,这就是交换机的"泛洪广播帧"特性。

如果交换机接收的一个数据帧,经过查 MAC 地址表,没有查到该帧目的 MAC 地址所在端口,则交换机向除接收该帧的端口以外的所有端口扩散该帧,这就是交换机的"泛洪未知目的帧"特性。

如果交换机接收的一个数据帧,经过查 MAC 地址表,发现数据帧中源 MAC 地址所处端口和目的 MAC 地址所处端口相同,则交换机丢弃该帧,这就是交换机的"过滤数据帧"特性。

如果交换机接收的一个数据帧,经过查 MAC 地址表,发现数据帧中源 MAC 地址所处端口和目的 MAC 地址所处端口不相同,则交换机从相应端口转发该帧,这就是交换机的"转发数据帧"特性。

在这样五个特性的共同作用下,经过一段时间,交换机的 MAC 地址表中就收集齐了网络中所有站点的 MAC 地址,就可以对数据帧进行有序、有目的性的转发。

2.广播域的概念

如图 6-10 所示,交换机可以隔离冲突,但交换机不能隔离广播帧,也就是网络中任意一个站点发送一个广播帧,整个广播域中的所有站点都会接收这个广播帧,交换机的每个端口都为一个冲突域,而交换机的所有端口共同构成一个广播域。只有路由器、三层交换机等 3 层设备可以隔离广播域,也可以用虚拟局域网 VLAN 技术来隔离广播域,这部分内容将在后面详细讨论。

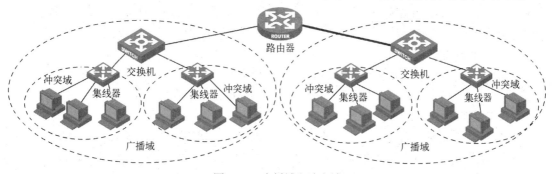

图 6-10　广播域和冲突域

以下通过表 6-1 来区分一下交换机、网桥、中继器和集线器。

表 6-1　交换机、网桥、中继器、集线器区分

设备名称	英文名称	OSI/RM 层次	处理信息单元	设 备 目 的	备 注
中继器	repeater	物理层	比特流	延长网络布线距离	
集线器	HUB	物理层	比特流	延长网络布线距离，适合星型结构布线	多端口中继器
网桥	bridge	数据链路层	数据帧	隔离冲突域	
交换机	switch	数据链路层	数据帧	隔离冲突域、适合星型结构布线	多端口网桥
路由器	router	网络层	IP 数据包	隔离广播域	

6.3　交换机的主要性能指标

交换机的主要性能指标集中在端口参数、交换容量、包转发率、转发模式、支持特性等五个方面，表 6-2 罗列了 H3C S5820V2-54QS-GE 交换机的主要性能指标。

表 6-2　H3C S5820V2-54QS-GE 交换机的主要性能指标

设 备 型 号	H3C S5820V2-54QS-GE		
	类型	指标	数量
端口参数	双绞线连接	10M/100M/1000 Mbps 口	48
	光纤连接	SFP Plus 口	4
		QSFP+口	2
	交换机管理	Console 口	1
		管理用以太网口	1
		USB 口	1
交换容量	11.52 Tbps		
包转发率	252 Mpps		
转发模式	存储转发		
支持特性	虚拟化技术、链路聚合技术、生成树技术、MAC 地址表、VLAN、流量监控、DHCP、ARP、IP 路由、IPv6 特性、组播协议、MPLS、广播/组播/单播风暴抑制、MSTP、QoS/ACL、镜像、安全特性		

1. 端口参数

一般情况下，把网络设备工作在 OSI/RM 数据链路层的连接适配口称为端口，把工作在 OSI/RM 网络层的连接适配口称为接口，换句话说，如果这个连接适配口不能配置 IP 地址，就称为端口，如果这个连接适配口可以配置 IP 地址，就称为接口。H3C S5820V2-54QS-GE 为三层交换机，当连接适配口工作在二层的时候，我们称之为端口，当连接适配口工作在三层的时候，我们称之为接口。

交换机可以提供大量的网络连接端口，交换机上的端口主要分为三种，一种是用于交换机管理所用，一种是用于双绞线连接，一种是用于光纤连接。

2. 交换容量

交换容量也叫背板带宽、交换带宽，是交换机接口处理器或接口卡和数据总线间所能吞吐的最大数据量。交换容量标志了交换机总的数据交换能力，单位为 Gbps 或 Tbps。一台交换机的交换容量越高，所能处理数据的能力就越强。

3．包转发率

包转发率标志了交换机转发数据包能力的大小。单位一般位 pps（包每秒），一般交换机的包转发率在几十 Kpps 到几百 Mpps 不等。包转发速率是指交换机每秒可以转发多少百万个数据包（Mpps），即交换机能同时转发的数据包的数量。包转发率以数据包为单位体现了交换机的交换能力。

4．转发模式

交换机的转发模式主要有直通方式、存储转发方式、碎片隔离方式三种方式，现在大部分的交换机产品都为存储转发方式。首先了解一下什么是残帧、超长帧、错误帧。残帧为小于 64 字节的帧（最小以太网数据帧），超长帧为超过 1 518 字节的帧（最大以太网数据帧），错误帧为帧校验错误的帧。三种转发模式如图 6-11 所示。

图 6-11　交换机转发模式

① 直通方式：交换机只检查数据帧的帧头（通常只检查 14 个字节），不进行帧校验，不但正常帧，而且可能存在的残帧、超长帧、错误帧都会被转发。

② 存储转发方式：交换机将收到的数据帧缓存起来，然后对帧校验序列 FCS 进行帧校验，只有正常帧被转发，而残帧、超长帧、错误帧都会被丢弃。

③ 碎片隔离方式：交换机只判断收到的数据帧是否足够 64 个字节，正常帧、超长帧、错误帧被转发，而残帧会被丢弃。

5．支持特性

交换机的支持特性非常多，主要是针对于交换机实际应用场景所符合的国际性标准和企业标准而定，如对生成树技术、虚拟局域网 VLAN 技术、链路聚合技术等方面的支持。通常情况下，性能越优异的交换机设备支持特性也就越多，相关的一些支持特性我们在后续内容中进行介绍。

6.4　交换机的分类

交换机的分类标准多种多样。

如根据传输速度划分，可以分为百兆交换机、千兆交换机、万兆交换机等。

如根据规模应用划分，可以分为企业级交换机、部门级交换机、工作组交换机等。

如根据架构特点划分，可以分为机架式、带扩展槽固定配置式、不带扩展槽固定配置式等。

如根据 OSI/RM 工作层次划分，可以分为二层交换机、三层交换机、四层交换机等。

如根据是否可管理，可以分为可管理型交换机、不可管理型交换机等。

以下根据交换机最流行的分类方法——网络整体规划分层设计来划分。

通常在网络整体规划设计中，需要采用网络分层设计的方法。分层设计不但会因为采用模块化、自顶向下的方法细化而简化设计，而且经过分层设计后，每层设备的功能将变得清晰、明确，这有利于各层设备的选型。更重要的是可以使得整个网络各层的设备运行在最佳状态，而且整个网络还具有可扩展性强、易于管理的特点。

按照网络整体规划分层设计，交换机可以分为接入层交换机、汇聚层交换机和核心层交换机，如图 6-12 所示。

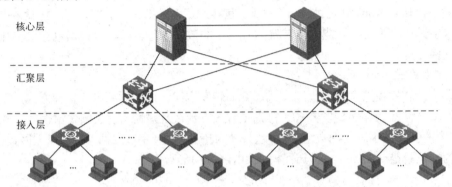

图 6-12　接入层、汇聚层、核心层交换机

将网络中直接面向用户连接或访问网络的部分称为接入层，用户主机通过双绞线接入该层的交换机，对于该层交换机的主要要求就是低成本、高端口密度、提供高速上连端口，这层交换机通常为工作在数据链路层的二层交换机。

将位于接入层和核心层之间的部分称为汇聚层，汇聚层是多台接入层交换机的汇聚点，它必须能够处理来自接入层设备的所有通信量，并提供到核心层的上行链路，因此汇聚层交换机与接入层交换机比较，需要更高的性能、更少的端口和更高的交换速率，通常这层的交换机为工作在网络层的三层交换机。

而将网络主干部分称为核心层，核心层的主要目的在于通过高速转发数据，提供优化、可靠的骨干传输结构，因此核心层交换机应拥有更高的可靠性、性能和吞吐量。核心层交换通常是模块化高性能、具有冗余容错能力的高端多业务路由交换机。

以下以 H3C 公司产品为例进行介绍，对于大型园区网络而言，如 S10500 系列、S7600 系列、S7500 系列、S6500 系列等均可作为核心层交换，如 S5800 系列、S5500 系列、S5170 系列、S5150 系列、S5130 系列、S5120 系列、S5110 系列、S5000 系列等均可作为汇聚层交换，如 S3600 系列、S3100 系列、S2600 系列、S1800 系列、S1600 系列等均可作为接入层交换，当然如果网络规模有限，那么汇聚层交换也可以作为核心层交换。如图 6-13 所示为 H3C S10500 系列以太网核心交换机。

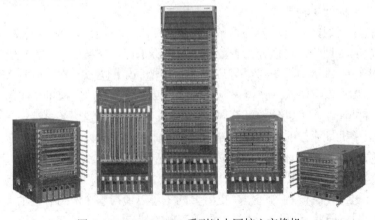

图 6-13　H3C S10500 系列以太网核心交换机

项目 7　交换机配置基础

7.1　交换机外观和端口命名方法

1. 交换机的外观

以下以 HCL 模拟器中的交换机 S5820V2-54QS-GE 为例进行介绍，S5820V2-54QS-GE 是 H3C 公司的 S5820V2 系列中的一个型号，S5820V2 系列交换机定位于下一代数据中心及云计算网络中的高密接入，也可用于企业网、城域网的核心或汇聚。S5820V2-54QS-GE 的外观如图 7-1 所示。

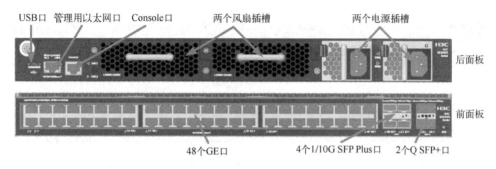

图 7-1　S5820V2-54QS-GE 外观

在介绍 S5820V2-54QS-GE 的端口之前，我们首先要了解一个评价网络设备接口速度的单位 bps（bit per second，比特每秒），1 个 bit 就是一位二进制位，bps 就是指每秒传输的二进制位数。数量等级为 1 Kbps=1024 bps，1 Mbps=1024 Kbps，1 Gbps=1024 Mbps，1 Tbps=1024 Gbps。

48 个 GE 口为 10 M/100 M/1000 Mbps 自适应的以太网双绞线口，传输速率最高 1 Gbps。

4 个 1/10GSFP+口可以通过加装 SFP+光模块连接多模光纤和单模光纤，传输速率最高为 10 Gbps。

2 个 Q SFP+口可以加装 Q SFP+光模块连接多模光纤和单模光纤，传输速率最高为 40 Gbps。

1 个 Console 口，使用配置专用线连接 Console 口和计算机的 COM 串口，通过终端仿真程序，可以对设备进行配置。

1 个管理用以太网口，用于连接远程的网管计算机，实现进行交换机设备的远程管理。

1 个 USB 口主要用于备份交换机的操作系统和配置文件，也可以用于升级交换机的操作系统。

通常情况下，交换机连接双绞线的端口称为电口，交换机连接光纤的端口称为光口。

2. 交换机端口的命名

交换机端口较多，为了较好地区分各个端口，需要对相应的端口命名。

一般情况下，交换机端口的命名规范为：端口类型 堆叠号/交换机模块号/模块上端口号（如交换机不支持堆叠，则没有堆叠号）。

如图 7-2 所示为 S5820V2-54QS-GE 交换机端口的命名情况。

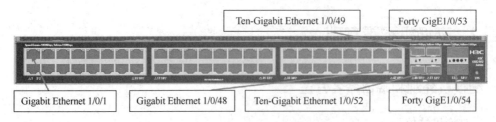

图 7-2　S5820V2-54QS-GE 交换机端口命名

如图 7-3 所示为两台 S5820V2-54QS-GE 交换机通过 H3C 的 IRF 技术进行堆叠后端口命名情况。

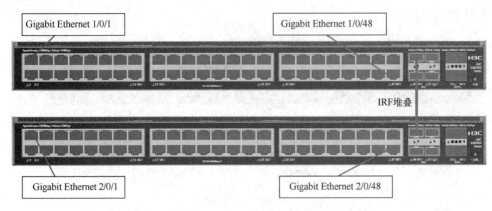

图 7-3　两台 S5820V2-54QS-GE 堆叠后端口命名

7.2　交换机的管理方式

1. 带外管理

带外管理（out-band management），就是不占用网络带宽的管理方式，即用户通过交换机的 Console 端口对交换机进行配置管理。通常用户会在首次配置交换机或者无法进行带内管理时使用带外管理方式。交换机的配置线缆一般随交换机产品装箱。配置线连接如图 7-4 所示。

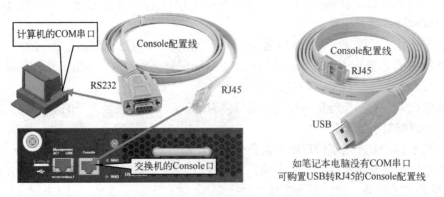

图 7-4　配置线连接

配置线正确连接后，可以使用 SecureCRT 终端软件来连接交换机，具体方法如图 7-5 所示，打开 SecureCRT 终端软件，选择"文件"→"快速连接"，设置协议为"Serial"，端口为计算机连接交换机的串口，波特率为"9600"、数据位为"8"、奇偶校验为"无"、停止位为"1"，流控为"无"，设置好属性后，单击连接即可进入交换机的配置界面。

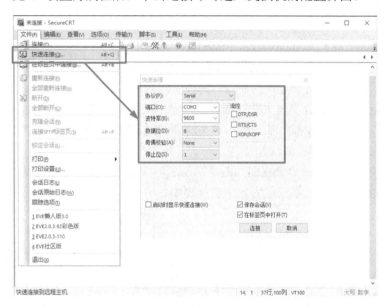

图 7-5 超级终端连接交换机 Console 端口

2. 带内管理

所谓带内管理（in-band management），就是需要占用网络带宽的管理方式，如图 7-6 所示，即带内管理通常为以下四种情况。

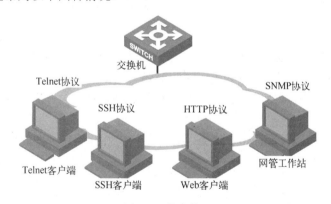

图 7-6 带内管理

① 通过 Telnet 客户端软件使用 Telnet 协议登录到交换机进行管理；
② 通过 SSH 客户端软件使用 SSH 协议登录到交换机进行管理；
③ 通过 Web 浏览器使用 HTTP 协议登录到交换机进行管理；
④ 通过网络管理软件（如 CiscoWorks）使用 SNMP 协议对交换机进行管理。
是否支持所有这些管理方式，需要根据不同产品而定。

关于带内管理 Telnet 方式的配置方法，在后面的内容中详细介绍，不过这里首先要说明的是，如果采用带内管理方式对交换机进行管理，必须要给交换机配置一个用于网络管理的 IP 地址，否则管理设备无法在网络中定位寻找到被管理的交换机。

7.3　交换机的命令视图

交换机的命令行接口（command line interface，CLI）界面由网络设备操作系统提供，H3C 网络设备现在主要使用的是 ComwareV7 版本的操作系统，ComwareV7 提供了丰富的功能，相应地也提供了多样的配置和查询的命令。为便于用户使用这些命令，ComwareV7 将命令按功能分类进行组织。功能分类与命令视图对应，当要配置某功能时，需要进入相应的功能视图执行相关命令，每个视图都有唯一的、含义清晰的提示符。以下以 H3C 公司交换机产品为例，介绍交换机的命令视图。

H3C 公司交换机产品的命令视图如图 7-7 所示。命令视图采用分层结构。第一层为用户视图，第二层为系统视图，第三层为各个功能视图。

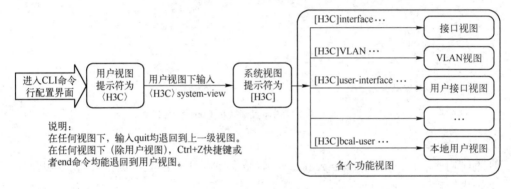

图 7-7　H3C 交换机 ComwareV7 的命令视图

1．用户视图

用户登录设备后，即进入用户视图，在用户视图下可执行的操作主要包括查看操作、调试操作、文件管理操作、设置系统时间、重启设备、FTP 和 Telnet 操作等。

用户视图的提示符为<系统名称>，例如<H3C>，用户可以自行配置系统名称。

2．系统视图

在用户视图下输入 system-view 命令，即进入系统视图，系统视图的提示符为[系统名称]，例如[H3C]，如下所示。

```
<H3C>system-view
System View: return to User View with Ctrl+Z.
[H3C]
```

在系统视图下，能对设备运行参数以及部分功能进行配置，例如配置夏令时、配置欢迎信息、配置快捷键等。如下为把系统名称 H3C 修改为 MySwitch。

```
<H3C>system-view
System View: return to User View with Ctrl+Z.
```

```
[H3C]sysname MySwitch
[MySwitch]
```

3．功能视图

在系统视图下，输入不同的命令，可以分别进入各个功能视图。对交换机的管理，大部分都是在各个功能视图下完成。

例如以下为进入到 GigabitEthernet 1/0/1 的接口视图：

```
[MySwitch]interface GigabitEthernet 1/0/1
[MySwitch-GigabitEthernet1/0/1]
```

例如以下为创建了一个 VLAN，编号 10，并进入到 VLAN 视图：

```
[MySwitch]vlan 10
[MySwitch-vlan10]
```

例如以下为创建了一个本地用户 test，并进入到本地用户视图：

```
[MySwitch]local-user test
New local user added.
[MySwitch-luser-manage-test]
```

7.4　交换机配置技巧

1．交换机配置命令的格式

交换机为用户提供了各种各样的配置命令，尽管这些配置命令的形式各不相同，但它们都遵循交换机配置命令的语法。

交换机提供的通用命令格式如下：

命令关键字　参数或变量

如命令 vlan 10 进入 vlan10 视图，vlan 为关键字，10 为变量。

如命令 display local-user user-name test 查看本地用户 test，display 为关键字，local-user user-name 为参数，test 为变量。

2．交换机配置命令的快捷键

交换机为方便用户的配置，特别提供了多个快捷键，如上、下、左、右键及删除键 BackSpace 等。表 7-1 列出了一些常用快捷键的功能。

表 7-1　常用快捷键

按　键	功　能
删除键 BackSpace	删除光标所在位置的前一个字符，光标前移
上光标键↑	显示上一条输入命令
下光标键↓	显示下一条输入命令
左光标键←	光标向左移动一个位置
右光标键→	光标向右移动一个位置
Ctrl+A	将光标移动到当前行的开头

续表

按　　键	功　　能
Ctrl+E	将光标移动到当前行的末尾
Ctrl+c	终止交换机正在执行的命令进程
Tab 键	系统自动补全该命令的剩余字符

3．交换机配置命令的帮助

交换机的配置命令非常多，用户可以通过输入？获取非常多的帮助信息。具体的？使用主要有以下三个方面。

① 在任意视图下，输入？即可获取该视图下可以使用的所有命令及其简单描述。如图 7-8 所示在用户视图下输入？，可以查看用户视图下的所有命令及其简单描述。

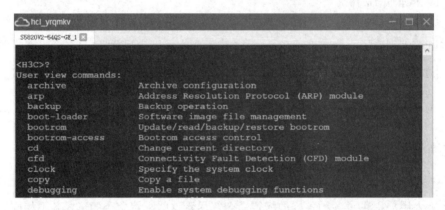

图 7-8　用户视图下输入？

② 输入一条命令的关键字，后接以空格分隔的？，则列出全部关键字的简单描述或有关的参数描述。如图 7-9 所示是 display 命令后可以输入的关键字或参数。

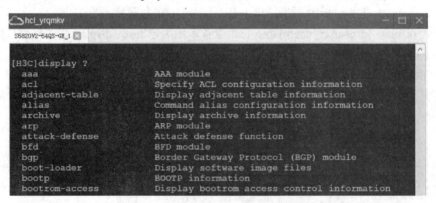

图 7-9　display 命令后可以输入的关键字或参数

③ 输入命令的不完整关键字，其后紧接？，显示以该字符串开头的所有命令关键字，如图 7-10 所示是系统视图下第一个字母为 f 的所有命令。

4．交换机配置命令的错误信息

输入的命令，如果通过设备的语法检查，则正确执行，否则会出现错误信息，常见的错误信息参见表 7-2。

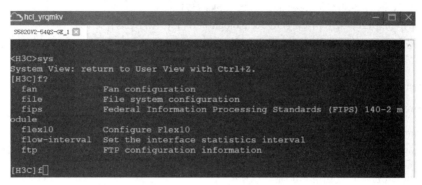

图 7-10　系统视图下第一个字母为 f 的所有命令

表 7-2　常见的错误信息

英文错误信息	错 误 原 因
% Unrecognized command found at '^' position.	在符号'^'指示位置的命令无法解析
% Ambiguous command found at '^' position.	在符号'^'指示位置的参数不明确，存在二义性
% Incomplete command found at '^' position.	在符号'^'指示位置的命令不完整
Too many parameters	输入参数太多
% Wrong parameter found at '^' position.	在符号'^'指示位置的参数错误

5．交换机命令配置技巧

（1）命令简写

在输入一个命令时，可以只输入命令字符串的前面部分，只要长到系统能够与其他命令区分就可以，而不用完整输入。例如进入系统视图的"system-view"命令，只需输入"sys"即可。

（2）命令完成

如果在输入一个命令字符串的部分字符后键入 Tab 键，系统会自动补全该命令的剩余字符，形成一个完整的命令。

（3）否定命令的作用

对于许多配置命令，可以输入前缀 undo 来取消一个命令的作用或者是将配置重新设置为默认值。例如在给交换机的管理 VLAN1 虚接口配置 IP 地址以后，可以使用 undo 命令取消所配置的 IP 地址。

```
[H3C]interface Vlan-interface 1
[H3C-Vlan-interface1]ip address 192.168.1.1 255.255.255.0
[H3C-Vlan-interface1]undo ip address 192.168.1.1 255.255.255.0
[H3C-Vlan-interface1]
```

7.5　交换机的常用配置指令

（1）display version

任意视图，显示设备系统版本信息。

```
<H3C>display version
H3C Comware Software, Version 7.1.075, Alpha 7571
Copyright(c) 2004-2017 New H3C Technologies Co., Ltd. All rights reserved.
H3C S5820V2-54QS-GE uptime is 0 weeks, 0 days, 0 hours, 0 minutes
…
```

（2）Sysname

系统视图，设置设备名称。

```
[H3C]sysname MySwitch
[MySwitch]
```

（3）display current-configuration

任意视图可运行，显示当前运行配置。

```
[MySwitch]display current-configuration
#
 version 7.1.075, Alpha 7571
#
 sysname MySwitch
#
…
```

（4）Save

任意视图，保存当前运行配置到设备存储 flash 中（文件名 startup.cfg）。切记如果设备完成配置后，没有进行保存，那么设备重新启动后，原来的配置将全部丢失。

```
[MySwitch]save
The current configuration will be written to the device. Are you sure? [Y/N]:y
…
```

（5）display saved-configuration

任意视图，显示交换机保存配置，即交换机下次加电启动所用、保存在 flash 中的 startup.cfg 文件。

```
<MySwitch>display saved-configuration
#
 version 7.1.075, Alpha 7571
#
 sysname MySwitch
#
 irf mac-address persistent timer
…
```

（6）reboot

用户视图，重启设备。

```
<MySwitch>reboot
Start to check configuration with next startup configuration file, please wait.........DONE!
```

This command will reboot the device. Continue? [Y/N]:y

…

（7）reset saved-configuration

用户视图，删除设备存储介质 flash 中保存的下次启动配置文件 startup.cfg，该命令即恢复设备出厂设置。

<MySwitch>reset saved-configuration
The saved configuration file will be erased. Are you sure? [Y/N]:y
…

（8）clock datetime

用户视图，设置设备时间和日期，因 H3C 设备默认情况下启用了 NTP 协议（network time protocol），会与 internet 上的时间服务器自动校正时间，如要手工更改时间，必须在系统视图 clock protocol none 关闭 NTP 协议。

[H3C]display clock
15:22:20 UTC Sat 03/13/2021
[H3C]clock protocol none
[H3C]quit
<H3C>clock datetime 10:11:12 07/08/2011

（9）display interface GigabitEthernet 1/0/1

任意视图，显示 G1/0/1 接口信息。

[H3C]interface GigabitEthernet 1/0/1
[H3C-GigabitEthernet1/0/1]description ToBuildA
\\因交换机端口非常多，可以添加描述信息，说明该端口连接到哪个地点。
[H3C]display interface GigabitEthernet 1/0/1
GigabitEthernet1/0/1
Current state: UP
Line protocol state: UP
IP packet frame type: Ethernet II, hardware address: 6ce5-4e98-0100
Description: ToBuildA
Bandwidth: 1000000 kbps
…

（10）shutdown 和 undo shutdown

接口视图，关闭接口或者启动接口。

[H3C]interface GigabitEthernet 1/0/1
[H3C-GigabitEthernet1/0/1]shutdown
\\物理性关闭端口。
[H3C-GigabitEthernet1/0/1]undoshutdown
\\启动端口。

（11）display interface brief

任意视图，显示所有接口简洁信息。

```
[H3C]display interface brief
…
Interface          Link Speed    Duplex Type PVID Description
FGE1/0/53          DOWN 40G        A      A    1
FGE1/0/54          DOWN 40G        A      A    1
GE1/0/1            UP   1G(a)     F(a)    A    1
GE1/0/2            UP   1G(a)     F(a)    A    1
…
```

（12）dir flash

用户视图，显示设备 flash 存储上的文件信息。startup.cfg 为保存的下次启动配置文件。Flash 中的 s5820v2_5830v2-cmw710-boot-a7514.bin 为设备启动的操作系统。

```
<H3C>dir flash:/
Directory of flash:
    0 drw-            - Mar 13 2021 14:52:16   diagfile
    1 -rw-         1554 Mar 13 2021 15:45:35   ifindex.dat
    2 -rw-        21632 Mar 13 2021 14:52:16   licbackup
    3 drw-            - Mar 13 2021 14:52:16   license
    4 -rw-        21632 Mar 13 2021 14:52:16   licnormal
    5 drw-            - Mar 13 2021 15:03:36   logfile
    6 -rw-            0 Mar 13 2021 14:52:16   s5820v2_5830v2-cmw710-boot-a7514.bin
    7 -rw-            0 Mar 13 2021 14:52:16   s5820v2_5830v2-cmw710-system-a7514.bin
    8 drw-            - Mar 13 2021 14:52:16   seclog
    9 -rw-         6167 Mar 13 2021 15:45:35   startup.cfg
   10 -rw-       111076 Mar 13 2021 15:45:35   startup.mdb
1046512 KB total (1046284 KB free)
<H3C>
```

（13）ping

任意视图可运行，测试与其他设备的连通性。在本设备与其他设备进行连通性测试之前，本设备必须具有一个 IP 地址，例如以下为配置本设备 VLAN1 虚接口 IP 地址为 192.168.1.1/24。

```
[H3C]interface vlan 1
[H3C-Vlan-interface1]ip address 192.168.1.1 24
[H3C-Vlan-interface1]quit
[H3C]ping 192.168.1.101
Ping 192.168.1.101 (192.168.1.101): 56 data bytes, press CTRL_C to break
56 bytes from 192.168.1.101: icmp_seq=0 ttl=255 time=1.164 ms
56 bytes from 192.168.1.101: icmp_seq=1 ttl=255 time=0.670 ms
…
```

（14）display this

display this 命令用来显示当前视图下生效的配置。当用户在某一视图下完成一组配置之后，需要验证是否配置成功，则可以执行 display this 命令来查看当前生效的配置。

```
[H3C]interface vlan 1
[H3C-Vlan-interface1]display this
```

```
#
interface Vlan-interface1
  ip address 192.168.1.1 255.255.255.0
#
return
[H3C-Vlan-interface1]
```

（15）display mac-address

任意视图，显示交换机的 MAC 地址表。

```
<H3C>display mac-address
MAC Address      VLAN ID      State       Port/Nickname            Aging
4c9b-d2f9-0306   1            Learned     GE1/0/2                   Y
4c9b-d6af-0406   1            Learned     GE1/0/3                   Y
<H3C>
```

（16）display arp

用于显示交换机上当前 ARP 缓冲区的内容。

```
[H3C]display arp
    Type: S-Static   D-Dynamic    O-Openflow   R-Rule    M-Multiport   I-Invalid
IP address        MAC address      SVLAN/VSI Interface/Link ID      Aging Type
192.168.1.101     4c9b-d2f9-0306 1          GE1/0/2                 18     D
192.168.1.102     4c9b-d6af-0406 1          GE1/0/3                 20     D
[H3C]
```

实训 4　交换机管理安全配置

【实训任务】

交换机在网络中作为一个中枢设备与许多工作站、服务器、路由器相连接。大量的业务数据也要通过交换机来进行传送转发。如果交换机的配置内容被攻击者修改，很可能造成网络的工作异常甚至整体瘫痪，从而失去网络通信的能力。因此网络管理员往往要对交换机的管理安全进行配置，保证其运行的安全。

通过本次实训内容，主要完成以下两个方面的管理安全配置。

第一个是带外管理，即通过 Console 口进入交换机管理时，进行安全验证，通过者才能进入交换机的 CLI 命令行。

第二个是带内管理，当管理员通过 Telnet 远程登录交换机对交换机进行管理时，进行安全验证，通过者才能进入交换机的 CLI 命令行。

【实训拓扑】

启动 HCL 模拟器，添加一台 S5820V2-54QS-GE，添加一台 Host，按照实训图 4-1 连接设备，并进行标注后，启动 S5820V2-54QS-GE_1。

启动 VM VirtualBox 软件，选择 Win7-01，鼠标右键设置网络选项卡，选择 VirtualBox Host-only Ethernet Adapter，确定后启动该虚拟机。进入 Windows 操作系统之后，设置 Win7-01 的 IP 地址为 192.168.1.2，子网掩码 255.255.255.0。

VLAN1虚接口
IP地址：192.168.1.1/24

S5820V2-54QS-GE_1

GE_0/1

NIC:VirtualBox Host-Only Ethernet Adapter

Win07-1
IP地址：192.168.1.2/24

Host_1

实训图 4-1　实训 4 拓扑图

【实训步骤】

1. 配置 Console 口进入交换机管理时，进行安全验证

① 双击 S5820V2-54QS-GE_1 进入设备的配置 CLI，完成以下配置命令。

```
<H3C>system-view
[H3C]user-interface console 0
\\进入用户接口 console 配置模式，console 口只有一个，编号为 0。
[H3C-line-console0]authentication-mode password
\\配置认证模式为密码。
[H3C-line-console0]set authentication password ?
    hash      Specify a hashtext password
    simple    Specify a plaintext password
\\配置认证密码有两种，一种 hash 为密文密码，另一种为 simple 明文密码。
[H3C-line-console0]set authentication password simple 654321
[H3C-line-console0]
\\配置认为密码为 simple 明文密码，密码为 654321。
```

② 结果验证：

```
[H3C-line-console0]end
\\退出至用户视图。
[H3C]quit
\\退出 console 口配置，重新进入 CLI 命令行。
Press ENTER to get started.
Password:
\\提示输入密码后进入 console 配置，输入密码 654321，输入密码不回显。
<H3C>
```

2. 配置 telnet 远程登录进入交换机管理时，进行安全验证

① 进入接口视图，配置接口 IP 地址。交换机出厂时，默认所有接口均属于 VLAN1，给 VLAN1 虚接口配置 IP 地址 192.168.1.1/24，用于交换机的管理 IP 地址，关于 VLAN 内容后续介绍。

```
<H3C>system-view
[H3C]interface Vlan-interface 1
[H3C-Vlan-interface1]ip address 192.168.1.1 24
[H3C-Vlan-interface1]quit
[H3C]
```

② 创建用户，配置密码，设定用户服务类型，配置用户管理级别。

```
[H3C]local-user gzeic class manage
\\创建用户名 gzeic，为管理类型。
[H3C-luser-manage-gzeictelnet]password simple 123456
\\配置用户名 gzeic 的明文密码为 123456。
[H3C-luser-manage-gzeictelnet]service-type telnet
\\配置用户名 gzeic 的服务类型为 telnet，即该用户只能使用 telnet 服务。
[H3C-luser-manage-gzeictelnet]authorization-attribute user-role network-admin
\\配置用户名 gzeic 的授权属性用户角色为 network-admin。
```

Comware V7 网络设备操作系统中，对于所有用户设定了管理级别，数值越小，用户管理级别越低。用户角色名和对应的权限，具体对应关系如下。

- ↻ network-admin，可操作系统所有功能和资源。
- ↻ network-operator，可执行系统所有功能和资源的相关 display 命令。
- ↻ level-0：可执行命令 ping、tracert、ssh2、telnet 和 super，且管理员可以为其配置权限。
- ↻ level-1：具有 level-0 用户角色的权限，并且可执行系统所有功能和资源的相关 display 命令，以及管理员可以为其配置权限。
- ↻ level-2～level-8 和 level-10～level-14：无默认权限，需要管理员为其配置权限。
- ↻ level-9：可操作系统中绝大多数的功能和所有的资源，且管理员可以为其配置权限。
- ↻ level-15：具有与 network-admin 角色相同的权限。

```
[H3C-luser-manage-gzeictelnet]display this
\\使用 display this 命令查看以上配置内容是否完成。
```

③ 配置对 Telnet 用户使用计划认证方式。

```
[H3C-luser-manage-gzeic]quit
[H3C]user-interface vty 0 4
\\进入用户接口虚拟终端 0-4，即同时允许 5 个 Telnet 用户接入。
[H3C-line-vty0-4]authentication-mode scheme
\\配置认证模式为 AAA 认证方式。
```

④ 启动 Telnet 服务。

```
[H3C]telnet server enable
```

⑤ 结果验证。启动 Oracle VM VirtualBox 中 Win7-01 虚拟机，正确配置 IP 地址 192.168.1.2/24，与交换机 192.168.1.1 相互 ping 通之后，telnet 登录网络设备。结果如实训图 4-2 所示，输入用户名 gzeic、密码 123456 后可以正常登录交换机。

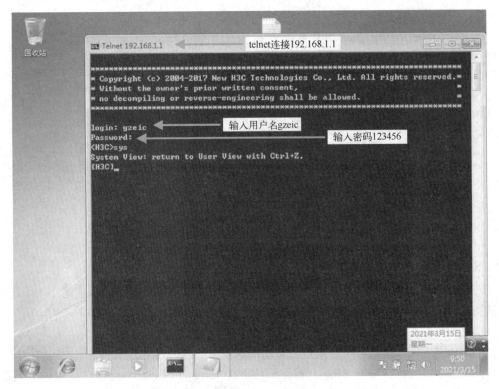

实训图 4-2　Win7-01 通过 telnet 方式登录交换机

实训 5　使用 FTP 方式备份配置文件和系统

【实训任务】

对交换机做好相应的配置之后，网络管理员会把正确的配置文件从交换机上下载并保存在稳妥的地方，防止日后交换机出现故障导致配置文件丢失的情况发生。有了保存的配置文件，直接上传到交换机上，就会避免重新配置的麻烦。同时也需要将交换机的操作系统进行备份，以备交换机操作系统故障后可以进行恢复。

通过本次实训任务，采用 FTP 方式备份交换机的配置文件和操作系统。

【实训拓扑】

启动 HCL 模拟器，添加一台 S5820V2-54QS-GE，添加一台 Host，按照实训图 5-1 连接设备，并进行标注后，启动 S5820V2-54QS-GE_1。

启动 VM VirtualBox 软件，选择 Win7-01，通过右键快捷菜单设置网络选项卡，选择 VirtualBox Host-only Ethernet Adapter，确定后启动该虚拟机。进入 Windows 操作系统之后，设置 Win7-01 的 IP 地址为 192.168.1.2，子网掩码 255.255.255.0。

【实训步骤】

① 进入接口视图，配置 VLAN1 虚接口接口 IP 地址。

```
<H3C>system-view
[H3C]interface Vlan-interface 1
[H3C-Vlan-interface1]ip address 192.168.1.1 24
```

[H3C-Vlan-interface1]quit
[H3C]

VLAN1虚接口
IP地址：192.168.1.1/24
作为FTP服务器

S5820V2-54QS-GE_1

GE_0/1

NIC:VirtualBox Host-Only Ethernet Adapter

Win07-01
IP地址：192.168.1.2/24
作为FTP客户端

Host_1

实训图 5-1　实训 5 拓扑图

② 启动交换机的 FTP 服务，即交换机作为一台 FTP 服务器。

[H3C]ftp server enable

③ 配置 FTP 用户。

[H3C]local-user gzeicftp class manage
[H3C-luser-manage-gzeicftp]password simple 654321
[H3C-luser-manage-gzeicftp]service-type ftp
[H3C-luser-manage-gzeicftp]authorization-attribute user-role network-admin
[H3C-luser-manage-gzeicftp]end
<H3C>save

\\保存配置为交换机 flash 存储中的 startup.cfg 文件，然后使用 dir 命令查看交换机 flash 中存储的文件和系统。其中 s5820v2_5830v2-cmw710-boot-a7514.bin 为交换机的操作系统，系统文件大小因在模拟器中所以为 0，实际操作系统的大小都在几十兆到几百兆之间。

<H3C>dir
Directory of flash:

```
   0 drw-              - Mar 19 2021 08:37:32   diagfile
   1 -rw-           1554 Mar 19 2021 08:37:49   ifindex.dat
   2 -rw-          21632 Mar 19 2021 08:37:32   licbackup
   3 drw-              - Mar 19 2021 08:37:32   license
   4 -rw-          21632 Mar 19 2021 08:37:32   licnormal
   5 drw-              - Mar 19 2021 08:37:32   logfile
   6 -rw-              0 Mar 19 2021 08:37:31   s5820v2_5830v2-cmw710-boot-a7514.bin
   7 -rw-              0 Mar 19 2021 08:37:31   s5820v2_5830v2-cmw710-system-a7514.bin
   8 drw-              - Mar 19 2021 08:37:32   seclog
   9 -rw-           6824 Mar 19 2021 08:37:49   startup.cfg
  10 -rw-         110464 Mar 19 2021 08:37:50   startup.mdb
1046512 KB total (1046308 KB free)
```

<H3C>

④ 结果验证。启动 Oracle VM VirtualBox 中 WinXP02 虚拟机，正确配置 IP 地址 192.168.1.2/24 后，FTP 方式登录交换机。使用 get 命令下载交换机的启动配置文件和操作系统，如实训图 5-2 所示。

实训图 5-2　FTP 客户端操作

第 4 部分 交换机实用配置

项目 8 交换机 MAC 地址表

8.1 交换机 MAC 地址表概述

交换机的 MAC 地址表记录了与交换机相连设备的 MAC 地址、与该设备相连的交换机端口号及所属的 VLAN 等信息。在转发数据帧时,交换机根据以太网帧中的目的 MAC 地址查询 MAC 地址表,快速定位交换机的端口进行转发,这方面的内容在第 3 部分交换机基础的内容中已经进行了介绍。

MAC 地址表项的生成方式有两种:自动学习、手工配置。

① 自动学习。一般情况下,MAC 地址表是交换机通过学习以太网帧源 MAC 地址而自动建立的。切记,只有主机设备主动进行通信的时候,交换机才能学习以太网帧的源 MAC 地址。

② 手工配置。为了提高端口安全性,网络管理员可手工在 MAC 地址表中加入特定 MAC 地址表项,将用户设备与交换机端口绑定。手工配置的 MAC 地址表项优先级高于自动生成的表项。

设备在转发数据帧时,根据 MAC 地址表项信息,会采取以下两种转发方式。

① 单播方式:当 MAC 地址表中包含与以太网帧目的 MAC 地址对应的表项时,设备直接将以太网帧从该表项中的端口发送。

② 广播方式:当设备收到目的地址为全 1 的以太网帧,或 MAC 地址表中没有包含对应以太网帧目的 MAC 地址的表项时,设备将采取广播方式将以太网帧向除接收端口外的所有端口进行转发。

如图 8-1 所示,在各台主机相互通信之后(比如相互 ping),使用 display mac-address 可以查看交换机的 MAC 地址表,MAC 地址表中包含了 MAC Address、VLAN ID、State、Port、Aging 等内容。

其中 MAC Address 为主机站点的 MAC 地址,VLAN 的技术在后续内容中介绍,State 表明了该条信息是 Static 静态(管理员手工配置)还是 Learned(自动学习),Port 是交换机的端口编号,Aging 表明了这条信息是否有老化时间,如果是 Y 表示过段时间后该条会自动消除,如果是 N 则该条信息不会自动消除。

```
[H3C]display mac-address
MAC Address       VLAN ID    State         Port/Nickname    Aging
68cf-5b57-0206    1          Learned       GE1/0/1          Y
68cf-5ea7-0306    1          Learned       GE1/0/10         Y
```

| 68cf-6312-0406 | 1 | Learned | GE1/0/18 | Y |

[H3C]

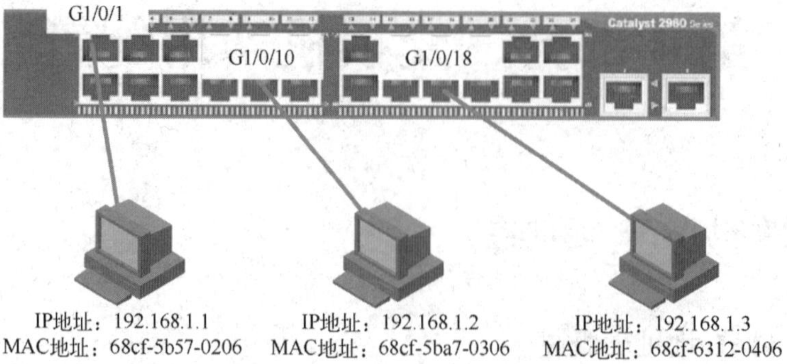

IP地址：192.168.1.1
MAC地址：68cf-5b57-0206

IP地址：192.168.1.2
MAC地址：68cf-5ba7-0306

IP地址：192.168.1.3
MAC地址：68cf-6312-0406

MAC Address	VLANID	State	Port/Nickname	Aging
68cf-5b57-0206	1	Learned	GE1/0/1	Y
68cf-5ea7-0306	1	Learned	GE1/0/10	Y
68cf-6312-0406	1	Learned	GE1/0/18	Y

图 8-1 MAC 地址表示意图

8.2 交换机 MAC 地址表管理

针对于交换机的 MAC 地址表，如图 8-1 所示，可以进行的管理操作有以下几个方面。

① 配置静态 MAC 地址表项。

```
[H3C]mac-address static 68cf-5b57-0206 interface GigabitEthernet 1/0/1 vlan 1
\\MAC 地址 68cf-5b57-0206 绑定在 G1/0/1 端口，VLAN 编号为 1。
[H3C]display mac-address
MAC Address      VLAN ID      State        Port/Nickname              Aging
68cf-5b57-0206   1            Static       GE1/0/1                    N
68cf-5ea7-0306   1            Learned      GE1/0/10                   Y
68cf-6312-0406   1            Learned      GE1/0/18                   Y
[H3C]
\\再次查看 MAC 地址表时，68cf-5b57-0206 与 GE1/0/1 的状态为 Static，而且不会老化。
```

② 配置黑洞 MAC 地址表，如果需要丢弃指定源 MAC 地址或目的 MAC 地址的数据帧，可配置黑洞 MAC 地址表项。

```
[H3C]mac-address blackhole 68cf-6312-0406 vlan 1
\\配置 68cf-6312-0406 这个 MAC 地址为黑洞 MAC 地址。
[H3C]display mac-address
MAC Address      VLAN ID      State        Port/Nickname              Aging
68cf-5b57-0206   1            Static       GE1/0/1                    N
68cf-5ea7-0306   1            Learned      GE1/0/10                   Y
68cf-6312-0406   1            Blackhole    N/A                        N
[H3C]
```

　　\\再次查看 MAC 地址表时，68cf-5b57-0406 这个 MAC 地址的状态为黑洞，对应的 Port 为空（N/A），而且不会老化，则具有 68cf-5b57-0406 的主机无法再与其他主机通信。

③ 配置动态 MAC 地址表项的老化时间，默认情况下 MAC 地址老化时间为 300 秒。

```
[H3C]mac-address timer aging 600
\\配置 MAC 地址老化时间为 600 秒。
```

④ 配置端口最多可以学习到的 MAC 地址数，默认情况下端口学习 MAC 地址数不受限制。

```
[H3C]interface GigabitEthernet 1/0/1
[H3C-GigabitEthernet1/0/1]mac-address max-mac-count 100
\\配置 G1/0/1 端口最多学习的 MAC 地址数为 100。
```

⑤ 关闭端口的 MAC 地址学习功能。

```
[H3C]undo mac-address mac-learning enable
\\系统视图下关闭 MAC 地址的学习功能。
[H3C]interface GigabitEthernet 1/0/1
[H3C-GigabitEthernet1/0/1]undo mac-address mac-learning enable
\\端口视图下关闭 MAC 地址的学习功能。
[H3C-GigabitEthernet1/0/1]
```

项目 9　虚拟局域网技术

9.1　VLAN 技术简介

　　虚拟局域网（virtual local area network，VLAN）是一种将局域网 LAN 从逻辑上划分（注意不是从物理上划分）成一个个网段（或者说是更小的局域网 LAN），从而实现虚拟工作组的数据交换技术。现在交换机基本上都支持 VLAN 技术。

　　之所以发展出来 VLAN 技术，主要是从以下 3 个方面考虑。

　　（1）基于网络性能考虑

　　VLAN 技术的出现，主要是为了解决交换机在进行局域网互连时无法限制广播的问题。这种技术可以把一个 LAN 划分成多个逻辑的 VLAN，每个 VLAN 是一个广播域，VLAN 内的主机间通信就和在一个 LAN 内一样，而 VLAN 之间则不能直接互通，这样广播被限制在一个 VLAN 内。

　　（2）基于安全性的考虑

　　一个 VLAN 内部的广播和单播流量都不会转发到其他 VLAN 中，即使是两个 VLAN 有着同样的 IP 子网，只要它们没有相同的 VLAN 号，它们各自的广播流量就不会相互转发，从而有助于控制流量、减少设备投资、简化网络管理、提高网络的安全性。

　　（3）基于组织结构考虑

　　VLAN 技术允许网络管理者将一个物理的 LAN 逻辑地划分成不同的广播域，每一个广播域中都包含一组有着相同需求的计算机，与物理上形成的 LAN 有着相同的属性。但由于它是逻辑地而不是物理地划分，所以同一个 VLAN 内的各个工作站无须被放置在同一个地理区域里，即这些工作站不一定属于同一个物理 LAN 网段。

图 9-1 为单交换机的 VLAN 示意图，图 9-2 为跨交换机的 VLAN 示意图。

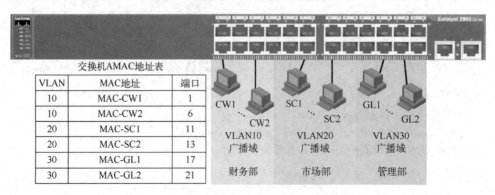

图 9-1　单交换机 VLAN 示意图

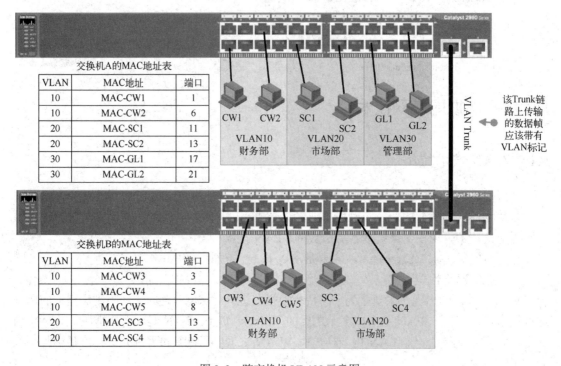

图 9-2　跨交换机 VLAN 示意图

在图 9-1 和图 9-2 中，财务部 VLAN10 之间的计算机可以相互通信，市场部 VLAN20 之间的计算机可以相互通信，管理部 VLAN30 之间的计算机可以相互通信，而各个 VLAN 之间不能进行通信。

VLAN 内计算机可以相互通信、VLAN 间计算机不能通信的原因在于 ARP 协议的工作，在第 2 部分中我们介绍过 ARP 协议的工作原理，当已知对方的 IP 地址时，需要发送 ARP 广播请求获取对方 IP 地址所对应的 MAC 地址，这个 ARP 广播请求就是一个广播帧，由于每个

VLAN 是一个广播域,因此这个 ARP 广播请求只能在本 VLAN 中广播,而不能漫延到其他 VLAN,因此也就无法获取其他 VLAN 里面计算机的 MAC 地址,从而 VLAN 之间的计算机就无法进行通信。

值得注意的是,既然 VLAN 隔离了广播帧,同时也隔离了各个不同的 VLAN 之间的通信,所以不同的 VLAN 之间的通信是需要有三层设备(如路由器、三层交换机)来完成的。这部分内容我们在后续内容中介绍。

9.2　IEEE 802.1q

在图 9-2 中,VLAN 可以通过交换机进行扩展,这意味着不同交换机上可以定义相同的 VLAN,可以将有相同 VLAN 的交换机通过 Trunk 链路互联,处于不同交换机、但具有相同 VLAN 定义的主机将可以互相通信,Trunk 链路的含义就是骨干链路或主干链路,该链路上可以运载多个 VLAN 信息。

如图 9-2 所示,交换机 A 在将以太网帧交付给交换机 B 的时候,必须对帧进行 VLAN 标记,说明这个帧是属于哪一个 VLAN 的帧,这样交换机 B 收到之后才能进行相应的处理,在数据帧中加入 VLAN 的标识,这项技术就称为帧标记法,现在帧标记方法的标准是 IEEE 802.1q,IEEE 802.1q 是国际电子电气工程师协会 IEEE 802.1 的标准规范,IEEE 802.1q 英文缩写为 dot1q。IEEE 802.1q 使用了 4 字节的标签 Tag 来给数据帧加上 VLAN 标记,Tag 的具体格式如图 9-3 所示。

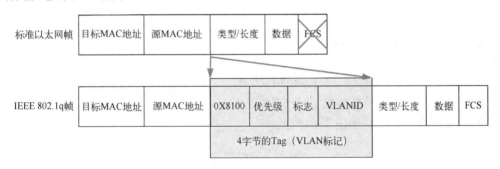

图 9-3　IEEE 802.1q 帧格式

从图 9-3 中可以看到,IEEE 802.1q 做的帧标记实际上就是在标准以太网帧的源 MAC 地址后,加上了 4 个字节的标签 Tag,其中前两个字节用作帧标记协议标识,其值总是 0X8100,接下来的 3 位是优先级字段,用于标明此数据帧的服务优先级,接下来是 1 位的标志(当此位为 1 时表示是令牌环数据帧,否则为以太网帧),最后 12 位的 VLAN ID(简称 VID)用于标识该数据帧所属的 VLAN,因此,在 IEEE 802.1q 中 VLAN 编号范围是 0～4095,但其中 VLAN 0、1、4095 被保留不能使用。由于更改了原来数据帧的结构和内容,因此 IEEE 802.1q 还需要重新计算帧校验字段。

9.3　基于交换机端口划分 VLAN

VLAN 在交换机上的划分方法有很多种,其中基于交换机端口划分 VLAN 是最常用的一种方法，应用也最为广泛、最有效。

基于交换机端口划分 VLAN 就是以交换机的端口作为划分 VLAN 的操作对象，将交换机中的若干个端口定义为一个 VLAN，其实质就是提前定义 VLAN 和交换机端口之间的关系，如图 9-4 所示。

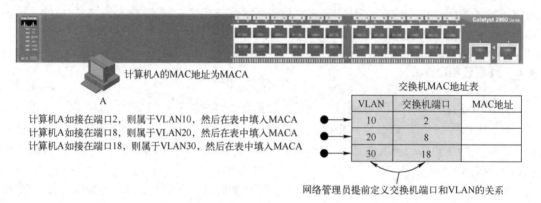

图 9-4　基于端口的 VLAN 划分

基于端口划分 VLAN 是 VLAN 最简单、最有效的划分方法。它按照设备端口来定义 VLAN 成员，将指定端口加入到指定 VLAN 中之后，端口就可以转发指定 VLAN 的数据帧。

交换机出厂时，VLAN1 为系统默认 VLAN，即默认所有端口都属于 VLAN1，用户不能手工创建和删除 VLAN1。

9.4　VLAN 的端口链路类型

在 VLAN 中存在着两种帧，一种是没有加 Tag 标签（Untagged）的帧，另一种是加了 Tag 标签（Tagged）的帧，根据交换机端口在转发数据帧时，对 Tag 标签的不同处理方式，可将端口的链路类型分为三种，如图 9-5 所示。

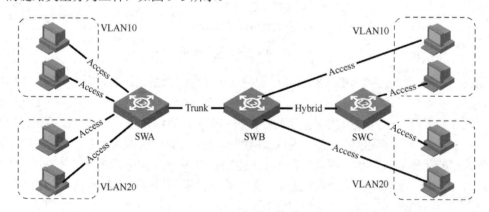

图 9-5　VLAN 的端口链路类型

1. Access 链路（访问链路）

Access 链路的交换机端口发出去的数据帧不带 Tag 标签。一般用于与不能识别 VLAN Tag 标签的计算机终端设备相连，或者不需要区分不同 VLAN 成员时使用。H3C 交换机端口默认情况为 Access 端口。

　　SWA 和普通的 PC 相连，PC 不能识别带 VLAN Tag 标签的数据帧，所以需要将 SWA 和 PC 相连端口的链路类型设置为 Access。

2．Trunk 链路（骨干链路）

　　Trunk 链路的交换机端口发出去的数据帧，端口默认 VLAN 内的数据帧不带 Tag，其他 VLAN 内的数据帧都必须带 Tag。通常用于交换机之间的互连。

　　SWA 和 SWB 之间需要传输 VLAN10 和 VLAN20 的数据帧，所以需要将 SWA 和 SWB 相连端口的链路类型设置为 Trunk，并允许 VLAN10 和 VLAN20 通过。

3．Hybird 链路（混合链路）

　　端口发出去的数据帧可根据需要设置某些 VLAN 内的数据帧带 Tag，某些 VLAN 内的数据帧不带 Tag。通常用于相连的设备是否支持 VLAN Tag 不确定的情况。

　　SWC 与一个小局域网相连，局域网中有些 PC 属于 VLAN10，有些 PC 属于 VLAN20，此时可以将 SWB 与 SWC 相连端口的链路类型设置为 Hybrid，并允许 VLAN10 和 VLAN20 的数据帧不带 Tag 通过。

9.5　MVRP 协议

　　通用属性 VLAN 注册协议 MVRP 协议，又称为 GVRP（generic attribute vlan registration protocol），MVRP 主要用于在以太网结构中传递 VLAN 的更新信息。

　　当交换机启动了 MVRP 之后，交换机将本地的 VLAN 配置信息向其他交换机传播，同时还能够接收来自其他交换机的 VLAN 配置信息，并动态更新本地的 VLAN 配置信息，从而使所有交换机的 VLAN 信息都达成一致，极大减轻了网络管理员的 VLAN 配置工作。

　　MVRP 协议运行时，交换机端口可以配置为下列三种模式之一。

　　① Normal 模式：允许该端口动态注册或注销 VLAN，传播动态 VLAN 以及静态 VLAN 信息（又学习又传播的模式）。

　　② Fixed 模式：禁止该端口动态注册或注销 VLAN，只传播静态 VLAN，不传播动态 VLAN 信息（不学习只传播静态 VLAN 的模式）。

　　③ Forbidden 模式：禁止该端口动态注册或注销 VLAN，不传播除 VLAN1 以外的任何 VLAN 信息（不学习、不传播的模式）。

实训 6　交换机 VLAN 配置

【实训任务】

　　通过本次实训任务，熟练掌握交换机 VLAN 的创建、添加端口成员及配置 Trunk 链路的方法和命令，同时熟练查看 VLAN 的配置情况并进行结果分析。

【实训拓扑】

　　在 HCL 中添加两台交换机 SWA 和 SWB，添加 4 台 VPC1-VPC4，按照实训图 6-1 分别配置 VPC1-VPC4 的 IP 地址（只需要配置 IP 地址，不需配置网关地址）。VLAN 规划如图 6-1 所示。

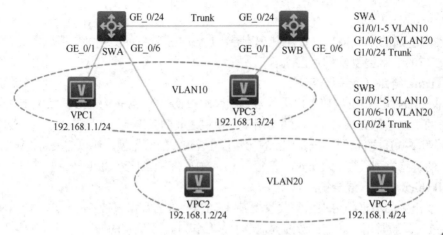

实训图 6-1　实训 6 拓扑图

SWA 的 G1/0/1-5 端口为 VLAN10，G1/0/6-10 端口为 VLAN20、G1/0/24 为 Trunk。
SWB 的 G1/0/1-5 端口为 VLAN10，G1/0/6-10 端口为 VLAN20、G1/0/24 为 Trunk。

【实训步骤】

① 双击 SWA 进入 CLI 命令行，使用 display vlan all 命令查看默认 VLAN 情况。从以下输出结果可知，交换机上的系统默认 VLAN 是 1，所有端口都处于 VLAN1 中，而且所有端口都是 Untagged ports。

```
[H3C]sysname SWA
[SWA]display vlan all
 VLAN ID: 1
 VLAN type: Static
 Route interface: Not configured
 Description: VLAN 0001
 Name: VLAN 0001
 Tagged ports:    None
 Untagged ports:
     FortyGigE1/0/53                FortyGigE1/0/54
     GigabitEthernet1/0/1          GigabitEthernet1/0/2
     GigabitEthernet1/0/3          GigabitEthernet1/0/4
     GigabitEthernet1/0/5          GigabitEthernet1/0/6
 …
[SWA]
```

② 在 SWA 上配置 VLAN10、VLAN20，并添加端口成员，查看 VLAN10、VLAN20。

```
[SWA]vlan 10
[SWA-vlan10]vlan 20
[SWA-vlan20]quit
\\创建 vlan10、创建 vlan20。
[SWA]interface range GigabitEthernet 1/0/1 to GigabitEthernet 1/0/5
\\进入端口范围 G1/0/1-G1/0/5。
[SWA-if-range]port link-type access
```

\\配置 G1/0/1-G1/0/5 为 access 端口，该条指令可以不配置，H3C 交换机端口默认为 access 模式。
[SWA-if-range]port access vlan 10
\\在 vlan10 中添加端口成员 G1/0/1-G1/0/5。
[SWA-GigabitEthernet1/0/1]quit
[SWA]interface range GigabitEthernet 1/0/6 to GigabitEthernet 1/0/10
[SWA-if-range]port link-type access
[SWA-if-range]port access vlan 20
[SWA-if-range]quit
[SWA]display vlan 10
 VLAN ID: 10
 VLAN type: Static
 Route interface: Not configured
 Description: VLAN 0010
 Name: VLAN 0010
 Tagged ports:　　None
 Untagged ports:
　　GigabitEthernet1/0/1　　　　　GigabitEthernet1/0/2
　　GigabitEthernet1/0/3　　　　　GigabitEthernet1/0/4
　　GigabitEthernet1/0/5
[SWA]display vlan 20
 VLAN ID: 20
 VLAN type: Static
 Route interface: Not configured
 Description: VLAN 0020
 Name: VLAN 0020
 Tagged ports:　　None
 Untagged ports:
　　GigabitEthernet1/0/6　　　　　GigabitEthernet1/0/7
　　GigabitEthernet1/0/8　　　　　GigabitEthernet1/0/9
　　GigabitEthernet1/0/10
[SWA]

通过 display vlan10 和 display vlan20 命令，可以查看到 VLAN10、VLAN20 里的端口成员，同时 VLAN10、VLAN20 里的端口成员均为 Untagged 端口，Tagged 端口无。
③ 在 SWB 上配置 VLAN10、VLAN20，并添加端口成员，查看 VLAN10、VLAN20。

<H3C>system-view
[H3C]sysname SWB
[SWB]vlan 10
[SWB-vlan10]vlan 20
[SWB-vlan20]quit
[SWB]interface range GigabitEthernet 1/0/1 to GigabitEthernet 1/0/5
[SWB-if-range]port access vlan 10
[SWB-if-range]quit
[SWB]interface range GigabitEthernet 1/0/6 to g
[SWB]interface range GigabitEthernet 1/0/6 to GigabitEthernet 1/0/10
[SWB-if-range]port access vlan 20
[SWB-if-range]quit

```
[SWB]display vlan 10
 VLAN ID: 10
 VLAN type: Static
 Route interface: Not configured
 Description: VLAN 0010
 Name: VLAN 0010
 Tagged ports:    None
 Untagged ports:
     GigabitEthernet1/0/1          GigabitEthernet1/0/2
     GigabitEthernet1/0/3          GigabitEthernet1/0/4
     GigabitEthernet1/0/5
[SWB]display vlan 20
 VLAN ID: 20
 VLAN type: Static
 Route interface: Not configured
 Description: VLAN 0020
 Name: VLAN 0020
 Tagged ports:    None
 Untagged ports:
     GigabitEthernet1/0/6          GigabitEthernet1/0/7
     GigabitEthernet1/0/8          GigabitEthernet1/0/9
     GigabitEthernet1/0/10
[SWB]
```

通过 display vlan10 和 display vlan20 命令，可以查看到 VLAN10、VLAN20 里的端口成员，同时 VLAN10、VLAN20 里的端口成员均为 Untagged 端口，Tagged 端口无。

④ 测试 VLAN 间的互通情况。

各台 VPC 之间均不能 ping 通。

VPC1 与 VPC2 虽然连接在同一台交换机上，但属于不同 VLAN，因此无法 ping 通。

VPC3 与 VPC4 虽然连接在同一台交换机上，但属于不同 VLAN，因此无法 ping 通。

VPC1 与 VPC3 虽然属于同一个 VLAN，但是因为没有配置 Trunk 链路，即交换机之间无法传递 VLAN 信息，因此也不能 ping 通。

VPC2 与 VPC4 虽然属于同一个 VLAN，但是因为没有配置 Trunk 链路，即交换机之间无法传递 VLAN 信息，因此也不能 ping 通。

⑤ 在 SWA 上配置 Trunk 链路，查看 VLAN10、VLAN20。

```
[SWA]interface GigabitEthernet 1/0/24
[SWA-GigabitEthernet1/0/24]port link-type trunk
\\配置 G1/0/24 端口的链路类型为 Trunk 模式。
[SWA-GigabitEthernet1/0/24]port trunk permit vlan 10 20
\\配置 Trunk 链路允许通过 vlan10 和 vlan20。
[SWA-GigabitEthernet1/0/24]quit
[SWA]display vlan 10
 VLAN ID: 10
 VLAN type: Static
```

```
    Route interface: Not configured
    Description: VLAN 0010
    Name: VLAN 0010
    Tagged ports:
        GigabitEthernet1/0/24
    Untagged ports:
        GigabitEthernet1/0/1          GigabitEthernet1/0/2
        GigabitEthernet1/0/3          GigabitEthernet1/0/4
        GigabitEthernet1/0/5
[SWA]display vlan 20
    VLAN ID: 20
    VLAN type: Static
    Route interface: Not configured
    Description: VLAN 0020
    Name: VLAN 0020
    Tagged ports:
        GigabitEthernet1/0/24
    Untagged ports:
        GigabitEthernet1/0/6          GigabitEthernet1/0/7
        GigabitEthernet1/0/8          GigabitEthernet1/0/9
        GigabitEthernet1/0/10
    [SWA]
```

可以查看到 VLAN10 有一个 Tagged 端口为 G1/0/24，即 SWA 收到 VLAN10 的帧在 G1/0/24 转发时，会加上 VLAN10 的标签。

可以查看到 VLAN20 有一个 Tagged 端口为 G1/0/24，即 SWA 收到 VLAN20 的帧在 G1/0/24 转发时，会加上 VLAN20 的标签。

⑥ 在 SWB 上配置 Trunk 链路。

```
[SWB]interface GigabitEthernet 1/0/24
[SWB-GigabitEthernet1/0/24]port link-type trunk
[SWB-GigabitEthernet1/0/24]port trunk permit vlan 10 20
```

⑦ 测试 VLAN 间的互通情况。

VPC1 与 VPC2 虽然连接在同一台交换机上，但属于不同 VLAN，因此无法 ping 通。

VPC3 与 VPC4 虽然连接在同一台交换机上，但属于不同 VLAN，因此无法 ping 通。

VPC1 与 VPC3 之间可以 ping 通，因为属于同一个 VLAN10，这说明 SWA 在将 VPC1 发出的帧转发给 SWB 的时候，在 G1/0/24 端口将帧加上了 IEEE 802.1q VLAN10 的标签。

VPC2 与 VPC4 之间可以 ping 通，因为属于同一个 VLAN20，这说明 SWA 在将 VPC2 发出的帧转发给 SWB 的时候，在 G1/0/24 端口将帧加上了 IEEE 802.1q VLAN20 的标签。

实训 7　VLAN 的 PVID 和 Hybrid 端口链路类型

【实训任务】

通过本次实训任务，对 VLAN 的端口 VLAN ID（PVID）和 Hybrid 端口链路类型进行理解，并对结果进行验证。

【实训拓扑】

在 HCL 中添加一台交换机 SWA，添加 3 台 VPC1-VPC3，按照实训图 7-1 分别配置 VPC1-VPC4 的 IP 地址（只需要配置 IP 地址，不需配置网关地址）。

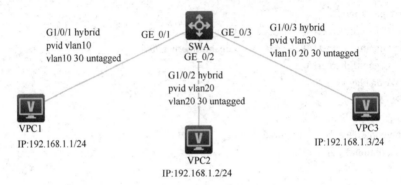

实训图 7-1　实训 7 拓扑图

SWA 的 G1/0/1 端口为 hybrid，Pvid 为 10，vlan10、30 untagged。

SWA 的 G1/0/2 端口为 hybrid，Pvid 为 20，vlan20、30 untagged。

SWA 的 G1/0/3 端口为 hybrid，Pvid 为 30，vlan10、20、30 untagged。

【实训步骤】

① 双击 SWA 进入 CLI 命令行，完成以下配置。

```
[SWA]vlan 10
[SWA-vlan10]vlan 20
[SWA-vlan20]vlan 30
[SWA-vlan20]quit
[SWA]interface GigabitEthernet 1/0/1
[SWA-GigabitEthernet1/0/1]port link-type hybrid
[SWA-GigabitEthernet1/0/1]port hybrid pvid vlan 10
[SWA-GigabitEthernet1/0/1]port hybrid vlan 10 30 untagged
\\配置 G1/0/1 端口为 hybrid 链路类型，端口 PVID 为 10，对 vlan10、30 不打标签。
[SWA-GigabitEthernet1/0/1]quit
[SWA]interface GigabitEthernet 1/0/2
[SWA-GigabitEthernet1/0/2]port link-type hybrid
[SWA-GigabitEthernet1/0/2]port hybrid pvid vlan 20
[SWA-GigabitEthernet1/0/2]port hybrid vlan 20 30 untagged
\\配置 G1/0/2 端口为 hybrid 链路类型，端口 PVID 为 20，对 vlan20、30 不打标签。
[SWA-GigabitEthernet1/0/2]quit
[SWA]interface GigabitEthernet 1/0/3
[SWA-GigabitEthernet1/0/3]port link-type hybrid
[SWA-GigabitEthernet1/0/3]port hybrid pvid vlan 30
[SWA-GigabitEthernet1/0/3]port hybrid vlan 10 20 30 untagged
\\配置 G1/0/3 端口为 hybrid 链路类型，端口 PVID 为 30，对 vlan10、20、30 不打标签。
[SWA-GigabitEthernet1/0/3]end
<SWA>display vlan 10
```

```
    VLAN ID: 10
    VLAN type: Static
    Route interface: Not configured
    Description: VLAN 0010
    Name: VLAN 0010
    Tagged ports:       None
    Untagged ports:
        GigabitEthernet1/0/1          GigabitEthernet1/0/3
<SWA>display vlan 20
    VLAN ID: 20
    VLAN type: Static
    Route interface: Not configured
    Description: VLAN 0020
    Name: VLAN 0020
    Tagged ports:       None
    Untagged ports:
        GigabitEthernet1/0/2          GigabitEthernet1/0/3
<SWA>display vlan 30
    VLAN ID: 30
    VLAN type: Static
    Route interface: Not configured
    Description: VLAN 0030
    Name: VLAN 0030
    Tagged ports:       None
    Untagged ports:
        GigabitEthernet1/0/1          GigabitEthernet1/0/2
        GigabitEthernet1/0/3
    <SWA>
```

② 测试 VPC1、VPC2、VPC3 之间的连通性。

VPC1（192.168.1.1）～VPC2（192.168.1.2）ping 不通。

VPC1（192.168.1.1）～VPC3（192.168.1.3）ping 通。

VPC2（192.168.1.2）～VPC3（192.168.1.3）ping 通。

③ 结果分析如实训图 7-2 所示。

VPC1 连接 SWA 的 G1/0/1 端口，当 VPC1 发出的标准以太网帧进入交换机时，交换机对该帧加入了 PVID=10，在 G1/0/3 端口对该帧进行转发时，去除了 PVID=10，标准以太网帧发往了 VPC3，从而实现 VPC1 与 VPC3 之间的互通。

VPC2 连接 SWA 的 G1/0/2 端口，当 VPC2 发出的标准以太网帧进入交换机时，交换机对该帧加入了 PVID=20，在 G1/0/3 端口对该帧进行转发时，去除了 PVID=20，标准以太网帧发往了 VPC3，从而实现 VPC2 与 VPC3 之间的互通。

VPC1 连接 SWA 的 G1/0/1 端口，当 VPC1 发出的标准以太网帧进入交换机时，交换机对该帧加入了 PVID=10，在 G1/0/2 端口只能对 VLAN20、VLAN30 去除 PVID，因此该帧不会从 G1/0/2 端口转发，从而 VPC1 与 VPC2 之间不能互通。

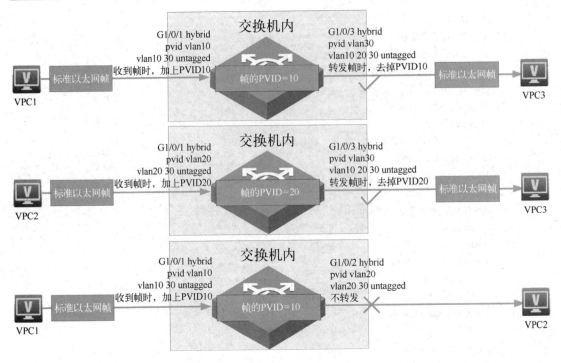

实训图 7-2　PVID 和 Hybrid 端口链路类型

实训 8　MVRP 配置

【实训任务】

通过本次实训任务，掌握 MVRP 协议的配置命令和配置方法，掌握 MVRP 协议下交换机端口的 Normal、Fixed、Forbidden 三种工作模式特性并进行结果验证。

【实训拓扑】

实训拓扑图如实训图 8-1 所示。

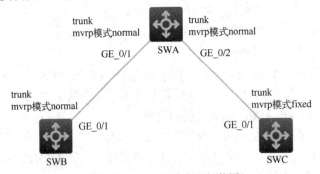

实训图 8-1　实训 8 实训拓扑图

在 HCL 中添加三台交换机 SWA、SWB、SWC。

SWA 的 G1/0/1、G1/0/2 端口为 trunk，mvrp 模式为 normal。

SWB 的 G1/0/1 端口为 trunk，mvrp 模式为 normal。

SWC 的 G1/0/1 端口为 trunk，mvrp 模式为 fixed。

【实训步骤】

① 在 SWA 完成以下配置内容。

> [SWA]mvrp global enable
> \\全局模式启动 MVRP。
> [SWA]interface range GigabitEthernet 1/0/1 to GigabitEthernet 1/0/3
> [SWA-if-range]port link-type trunk
> [SWA-if-range]port trunk permit vlan all
> [SWA-if-range]mvrp enable
> \\接口模式下启动 MVRP。
> [SWA-if-range]mvrp registration normal
> \\端口模式启动 MVRP，并设置为 normal 模式。

② 在 SWB 完成以下配置内容。

> [SWB]mvrp global enable
> [SWB]interface GigabitEthernet 1/0/1
> [SWB-GigabitEthernet1/0/1]port link-type trunk
> [SWB-GigabitEthernet1/0/1]port trunk permit vlan all
> [SWB-GigabitEthernet1/0/1]mvrp enable
> [SWB-GigabitEthernet1/0/1]mvrp registration normal

③ 在 SWC 完成以下配置内容。

> [SWC]mvrp global enable
> [SWC]interface GigabitEthernet 1/0/1
> [SWC-GigabitEthernet1/0/1]port link-type trunk
> [SWC-GigabitEthernet1/0/1]port trunk permit vlan all
> [SWC-GigabitEthernet1/0/1]mvrp enable
> [SWC-GigabitEthernet1/0/1]mvrp registration fixed

④ 进行结果验证。

在 MVRP 协议工作时，端口的 normal 模式为又学习又传播 VLAN，Fixed 模式为不学习只传播静态 VLAN。

在 SWA 上创建 VLAN10，因此在 SWB 上学习到 VLAN10，在 SWC 上没有学习到 VLAN10。

在 SWB 上创建 VLAN20，因此在 SWA 上学习到 VLAN20，在 SWC 上没有学习到 VLAN20。

在 SWC 上创建 VLAN30，因此在 SWA、SWB 上学习到 VLAN30。

项目 10   生成树技术

10.1   冗余拓扑结构

为了实现网络设备之间的冗余配置，往往需要对网络中关键的设备和关键的链路进行冗余设计，如图 10-1 所示。

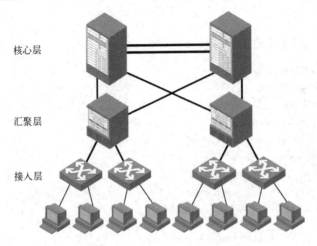

图 10-1　交换机间冗余拓扑结构

采用冗余拓扑结构保证了当设备及链路故障时提供备份，从而不影响正常通信，但是，这些冗余设备及链路所构成的桥接环路（二层设备和链路构成的环路结构）将会引发很多问题，导致网络无法工作甚至瘫痪。

10.2　桥接环路的危害

桥接环路主要会产生广播风暴、单帧多次递交、MAC 地址表失效三个方面的危害。

通过图 10-2 来分析这三个方面的危害。图中，计算机 A 和服务器 B 之间为了实现冗余链路，由交换机 A 的 G1/0/1 号端口和交换机 B 的 G1/0/2 号端口之间形成了一条路径，由交换机 A 的 G1/0/13 号端口和交换机 B 的 G1/0/14 端口之间形成一条路径，从而形成冗余链路，分别是链路 1 和链路 2。

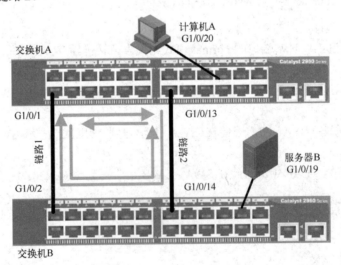

图 10-2　桥接环路的危害

如图 10-2 所示，假设计算机 A 发出一个广播帧，交换机 A 收到这个广播帧后，交换机 A 会将此广播帧向除了接收此帧的端口之外的所有端口转发（广播泛洪）。交换机 B 收到该广播帧以后，同样也会将该广播帧向除了接收此帧的端口之外的所有其他端口广播。同时，交换机 A 和交换机 B 也会收到对方转发过来的广播帧，它们仍然要向除接收端口之外的所有端口转发，之后，在交换机 A、交换机 B 之间的链路上就会不停地转发广播帧，由于数据帧中没有类似于 IP 数据报中的 TTL 字段（生存时间），因此，这些广播帧将一直会顺时针和逆时针不停地循环，直到网络完全瘫痪或交换机重新启动为止，这种现象称为广播风暴。

在这种广播帧不停地转发过程中，会造成服务器 B 无数次地收到同样的帧，这就是单帧多次递交的问题。

同时，计算机 A 发出这个广播帧时，交换机 A 学习到计算机 A 的 MAC 地址在 G1/0/20 端口，当这个广播帧顺时针返回到交换机 A 时，交换机 A 学习到计算机 A 的 MAC 地址在 G1/0/1 端口，当这个广播帧逆时针返回到交换机 A 时，交换机 A 学习到计算机 A 的 MAC 地址在 G1/0/13 端口，这样就造成了 MAC 地址表的不稳定和失效。

针对于桥接环路所出现的这些问题，可以通过生成树的相关协议进行解决。生成树的相关协议较多，本书按照这些协议的发展历程进行介绍说明。

10.3　IEEE 802.1d 的 STP

1. STP 简介

生成树协议（spanning tree protocol，STP）是一个二层数据链路层的管理协议，IEEE 802 委员会制定的生成树协议规范为 802.1d，其目标是将一个存在桥接环路的物理网络变成一个没有环路的逻辑树形网络。

生成树协议通过在交换机上运行一套复杂的生成树算法（spanning-tree algorithm，STA），使部分冗余端口处于"阻塞"状态，使得接入网络的计算机在与其他计算机通信时，只有一条链路生效。而当这个链路出现故障而无法使用时，STP 会重新计算网络链路，将处于"阻塞"状态的端口重新打开，从而既保障了网络正常运行，又保证了冗余能力。

如图 10-3 所示，通过逻辑地将交换机 B 的 G1/0/14 端口阻塞来断开环路，使得任何两台主机之间只有一条唯一的通路，既达到了冗余，又实现了无环的目的。

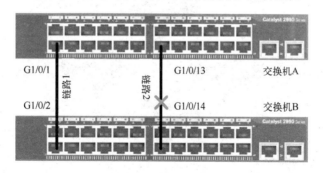

图 10-3　生成树协议示意图

2. BPDU 的结构

在 STP 的工作过程中，交换机之间通过相互传递桥接协议数据单元（bridge protocol data unit，BPDU）获取各台交换机的参数信息，进而相互通信协商，将一个存在桥接环路的物理网络形成一个树状结构的逻辑网络。

BPDU 是封装在 IEEE802.3 帧中的一种特殊帧结构，其结构如下所示。

目的 MAC 地址 6 字节	源 MAC 地址 6 字节	长度 2 字节	LLC 首部 3 字节	BPDU 35 字节	填充 8 字节	帧校验 4 字节

其中目的 MAC 地址为 STP 的多播目的地址 01-80-c2-00-00-00，源 MAC 地址为发送此 BPDU 的交换机 MAC 地址。另外为了满足以太网最小帧 64 字节的要求，填充了 8 字节。在 BPDU 中主要包括了生成树协议版本、BPDU 的类型、根桥 ID、路径开销、桥 ID、端口 ID 等内容。

3. STP 的工作过程

STP 的工作要经过以下几个步骤。

（1）选择根桥（根交换机）

要将一个存在桥接环路的物理网络形成一个树状结构的逻辑网络，要解决的首要问题就是：哪台交换机可以作为树状结构的"根"。

选择根桥的原则是：所有交换机中桥 ID（bridge ID）最小的交换机作为生成树的根桥。

桥 ID 是 8 字节长，包含了 2 字节的桥优先级和 6 字节的交换机 MAC 地址，桥优先级必须是 4096 的倍数，在默认情况下，桥优先级都是 32 768，BPDU 每隔 2 秒发送一次，桥 ID 最小的交换机将被选举为根桥。

如图 10-4 所示，4 台交换机的桥优先级均为默认值 32 768，所以 4 台交换机的桥 ID 分别为：

交换机 A 的桥 ID32768000008D7120A，交换机 B 的桥 ID32768000008D7120B，交换机 C 的桥 ID32768000008D7120C，交换机 D 的桥 ID32768000008D7120D。

显然，交换机 A 的桥 ID 最小，因此交换机 A 作为生成树中的根桥，而其他交换机均作为非根桥。

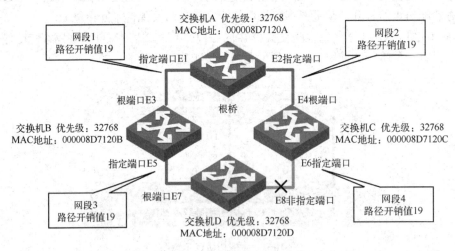

图 10-4   生成树协议工作原理

（2）选择根端口

确定了逻辑树状结构的根桥之后，需要在每台交换机上确定一个根端口。

选择根端口的原则是：每台交换机的所有端口中，到达根桥所花费的路径开销值为最小的端口被确定为该交换机的根端口。

常见的链路带宽与路径开销值如表 10-1 所示。

表 10-1　链路带宽与路径开销值对应表

链路带宽	路径开销值
10 Mbps	100
100 Mbps	19
1000 Mbps	4
10 Gbps	2
10 Gbps 以上	1

如图 10-4 所示，假定此示例环境中的所有链路都是快速以太网 100 Mbps，交换机 B 从 E3 和 E5 分别接收到了来自相同根桥交换机 A 的 BPDU 后，它将比较 E3 和 E5 到达根桥的路径开销，此时从 E5 收到的 BPDU 路径开销值为 57，而从 E3 收到的 BPDU 路径开销值为 19，说明从 E5 收到的 BPDU 经过了更多的交换机，因此确定 E3 成为非根桥交换机 B 的唯一的根端口，同样，交换机 C 也会确认其 E4 成为它的唯一的根端口。

此时交换机 D 也分别在 E7 和 E8 接收到了来自根桥交换机 A 的 BPDU，交换机 D 会发现这两个端口收到的 BPDU 的路径开销值都是 38，是等价的，此时交换机 D 会比较 E7 和 E8 上联的交换机的桥 ID，E7 上联的交换机为交换机 B，桥 ID 为 32768000008D7120B，E8 上联的交换机为交换机 C，桥 ID 为 32768000008D7120C，E7 上联的交换机的桥 ID 小的端口被选为根端口，因此交换机 D 确定 E7 为根端口。

（3）选择指定端口

确定根桥和根端口之后，STP 继续选择指定端口。

选择指定端口的原则是：每个网段中的所有端口中，到达根桥所花费的路径开销值为最小的端口被确定为该网段的指定端口。

网段 1 中包括了端口 E1、E3，到达根桥交换机 A 所花费的路径开销值最小的端口为 E1。

网段 2 中包括了端口 E2、E4，到达根桥交换机 A 所花费的路径开销值最小的端口为 E2。

网段 3 中包括了端口 E5、E7，到达根桥交换机 A 所花费的路径开销值最小的端口为 E5。

网段 4 中包括了端口 E6、E8，到达根桥交换机 A 所花费的路径开销值最小的端口为 E6。

因此，E1、E2、E5、E6 被确定为指定端口，实际上根桥上的端口肯定为指定端口。

（4）决定非指定端口

既不是根端口，也不是指定端口的端口将成为非指定端口，在图 10-4 中，E8 成为非指定端口。非指定端口将处于阻塞状态，不能收发任何用户数据，即 E8 成为阻塞端口。

至此为止，物理上环状拓扑结构经过生成树协议工作后，形成了树状的逻辑拓扑结构。

从上述的内容中，可以理解到在 STP 中，交换机的端口具有 3 种角色，分别是根端口、指定端口和非指定端口。

4．STP 交换机端口的状态

当运行 STP 的交换机启动后，其所有的端口都要经过一定的端口状态变化过程。在这个过程中，STP 要通过交换机间相互传递 BPDU 决定交换机的角色（根桥、非根桥）、端口的角色（根端口、指定端口、非指定端口）及端口的状态。

交换机上的端口可能处于四种状态之一：阻塞、侦听、学习和转发，如图 10-5 所示。

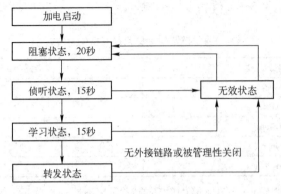

图 10-5　交换机端口的状态变化

（1）阻塞状态

当交换机启动时，其所有的端口都处于阻塞状态以防止出现环路。处于阻塞状态的端口可以发送和接收 BPDU，但是不能发送任何用户数据帧。此状态持续 20 秒。

（2）侦听状态

在侦听状态下，交换机间继续收发 BPDU，仍不能发送任何用户数据帧，在这个状态下，交换机间交换 BPDU 来决定根桥、根端口和指定端口，此状态会持续 15 秒。此状态结束时，那些既不是根端口也不是指定端口的端口将成为非指定端口，并退回到阻塞状态，而根端口和指定端口将转入学习状态。

（3）学习状态

在学习状态下，交换机开始接收用户数据帧，并根据用户数据帧里的源 MAC 地址建立交换机的 MAC 地址表，但仍然不能转发用户数据帧，此状态会持续 15 秒。

（4）转发状态

在转发状态下，交换机不但能够学习数据帧中的源 MAC 地址，同时端口开始正常转发用户的数据帧。

（5）无效状态

无效状态不是正常生成树协议的状态，当一个端口处于无外接链路或被管理性关闭（如 shutdown）的情况下，它将处于无效状态，无效状态不参与 STP 的工作过程，处于无效状态的端口也不接收 BPDU。

当拓扑结构发生变化后会引起生成树重新计算，这样就会引起端口状态的变化，从而使得网络重新由不稳定状态进入到稳定状态，这个过程称为生成树的收敛，在 STP 中，这样的收敛需要 30～50 秒的时间。

10.4　IEEE 802.1w 的 RSTP

由于 STP 的收敛过程需要 30～50 秒，为了适应现代网络的需求，针对传统的 STP 收敛慢这一弱点，IEEE 制定了标准的 802.1w 协议，它使得收敛时间得以在 1～10 秒之间完成，所以 IEEE 802.1w 又被称为快速生成树协议（rapid spanning tree protocol，RSTP）。

RSTP 只是 STP 标准的一种改进和补充，而不是创新，RSTP 保留了 STP 大部分的术语和参数，并未做任何修改，只是针对交换机的端口状态和端口角色作出了一些修订。

1. RSTP 交换机端口的角色

相对于 STP 中交换机的端口只有三种角色（根端口、指定端口和非指定端口），在 RSTP 中交换机的端口有五种角色。

根端口：非根桥到根桥路径花费值最小的端口，这点和 STP 一样。

指定端口：每个网段中的端口到达根桥路径花费最小的端口，这点也和 STP 一样。

替代端口：替代端口是除根端口和指定端口以外，能够阻断从其他网桥接收根桥 BPDU 的端口。如果活跃的根端口发生故障，那么替代端口将成为根端口。

备份端口：备份端口是除根端口、指定端口、替代端口以外，在端口共享的网段中能够在共享网段中阻断来自指定端口的 BPDU 的端口。如果共享网段中活跃的指定端口发生故障，那么备份端口将成为指定端口。

禁用端口：在快速生成树工作的过程中，不担当任何角色的端口。

2. RSTP 交换机端口的状态

RSTP 中交换机的端口只存在 3 种端口状态，分别是丢弃状态、学习状态和转发状态，其中丢弃状态是 STP 中阻塞状态、侦听状态和无效状态的合并。表 10-2 为 RSTP 和 STP 端口状态的比较。通过缩减交换机的端口状态，RSTP 也可以加快生成树产生的时间。

表 10-2　RSTP 和 STP 端口状态的比较

STP 端口状态	RSTP 端口状态	端口是否位于在活跃的拓扑中	端口是否学习 MAC 地址
无效	丢弃	否	否
阻塞		否	否
侦听		否	否
学习	学习	否	是
转发	转发	是	是

可见，RSTP 协议相对于 STP 协议的确改进了很多。为了支持这些改进，BPDU 的格式做了一些修改，但 RSTP 协议仍然向下兼容 STP 协议，可以混合组网，即网络中 RSTP 协议和 STP 协议可以同时工作在不同的交换机上，而不会影响环路的消除和生成树的产生。

10.5　IEEE 802.1s 的 MSTP

1. STP 和 RSTP 的缺点

前面所介绍的 STP 和 RSTP 同属于单生成树（single spanning tree，SST）协议，也就是在网络中只会产生一棵用于消除环路的生成树，这注定了 STP 和 RSTP 有着它们自身的诸多缺陷，主要表现在三个方面。

① 在 STP 和 RSTP 中，由于整个交换网络只有一棵生成树，在网络规模比较大的时候会导致较长的收敛时间，拓扑改变的影响面也较大。

② 由于 VLAN 技术和 IEEE 802.1q 大行其道，已成为交换机的标准协议。在网络结构对称的情况下，STP 和 RSTP 的单生成树也没什么大碍。但是，在网络结构不对称的时候，单

生成树就会影响网络的连通性。如图 10-6 所示假设 SwitchA 是根桥，实线链路是 VLAN10 的 Trunk 链路，虚线链路是 VLAN10 和 VLAN20 的 Trunk 链路。当 SwitchB 的 E1 端口被阻塞的时候，显然 SwitchA 和 SwitchB 之间 VLAN20 的通路就被切断了。

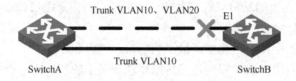

图 10-6　STP 和 RSTP 可能阻断 Trunk 链路

③ 在 STP 和 RSTP 中，当链路被阻塞后将不承载任何流量，这样会造成了带宽的极大浪费。如图 10-7 所示，假设核心层 SwitchA 是根桥，汇聚层为 SwitchB 和 SwitchC，SwitchC 的一个端口被阻塞。在这种情况下，SwitchA 和 SwitchB 之间链路将不承载任何流量，所有网络的流量都将通过 SwitchB 进行转发，这增加了 SwitchB 的工作压力，也增加了 SwitchA 和 SwitchB 之间的链路负担。

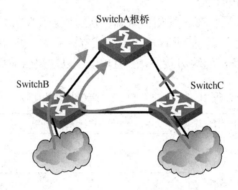

图 10-7　STP 和 RSTP 可能造成带宽的极大浪费

这些缺陷都是 STP 和 RSTP 这样的单生成树协议所无法克服的，于是支持 VLAN 的多生成树协议出现了。

2. MSTP 简介

多生成树协议（multiple spanning tree protocol，MSTP）是 IEEE 802.1s 中定义的一种新型多实例化生成树协议。

MSTP 定义了"实例"（instance）的概念。简单地说，STP/RSTP 是基于端口的，而 MSTP 就是基于实例的。所谓实例就是多个 VLAN 的一个集合，通过采用多个 VLAN 捆绑到一个实例中的方法，可以节省通信开销和资源占用率。换句话说，假设有 VLAN10、VLAN20、VLAN30、VLAN40，在 MSTP 中，可以将 VLAN10、VLAN20 放入一个实例中，把 VLAN30、VLAN40 放入另一个实例中，每个实例生成一棵树，这样就减少了 BPDU 的通信量和交换机上资源的占有率，同时也可以实现负载均衡和冗余链路。如图 10-8 所示，接入层交换机 SwitchC 下有 VLAN10、VLAN20、VLAN30、VLAN40，将 VLAN10、VLAN20 放入一个实例，数据流向从 SwitchA 到达核心层,将 VLAN30、VLAN40 放入一个实例,数据流向从 SwitchB 到达核心层。

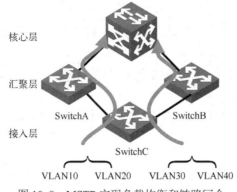

图 10-8　MSTP 实现负载均衡和链路冗余

MSTP 相对于之前的各种生成树协议而言，优势非常明显。MSTP 具有 VLAN 认知能力，可以实现负载均衡，可以实现类似 RSTP 的端口状态快速切换，可以捆绑多个 VLAN 到一个实例中以降低资源占用率。最难能可贵的是，MSTP 可以很好地向下兼容 STP/RSTP 协议，而且 MSTP 是 IEEE 标准协议，推广的阻力相对小得多。现在基本上各个网络厂商的交换机产品均能够支持 MSTP。

实训 9　MSTP 的配置

【实训任务】

通过本次实训任务，熟练掌握生成树相关协议的专业术语，熟练掌握 MSTP 的配置命令和配置方法，同时对 MSTP 配置后的结果进修验证和深入了解。

【实训拓扑】

实训拓扑图如实训图 9-1 所示。

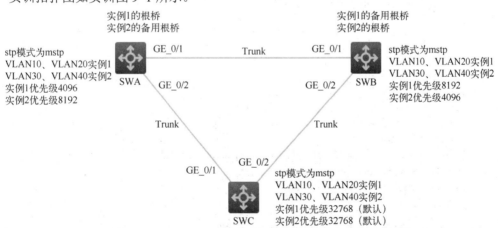

实训图 9-1　实训 9 实训拓扑图

HCL 中添加三台交换机，核心层有两台交换机 SWA、SWB，汇聚层有一台交换机 SWC，交换机之间的链路均为 Trunk，SWC 下连接用户的 VLAN10、VLAN20、VLAN30、VLAN40。

在三台交换机上均配置 MSTP 协议，实例 1 包含 VLAN10、VLAN20，实例 2 包含 VLAN30、VLAN40。

SWA 作为实例 1 的根桥，作为实例 2 的备用根桥，其中实例 1 优先级为 4096，实例 2

优先级为 8192。

　　SWB 作为实例 2 的根桥，作为实例 1 的备用根桥，其中实例 1 优先级为 8192，实例 2 优先级为 4096。

　　SWC 实例 1 优先级为 32768，实例 2 优先级为 32768。

【实训步骤】

1. 在 SWA、SWB、SWC 上完成 VLAN 配置、完成 Trunk 链路配置

① SWA 上的配置如下。

```
[SWA]vlan 10
[SWA-vlan10]vlan 20
[SWA-vlan20]vlan 30
[SWA-vlan30]vlan 40
[SWA-vlan40]quit
[SWA]interface range GigabitEthernet 1/0/1 to GigabitEthernet 1/0/2
[SWA-if-range]port link-type trunk
[SWA-if-range]port trunk permit vlan all
[SWA-if-range]
```

② SWB 上的配置如下。

```
[SWB]vlan 10
[SWB-vlan10]vlan 20
[SWB-vlan20]vlan 30
[SWB-vlan30]vlan 40
[SWB-vlan40]quit
[SWB]interface range GigabitEthernet 1/0/1 to GigabitEthernet 1/0/2
[SWB-if-range]port link-type trunk
[SWB-if-range]port trunk permit vlan all
[SWB-if-range]
```

③ SWC 上的配置如下。

```
[SWC]vlan 10
[SWC-vlan10]vlan 20
[SWC-vlan20]vlan 30
[SWC-vlan30]vlan 40
[SWC-vlan40]quit
[SWC]interface range GigabitEthernet 1/0/1 to GigabitEthernet 1/0/2
[SWC-if-range]port link-type trunk
[SWC-if-range]port trunk permit vlan all
[SWC-if-range]
```

2. 在 SWA、SWB、SWC 上完成 MSTP 配置

① SWA 上的配置如下。

```
[SWA]stp mode mstp
\\配置 stp 的模式为 mstp。
[SWA]stp region-configuration
\\进入 MST 域视图。
[SWA-mst-region]instance 1 vlan 10 20
```

\\创建实例 1，包含 vlan10、vlan20。
[SWA-mst-region]instance 2 vlan 30 40
\\创建实例 2，包含 vlan30、vlan40。
[SWA-mst-region]region-name test
\\配置 MST 域的域名。
[SWA-mst-region]revision-level 2
\\配置 MSTP 的修订级别。
[SWA-mst-region]active region-configuration
\\激活 MST 域的配置。
[SWA-mst-region]quit
[SWA]stp instance 1 priority 4096
\\配置实例 1 的优先级为 4096。
[SWA]stp instance 2 priority 8192
\\配置实例 2 的优先级为 8192。
[SWA]stp global enable
\\配置 stp 协议全局启动。
[SWA]

② SWB 上的配置如下。

[SWB]stp mode mstp
[SWB]stp region-configuration
[SWB-mst-region]instance 1 vlan 10 20
[SWB-mst-region]instance 2 vlan 30 40
[SWB-mst-region]region-name test
[SWB-mst-region]revision-level 2
[SWB-mst-region]active region-configuration
[SWB-mst-region]quit
[SWB]stp instance 1 priority 8192
[SWB]stp instance 2 priority 4096
[SWB]stp global enable
[SWB]

③ SWC 上的配置如下。

[SWC]stp mode mstp
[SWC]stp region-configuration
[SWC-mst-region]instance 1 vlan 10 20
[SWC-mst-region]instance 2 vlan 30 40
[SWC-mst-region]region-name test
[SWC-mst-region]revision-level 2
[SWC-mst-region]active region-configuration
[SWC-mst-region]quit
[SWC]stp instance 1 priority 32768
\\stp 桥优先级默认值为 32768，此处可以不配置。
[SWC]stp instance 2 priority 32768
[SWC]stp global enable
[SWC]

3. 在 SWA、SWB、SWC 上检查 MSTP 实例 1 的配置结果

① SWA 上的配置结果如下。

[SWA]display stp instance 1 brief

MST ID	Port		Role	STP State	Protection
1	GigabitEthernet1/0/1		DESI	FORWARDING	NONE
1	GigabitEthernet1/0/2		DESI	FORWARDING	NONE

[SWA]

② SWB 上的配置结果如下。

[SWB]display stp instance 1 brief

MST ID	Port		Role	STP State	Protection
1	GigabitEthernet1/0/1		ROOT	FORWARDING	NONE
1	GigabitEthernet1/0/2		DESI	FORWARDING	NONE

[SWB]

③ SWC 上的配置结果如下。

[SWC]display stp instance 1 brief

MST ID	Port		Role	STP State	Protection
1	GigabitEthernet1/0/1		ROOT	FORWARDING	NONE
1	GigabitEthernet1/0/2		ALTE	DISCARDING	NONE

[SWC]

注意端口角色（role）：DESI 指定端口、ROOT 为根端口、ALTE 为替代端口、BACK 为备份端口。

注意端口状态（STP state）：FORWARDING 为转发、DISCARDING 为丢弃、LEARNING 为学习。

根据 MSTP 实例 1 的运行结果，分析图如实训图 9-2 所示，VLAN10、VLAN20 的数据流向将朝着 SWA 的方向流动。

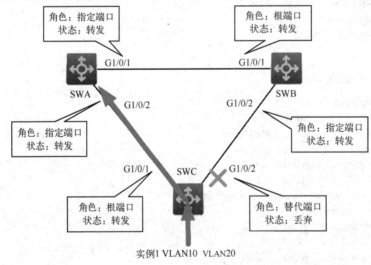

实训图 9-2　实例 1（VLAN10、VLAN20）的 MSTP 分析图

4. 在 SWA、SWB、SWC 上检查 MSTP 实例 2 的配置结果

（1）SWA 上的配置结果如下。

[SWA]display stp instance 2 brief

MST ID	Port	Role	STP State	Protection
2	GigabitEthernet1/0/1	ROOT	FORWARDING	NONE
2	GigabitEthernet1/0/2	DESI	FORWARDING	NONE

[SWA]

（2）SWB 上的配置结果如下。

[SWB]display stp instance 2 brief

MST ID	Port	Role	STP State	Protection
2	GigabitEthernet1/0/1	DESI	FORWARDING	NONE
2	GigabitEthernet1/0/2	DESI	FORWARDING	NONE

[SWB]

（3）SWC 上的配置结果如下。

[SWC]display stp instance 2 brief

MST ID	Port	Role	STP State	Protection
2	GigabitEthernet1/0/1	ALTE	DISCARDING	NONE
2	GigabitEthernet1/0/2	ROOT	FORWARDING	NONE

[SWC]

根据 MSTP 实例 2 的运行结果，分析图如实训图 9-3 所示，VLAN30、VLAN40 的数据流向将朝着 SWB 的方向流动。

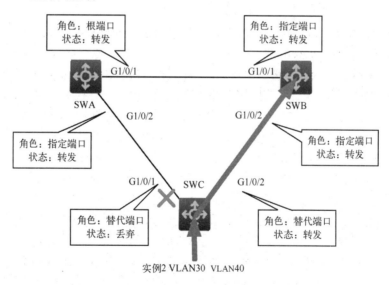

实训图 9-3　实例 2（VLAN30、VLAN40）的 MSTP 分析图

项目 11　链路聚合技术和 IRF 技术

11.1　IEEE 802.3ad 的链路聚合技术

以太网链路聚合又称为端口汇聚、端口捆绑技术。它通过将多条以太网物理链路捆绑在

一起成为一条逻辑链路，从而实现增加链路带宽的目的。同时，这些捆绑在一起的链路通过相互间的动态备份，可以有效地提高链路的可靠性，在网络建设不增加更多成本的前提下，既实现了网络的高速性，又保证了链路的冗余性，这种方法比较经济，实现也相对容易。

如图 11-1 所示，SwitchA 与 SwitchB 之间通过四条以太网物理链路相连，将这四条链路捆绑在一起，就成为了一条逻辑链路 Link aggregation 1，这条逻辑链路的带宽等于原先四条以太网物理链路的带宽总和，从而达到了增加链路带宽的目的，同时这四条以太网物理链路相互冗余备份，有效地提高了链路的可靠性。

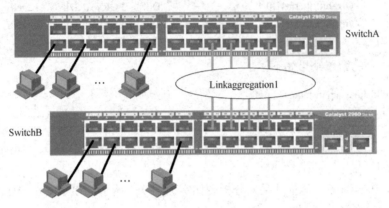

图 11-1　链路聚合示意图

现在链路聚合技术标准为 IEEE802.3ad，即链路汇聚控制协议（link aggregation control protocol，LACP），在链路聚合的过程中，运行 LACP 协议的交换机相互之间通过 LACP 协议进行相互协商，LACP 协议通过链路汇聚控制协议数据单元（link aggregation control protocol data unit，LACPDU）与对端交互链路聚合的信息。当某端口的 LACP 协议启动后，该端口将通过发送 LACPDU 向对端通告自己的系统优先级、系统 MAC 地址、端口优先级、端口号和操作密钥等信息。对端接收到这些信息后，将这些信息与其他端口所保存的信息比较以选择能够汇聚的端口，从而双方可以对端口加入或退出某个汇聚组达成一致。

链路聚合具有提高链路容错性、增加链路容量等方面的优点，但在实际应用中，捆绑的数目越多，其消耗掉的交换机端口数目就越多。同时链路聚合对于交换机端口的全双工模式、端口速率是否一致、是否同为以太网电口或同为光纤口、端口同为 Access 端口或者同为 Trunk 端口等方面具有相应要求。

另外聚合以后可以配置链路聚合的负载分担类型，可以指定按照源 MAC 地址、目的 MAC 地址、源 IP 地址、目的 IP 地址等信息之一或组合来选择所采用的负载分担类型。通过改变负载分担的类型，可以灵活地实现聚合组流量的负载分担。

11.2　IRF 技术

IRF（intelligent resilient framework，智能弹性架构）是 H3C 自主研发的虚拟化技术，是所谓传统堆叠技术的更新换代。它的核心思想是将多台设备通过 IRF 物理端口连接在一起，进行必要的配置后，虚拟化成一台"分布式设备"。使用这种虚拟化技术可以集合多台设备的硬件资源和软件处理能力，实现多台设备的协同工作、统一管理和不间断维护。

IRF 的示意图如图 11-2 所示。两台独立的设备通过 IRF 链路合并成为一台 IRF 设备。

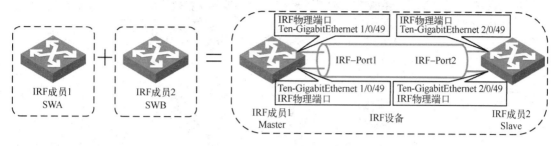

图 11-2　IRF 示意图

IRF 设备中的每台设备都称为成员设备。成员设备按照功能不同，分为 Master 和 Slave，Master 负责管理整个 IRF。Slave 作为 Master 的备份设备运行。当 Master 故障时，系统会自动从 Slave 中选举一个新的 Master 接替原 Master 工作。成员优先级是成员设备的一个属性，主要用于角色选举过程中确定成员设备的角色，优先级越高当选为 Master。设备的默认优先级均为 1。

交换机上可以用于 IRF 连接的端口称之为 IRF 物理端口。在 HCL 模拟器中，S5820V2-54QS-GE 交换机可以使用 SFP+端口（10G 端口）作为 IRF 物理端口。

在图 11-2 中，SWA 的 Ten-GigabitEthernet1/0/49-50 端口作为 IRF 的物理端口，SWB 的 Ten-GigabitEthernet2/0/49-50 端口作为 IRF 的物理端口。在将交换机的 IRF 物理端口绑定之后，产生一个专用于 IRF 的逻辑 IRF 端口，分为 IRF-Port1 和 IRF-Port2。

IRF 主要具有以下优点。

① 简化管理。IRF 形成之后，用户通过任意成员设备的任意端口都可以登录 IRF 系统，对 IRF 内所有成员设备进行统一管理。

② 高可靠性。IRF 的高可靠性体现在多个方面，例如：IRF 由多台成员设备组成，Master 设备负责 IRF 的运行、管理和维护，Slave 设备在作为备份的同时也可以处理业务。一旦 Master 设备故障，系统会迅速自动选举新的 Master，以保证业务不中断，从而实现了设备的 1:N 备份，此外，成员设备之间的 IRF 链路支持聚合功能，IRF 和上、下层设备之间的物理链路也支持聚合功能，多条链路之间可以互为备份也可以进行负载分担，从而进一步提高了 IRF 的可靠性。

③ 强大的网络扩展能力。通过增加成员设备，可以轻松自如地扩展 IRF 的端口数、带宽。因为各成员设备都有 CPU，能够独立处理协议报文、进行报文转发，所以 IRF 还能够轻松自如的扩展处理能力。

实训 10　链路聚合配置

【实训任务】

通过本次实训任务，熟练掌握链路聚合的配置命令和配置方法，并对配置结果进行验证。

【实训拓扑】

在 HCL 中添加两台交换机、两台 VPC，两台 VPC 分别按图配置 IP 地址，如实训图 10-1 所示。

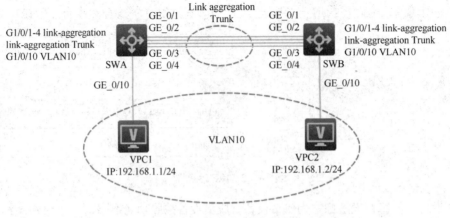

实训 10-1　实训 10 拓扑图

SWA 的 G1/0/1-4 端口，为 Link-aggregation 聚合组，聚合后的链路作为交换机间 Trunk 链路。SWB 的 G1/0/1-4 端口，为 Link-aggregation 聚合组，聚合后的链路作为交换机间 Trunk 链路。SWA 的 G1/0/10 端口为 VLAN10 端口。SWB 的 G1/0/10 端口为 VLAN10 端口。

【实训步骤】

① 在 SWA 上创建 VLAN，配置 VLAN10 端口成员 G1/0/10。

```
[SWA]vlan10
[SWA-vlan10]exit
[SWA]interface GigabitEthernet 1/0/10
[SWA-GigabitEthernet1/0/10]port access vlan 10
[SWA-GigabitEthernet1/0/10]quit
```

② 在 SWA 上创建 VLAN，配置 VLAN10 端口成员 G1/0/10。

```
[SWB]vlan10
[SWB-vlan10]exit
[SWB]interface GigabitEthernet 1/0/10
[SWB-GigabitEthernet1/0/10]port access vlan 10
[SWB-GigabitEthernet1/0/10]exit
```

③ 在 SWA 上创建链路聚合组，在链路聚合组中增加成员 G1/0/1-4，配置链路聚合组为 Trunk 链路。

```
[SWA]interface Bridge-Aggregation 1
\\创建桥接链路聚合组 1（二层链路聚合），关于三层链路聚合在后续内容介绍。
[SWA-Bridge-Aggregation1]quit
[SWA]interface range GigabitEthernet 1/0/1 to GigabitEthernet 1/0/4
[SWA-if-range]port link-aggregation group 1
\\端口 G1/0/1-4 添加到链路聚合组 1 中。
[SWA-if-range]quit
[SWA]interface Bridge-Aggregation 1
[SWA-Bridge-Aggregation1]port link-type trunk
\\配置链路聚合组为 Trunk 链路。
[SWA-Bridge-Aggregation1]port trunk permit vlan all
```

[SWA-Bridge-Aggregation1]link-aggregation load-sharing mode destination-mac source-mac

\\配置链路聚合的负载分担类型为目的 MAC 地址和源 MAC 地址，链路聚合的负载分担类型可以按照目的 IP 地址、目的 MAC 地址、源 IP 地址、目的 MAC 地址实现聚合组流量的负载分担。

④ 在 SWB 上创建链路聚合组，在链路聚合组中增加成员 G1/0/1-4，配置链路聚合组为 Trunk 链路。

```
[SWB]interface Bridge-Aggregation 1
[SWB-Bridge-Aggregation1]quit
[SWB]interface range GigabitEthernet 1/0/1 to GigabitEthernet 1/0/4
[SWB-if-range]port link-aggregation group 1
[SWB-if-range]quit
[SWB]interface Bridge-Aggregation 1
[SWB-Bridge-Aggregation1]port link-type trunk
[SWB-Bridge-Aggregation1]port trunk permit vlan all
[SWB-Bridge-Aggregation1]link-aggregation load-sharing mode destination-mac source-mac
```

⑤ 结果验证，在 SWA 和 SWB 上检查链路聚合的结果。

```
<SWA>display link-aggregation verbose
…
Aggregate Interface: Bridge-Aggregation1
Aggregation Mode: Static
Loadsharing Type: Shar
  Port          Status   Priority Oper-Key
--------------------------------------------------------------------------
  GE1/0/1        S         32768      1
  GE1/0/2        S         32768      1
  GE1/0/3        S         32768      1
  GE1/0/4        S         32768      1
<SWA>
```

Aggregation Interface 聚合接口的类型为 Bridge-Aggregation1。

Aggregation Mode 为聚合的模式为静态聚合。

聚合组 Selected Ports 选择端口有 4 个 G1/0/1-4。

```
<SWB>display link-aggregation verbose
…
Aggregate Interface: Bridge-Aggregation1
Aggregation Mode: Static
Loadsharing Type: Shar
  Port          Status   Priority Oper-Key
--------------------------------------------------------------------------
  GE1/0/1        S         32768      1
  GE1/0/2        S         32768      1
  GE1/0/3        S         32768      1
  GE1/0/4        S         32768      1
<SWB>
```

实训 11　IRF 配置

【实训任务】

通过本次实训任务，熟练掌握 IRF 的配置命令和配置方法，并进行结果分析。

【实训拓扑】

在 HCL 中添加两台交换机，先不要进行线路连接，按实训步骤进行连线。如实训图 11-1 所示。

实训图 11-1　实训 11 拓扑图

IRFSWA 的 IRF 成员编号为 1，作为 Master，IRFSWB 的 IRF 成员编号为 2，作为 Slave。IRFSWA、IRFSWB 均使用 XGE1/0/49-50 作为 IRF 物理端口。注明：X 为罗马数字，表示 10，XGE 端口就是 Ten-GE，即 10GE 端口。

【实训步骤】

① 启动 IRFSWA，完成以下配置，保持 IRF 的成员编号为 1。

```
[H3C]sysname IRFSWA
[IRFSWA]quit
<IRFSWA>save
```

② 启动 IRFSWB，完成以下配置，修改 IRF 的成员编号为 2。

```
[H3C]sysname IRFSWB
[IRFSWB]irf member 1 renumber 2
\\修改 IRFSWB 的成员编号为 2。
[IRFSWB]quit
<IRFSWB>save
```

③ IRFSWA 和 IRFSWB 两台交换机关机后连线，然后启动两台交换机。启动完成后，通过 display interface brief，可以发现 IRFSWA 上的端口编号为 1/0/X，IRFSWB 上的端口编号为 2/0/X，即 IRFSWA 作为 IRF 的成员 1，IRFSWB 作为 IRF 的成员 2。

④ 在 IRFSWA 完成以下配置。

```
[IRFSWA]interface range Ten-GigabitEthernet 1/0/49 to Ten-GigabitEthernet 1/0/50
[IRFSWA-if-range]shutdown
\\先关闭 IRF 物理端口。
[IRFSWA-if-range]quit
[IRFSWA]irf-port 1/1
\\配置 IRF 成员 1 上的 IRF 逻辑接口为 1。
```

```
[IRFSWA-irf-port1/1]port group interface Ten-GigabitEthernet 1/0/49
[IRFSWA-irf-port1/1]port group interface Ten-GigabitEthernet 1/0/50
\\在 IRF 逻辑接口 1 上添加 IRF 物理端口 Ten-G1/0/49 和 Ten-G1/0/50。
[IRFSWA-irf-port1/1]quit
[IRFSWA]interface range Ten-GigabitEthernet 1/0/49 to Ten-GigabitEthernet 1/0/50
[IRFSWA-if-range]undo shutdown
\\重启 IRF 物理端口。
<IRFSWA>save
```

⑤ IRFSWB 重启完成以后，由于成员编号由 1 变为了 2，因此在 IRFSWB 上的端口均由 1/0/X 变为了 2/0/X，在 IRFSWB 完成以下配置。

```
[IRFSWB]interface range Ten-GigabitEthernet 2/0/49 to Ten-GigabitEthernet 2/0/50
[IRFSWB-if-range]shutdown
[IRFSWB-if-range]quit
[IRFSWB]irf-port 2/2
\\配置 IRF 成员 2 上的 IRF 逻辑接口为 2。
[IRFSWB-irf-port2/2]port group interface Ten-GigabitEthernet 2/0/49
[IRFSWB-irf-port2/2]port group interface Ten-GigabitEthernet 2/0/50
[IRFSWB-irf-port2/2]quit
[IRFSWB]interface range Ten-GigabitEthernet 2/0/49 to Ten-GigabitEthernet 2/0/50
[IRFSWB-if-range]undo shutdown
<IRFSWB>save
```

⑥ 在 IRFSWA 配置成员 1 的优先级后，激活 IRF 端口配置。

```
[IRFSWA]irf member 1 priority 10
\\配置 IRF 成员 1 的优先级为 10。
[IRFSWA]irf-port-configuration active
\\激活 IRF 端口配置。
```

⑦ 在 IRFSWB，激活 IRF 端口。

```
[IRFSWB]irf-port-configuration active
```

⑧ 在 IRF 协商完成之后，两台交换机的提示符均为[IRFSWA]，即 IRF 中 Master 的系统名称，通过 display irf link 命令可以看到 IRF 成员 1 的 Ten-GigabitEthernet1/0/49-50 为 IRF-Port1，IRF 成员 2 的 Ten-GigabitEthernet2/0/49-50 为 IRF-Port1，而且都是 UP 状态。

```
[IRFSWA]display irf link
Member 1
 IRF Port  Interface                        Status
  1        Ten-GigabitEthernet1/0/49        UP
           Ten-GigabitEthernet1/0/50        UP
  2        disable                          --
Member 2
 IRF Port  Interface                        Status
```

1	disable	--
2	Ten-GigabitEthernet2/0/49	UP
	Ten-GigabitEthernet2/0/50	UP

\<IRFSWA\>display irf configuration

MemberID NewID		IRF-Port1	IRF-Port2
1	1	Ten-GigabitEthernet1/0/49	disable
		Ten-GigabitEthernet1/0/50	
2	2	disable	Ten-GigabitEthernet2/0/49
			Ten-GigabitEthernet2/0/50

\<IRFSWA\>

第 5 部分　路由器基础

项目 12　路由器概述与配置基础

12.1　路由器概述

1. 路由器的概念

是什么把网络相互连接起来的？是路由器（router），路由器是互联网络的枢纽，这些网络有局域网、广域网、城域网等。路由器是用于连通多个逻辑网络的重要设备，所谓一个逻辑网络就是一个单独的 IP 网络，多个逻辑网络也就是具有不同网络 ID 的 IP 网络。

所谓"路由"，是指把 IP 数据包从一个 IP 网络传送到另一个 IP 网络的行为和动作，而路由器正是执行这种行为动作的设备，一般来说，在 IP 数据包路由过程中，IP 数据包至少会经过一个或多个路由器，如图 12-1 所示，IP 网络 A 中的主机要与 IP 网络 B 中的主机进行通信，那么 IP 网络 A 中的主机发出的 IP 数据包要经过多个路由器以后才能到达 IP 网络 B。

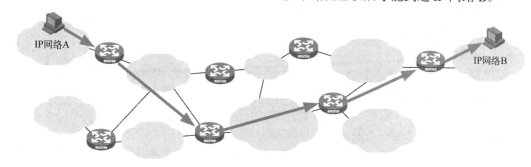

图 12-1　路由器互联网络

路由器的主要工作就是为经过路由器的每个 IP 数据包寻找一条最佳传输路径，并将 IP 数据包有效地传送到目的站点，从 IP 网络 A 到达 IP 网络 B 具有多条路径，这就需要互联各个网络的路由器在多条路径中选择一条最佳传输路径。为了完成这项工作，在路由器中保存着各种传输路径的相关数据——路由表（routing table），供路由选择时使用，也就是说路由器转发 IP 数据包是根据路由表进行的，这一点有点类似于交换机，交换机转发以太网数据帧是根据 MAC 地址表进行的。

路由器是网络层的设备，是三层设备，对数据的处理流程如图 12-2 所示。路由器接收物理层比特流信号之后，恢复出数据帧提交给数据链路层，数据链路层对数据帧进行帧校验以后，提交数据帧中的 IP 数据包给网络层，网络层处理 IP 数据包首部，包括 IP 首部生存期 TTL 值减 1、校验 IP 首部校验和等，其中在对 IP 数据包首部处理中，最重要的一个处理环节就是提取 IP 数据包的目的 IP 地址，与路由表进行匹配操作后进行 IP 数据包的转发或者丢弃。如果决定是转发，则重新封装 IP 数据包首部、重新进行数据帧封装、将数据帧生成为比特流信号进行再次发送。

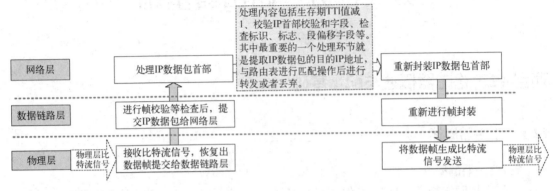

图 12-2　路由器工作示意图

2. 路由器的功能

路由器的功能主要集中在两个方面：路由寻址和协议转换。

路由寻址主要包括为 IP 数据包选择最优路径并进行转发，同时学习并维护网络的路径信息（即路由表）。

协议转换主要包括连接不同通信协议网络（如局域网和广域网）、过滤数据包、拆分大数据包、进行子网隔离等。

下面针对这两个方面，分别进行简要介绍。

（1）IP 数据包转发

在 IP 网络之间接收 IP 数据包，然后根据 IP 数据包中的目的 IP 地址，对照自己的路由表，把 IP 数据包转发到目的网络，这是路由器的最主要、最基本的路由功能。

（2）路由选择

为网络间通信选择最合理的路径，这个功能其实是上述路由功能的一个扩展。如果一个 IP 网络中的主机要向另一个 IP 网络的主机发送 IP 数据包，存在多条路径，路由器可以根据运行的路由协议，找出一条最佳的通信路径进行转发。

（3）不同网络之间的协议转换

目前多数路由器具有多通信协议支持的功能，这样就可以起到连接两个不同通信协议网络的作用。由于在广域网和广域网之间、局域网和广域网之间可能会采用不同的协议栈，这些网络的互联都需要靠路由器来进行相应的协议转换。可以通过路由器进行网络之间的协议转换而实现相互通信，这也就是常说的异构网络互联。

（4）网络安全控制

目前许多路由器都具有防火墙功能，比如说简单的包过滤防火墙，它能够起到基本的防火墙功能，可以实现屏蔽内网 IP 地址、根据安全策略实施访问控制等功能，使网络更加安全。

3. 路由器与交换机的区别

路由器与交换机的主要区别体现在以下几个方面。

（1）工作层次不同

最初的交换机工作在 OSI / RM 模型的数据链路层，也就是第二层，而路由器一开始就设计工作在 OSI 模型的第三层网络层。由于交换机工作在 OSI 的第二层数据链路层，所以它的工作原理比较简单，而路由器工作在 OSI 的第三层网络层，可以得到更多的协议信息，路由器可以做出更加智能的转发决策。

（2）数据转发所依据的对象不同

交换机处理的信息单元是数据帧，而路由器处理的信息单元是 IP 数据包。交换机是利用 MAC 地址来确定转发数据帧，而路由器则是利用 IP 地址中的网络 ID 来确定 IP 数据包的转发。

（3）传统的交换机只能隔离冲突域

不能隔离广播域，而路由器可以隔离广播域。由交换机连接的网段仍旧属于同一个广播域，而连接到路由器上的 IP 网络会被分割成不同的广播域，广播帧不会穿过路由器。虽然交换机具有 VLAN 功能，也可以分割广播域，但是各 VLAN 之间的通信仍然需要路由器。

12.2　路由器的组成

路由器实质上是一种专门设计用来完成 IP 数据包存储、路径选择和转发的专用计算机，可以想象，从这个角度来说，它的组成应该和常用的计算机很类似，实际上，它们的结构大同小异，都包括了输入、输出、运算、储存等部件，也可以简单理解为，路由器就是一台具有多个网络接口、用于 IP 数据包转发的专用计算机。

路由器主要是由硬件和软件组成的。硬件主要由中央处理器、存储器件、网络接口等物理硬件和电路组成，软件主要由路由器的操作系统、协议栈等组成，路由器的内部结构如图 12-3 所示，H3C 公司的路由器现在的操作系统主要为 ComwareV7。

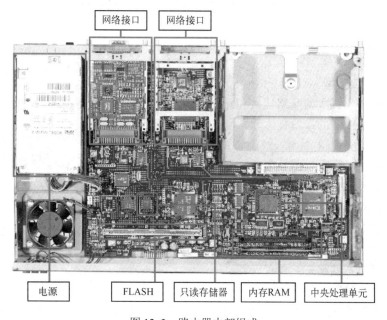

图 12-3　路由器内部组成

12.3 路由器配置基础

1. 路由器的管理方式

路由器的管理方式基本上与交换机的管理方式相同，主要是以下几种方式。

① 通过 Console 接口管理路由器（带外管理）。

② 通过 AUX 接口管理路由器（带外管理）。

③ 通过 TELNET 虚拟终端管理路由器（带内管理）。

④ 通过安装有网络管理软件的网管工作站管理路由器（带内管理）。

其中通过 Console 口和 TELNET 两种方式对路由器进行管理最为常见。

2. 路由器的命令视图

路由器命令视图基本上与交换机的命令视图相类似，基本配置命令也一样，如图 12-4 所示，但路由器的功能更加强大，因此各个功能视图也更加多，比如 RIP 路由协议视图、OSPF路由协议视图、BGP 路由协议视图、访问控制列表 ACL 视图，等等。

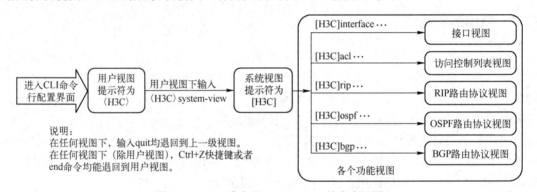

图 12-4　H3C 路由器 ComwareV7 的命令视图

12.4 路由器接口配置

1. 路由器接口类型

路由器具有非常强大的网络连接和路由功能，它可以与各种各样不同的网络进行物理连接，这就决定了路由器的接口技术非常复杂，越是高档的路由器其接口种类也就越多，因为它所能连接的网络类型越多。

以下以 HCL 模拟器中 MSR36-20 路由器的接口情况进行介绍。H3C 公司的 MSR3600 系列多业务路由器既可作为中小企业的出口路由器，又可以作为政府或企业的分支接入路由器，还可以作为企业网 VPN、NAT、IPSec 等业务网关使用。

通常情况下，路由器接口的命名格式为"类型/插槽/接口号"。MSR36-20 路由器的接口情况如图 12-5 所示。

路由器的接口归纳起来主要有三类。

（1）以太网接口

主要用来和以太网连接，如图 12-5 中的 GE0/0、GE0/1、GE0/2、GE5/0、GE5/1、GE6/0、GE6/1。

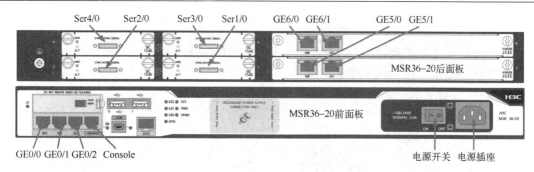

图 12-5　MSR36-20 接口示意图

（2）广域网接口

主要用来和外部广域网连接。如图 12-5 中的 Ser1/0、Ser2/0、Ser3/0、Ser4/0。

路由器的 Serial 接口即同步/异步串行接口，在路由器的广域网连接中，应用最多、最广泛。这种接口现在主要工作在同步方式，主要功能是完成同步串行数据流的收发及处理，同步串口又支持 DTE 和 DCE 两种工作方式。直接相连的两个设备的一端工作在 DTE 方式，另一端工作在 DCE 方式，由 DCE 侧设备提供同步时钟和指定通信速率，而 DTE 侧设备则接收同步时钟并根据指定波特率通信，通常路由器的 Serial 接口是工作在 DTE 方式。

同步串口可以外接多种类型电缆，如 V.24、V.35、X.21、RS449 等。路由器可以自动检测同步串口外接电缆类型，并完成电气特性的选择，一般情况下，无须手工配置。

同步串口也支持多种数据链路层协议，包括 PPP 和 HDLC 等。

（3）配置接口

主要用来对路由器进行配置，如图 12-5 中的 Console。

2．路由器以太网接口配置

两台路由器通过以太网 GE 接口相互连接，如图 12-6 所示，接口配置非常简单。

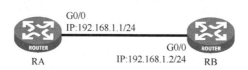

图 12-6　路由器以太网接口连接

RA 上配置 G0/0 接口 IP 地址 192.168.1.1/255.255.255.0 后，启用接口。

```
[RA]interface GigabitEthernet 0/0
[RA-GigabitEthernet0/0]ip address 192.168.1.1 24
\\H3C 设备配置子网掩码时，可不用完整输入子网掩码，只需配置掩码长度即可。
[RA-GigabitEthernet0/0]description toRB
\\配置接口的描述信息。
[RA-GigabitEthernet0/0]undo shutdown
```

RB 上配置 G0/0 接口 IP 地址 192.168.1.2/255.255.255.0 后，启用接口。

```
[RB]interface GigabitEthernet 0/0
[RB-GigabitEthernet0/0]ip address 192.168.1.2 24
[RB-GigabitEthernet0/0]description toRA
```

[RB-GigabitEthernet0/0]undo shutdown

完成接口 IP 地址的配置以后，两台路由器之间可以相互 ping 通。

查看接口配置结果，如图 12-7 所示。

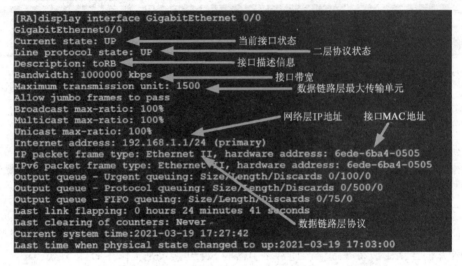

图 12-7　查看以太网接口配置结果

3. 路由器 Serial 接口配置

两台路由器通过 Serial 接口相互连接，如图 12-8 所示。因广域网类型的复杂，Serial 接口可以配置为同步方式或异步方式，可以配置数据链路层协议，可以配置接口的波特率，可以配置同步串口工作在 DTE 方式或 DCE 方式。

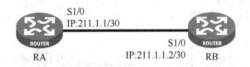

图 12-8　路由器 Serial 接口连接

RA 上配置 Serial1/0 接口 IP 地址 211.1.1.1/255.255.255.252 后，启用接口。

```
[RA]interface Serial 1/0
[RA-Serial1/0]physical-mode ?
  async    Asynchronous mode
  sync     Synchronous mode
\\默认情况下，H3C 路由器的 Serial 接口工作在同步方式，保持默认值。
[RA-Serial1/0]link-protocol ?
  fr       Frame Relay protocol
  hdlc     High-level Data Link Control protocol
  mfr      Multilink Frame Relay protocol
  ppp      Point-to-Point protocol
  stlp     Synchronization Transparent Transport Link protocol
\\默认情况下，H3C 路由器的 Serial 接口的链路层协议为 PPP，保持默认值。
[RA-Serial1/0]baudrate ?
```

...
9600	Only available for synchronous serial interface
19200	Only available for synchronous serial interface
38400	Only available for synchronous serial interface
56000	Only available for synchronous serial interface
57600	Only available for synchronous serial interface
64000	Only available for synchronous serial interface
72000	Only available for synchronous serial interface

...
\\默认情况下，H3C 路由器的 Serial 接口的波特率为 64000bps，保持默认值。
[RA-Serial1/0]clock ?
    dceclk1   TCLK from local signal and RCLK from local signal
    dceclk2   TCLK from local signal and RCLK from line signal
    dceclk3   TCLK from line signal and RCLK from line signal
\\默认情况下，DCE 侧的时钟为 dceclk1，DTE 侧的时钟为 dteclk1，保持默认值。
[RA-Serial1/0]ip address 211.1.1.1 30
\\配置 S1/0 接口的 IP 地址为 211.1.1.1/30。
[RA-Serial1/0]undo shutdown

RB 上配置 Serial1/0 接口 IP 地址 211.1.1.2/255.255.255.252 后，启用接口。

[RB]interface Serial 1/0
[RB-Serial1/0]ip address 211.1.1.2 30
[RB-Serial1/0]undo shutdown

完成接口 IP 地址的配置以后，两台路由器之间可以相互 ping 通。
查看接口配置结果，如图 12-9 所示。

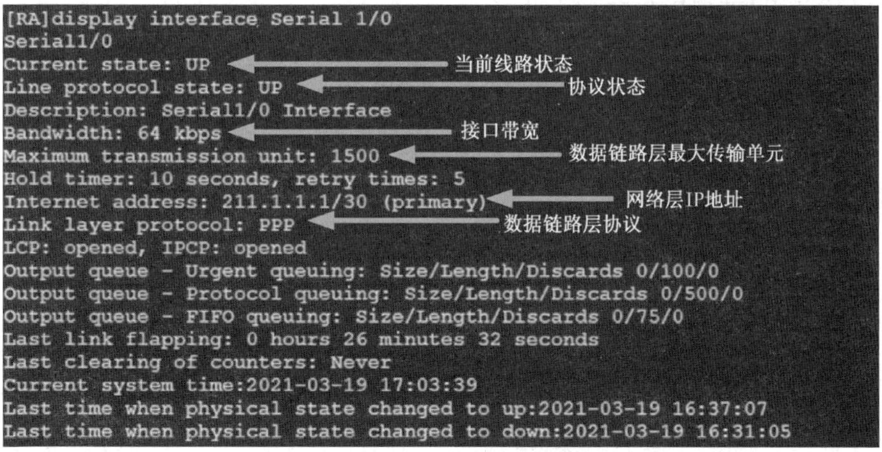

图 12-9　查看 Serial 接口配置结果

实训 12　PPP 协议 PAP 验证、CHAP 验证配置

【实训任务】
通过本次实训任务，掌握 PPP 协议的 PAP 验证方式、CHAP 验证方式的配置和命令，掌

握 PAP 验证、CHAP 验证的工作过程。

【实训拓扑】

在 HCL 中添加两台路由器，通过 Serial 接口相互连接，接口 IP 地址如实训图 12-1 所示。

按照实验步骤
对PPP协议进行PAP验证或CHAP验证

实训图 12-1　实训 12 拓扑图

【实训步骤】

1. PPP 的 PAP 验证配置

① 在 RA 上完成以下配置内容。

```
[RA]local-user gzeic class network
\\创建本地用户 gzeic。
[RA-luser-network-gzeic]password simple helloh3c
\\配置用户 gzeic 的密码为 helloh3c。
[RA-luser-network-gzeic]service-type ppp
\\用户的服务类型为 ppp。
[RA-luser-network-gzeic]quit
[RA]interface Serial 1/0
[RA-Serial1/0]link-protocol ppp
\\配置数据链路层协议为 PPP。
[RA-Serial1/0]ppp authentication-mode pap
\\配置 PPP 协议的验证方式为 PAP。
[RA-Serial1/0]ip address 200.1.1.1 30
[RA-Serial1/0]quit
```

② 在 RB 上完成以下配置内容。

```
[RB]interface Serial 1/0
[RB-Serial1/0]link-protocol ppp
[RB-Serial1/0]ip address 200.1.1.2 30
[RB-Serial1/0]ppp pap local-user gzeic password simple helloh3c
\\配置 PPP 协议 PAP 验证发送用户名 gzeic、密码 helloh3c。
```

③ 配置结果分析。查看接口，接口的物理层和链路层的状态都是 up 状态，并且 PPP 的 LCP 和 IPCP 都是 opened 状态，说明链路的 PPP 协商已经成功，而且能相互 ping 通。PAP 验证的工作过程图如实训图 12-2 所示。

```
[RB]display interface Serial 1/0
Serial1/0
Current state: UP
Line protocol state: UP
Description: Serial1/0 Interface
Bandwidth: 64 kbps
Maximum transmission unit: 1500
Hold timer: 10 seconds, retry times: 5
```

Internet address: 200.1.1.2/30 (primary)

Link layer protocol: PPP

LCP: opened, IPCP: opened

…

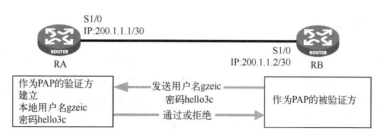

实训图 12-2　PAP 验证的工作过程

2. PPP 的 CHAP 验证配置，RA、RB 恢复出厂设置后重启

① 在 RA 上完成以下配置内容。

[RA]local-user gzeic class network

[RA-luser-network-gzeic]password simple helloh3c

[RA-luser-network-gzeic]service-type ppp

[RA-luser-network-gzeic]quit

[RA]interface Serial 1/0

[RA-Serial1/0]link-protocol ppp

[RA-Serial1/0]ppp authentication-mode chap

\\配置 PPP 的验证方式为 CHAP。

[RA-Serial1/0]ip address 200.1.1.1 30

[RA-Serial1/0]

② 在 RB 上完成以下配置内容。

[RB]interface Serial 1/0

[RB-Serial1/0]link-protocol ppp

[RB-Serial1/0]ppp chap user gzeic

\\配置采用 CHAP 认证时用户名为 gzeic。

[RB-Serial1/0]ppp chap password simple helloh3c

\\配置采用 CHAP 认证时密码为 helloh3c。

[RB-Serial1/0]ip address 200.1.1.2 30

[RB-Serial1/0]

③ 配置结果分析。查看接口，接口的物理层和链路层的状态都是 up 状态，并且 PPP 的 LCP 和 IPCP 都是 opened 状态，说明链路的 PPP 协商已经成功，而且能相互 ping 通。CHAP 验证的工作过程如实训图 12-3 所示。

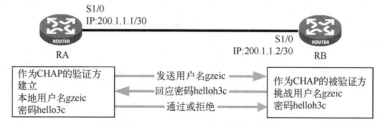

实训图 12-3　CHAP 验证的工作过程

项目 13　路由表结构、IP 路由和静态路由配置

13.1　路由表的结构

路由器就是在互联网中 IP 数据包的中转站，网络中的 IP 数据包通过路由器转发到目的网络。在每台路由器的内部都有一个路由表，路由表是路由条目项的集合，这个路由表中包含有路由器掌握的目的网络地址，以及通过此路由器可以到达这些网络的路径，正是由于路由表的存在，路由器才能依据它进行 IP 数据包的转发。

以下通过图 13-1 来理解路由表的结构。

图 13-1 中有 RA、RB、RC 三台路由器，有 6 个 IP 网络，这个 6 个 IP 网络的网络 ID 分别为 192.168.1.0/24、192.168.2.0/24、172.16.1.0/30、172.16.2.0/30、10.1.1.0/24、10.1.2.0/24，每台路由器上的路由表如图 13-1 所示。

192.168.1.0/24 网络连接 RA 的 G0/0 接口，RA 的 G0/0 接口 IP 地址为 192.168.1.1/24。
192.168.2.0/24 网络连接 RA 的 G0/1 接口，RA 的 G0/1 接口 IP 地址为 192.168.2.1/24。
172.16.1.0/30 网络连接 RA 的 S1/0 接口，RA 的 S1/0 接口 IP 地址为 172.16.1.1/30。
172.16.1.0/30 网络连接 RB 的 S1/0 接口，RB 的 S1/0 接口 IP 地址为 172.16.1.2/30。
172.16.2.0/30 网络连接 RB 的 S2/0 接口，RB 的 S2/0 接口 IP 地址为 172.16.2.1/30。
172.16.2.0/30 网络连接 RC 的 S1/0 接口，RC 的 S1/0 接口 IP 地址为 172.16.2.2/30。
10.1.1.0/24 网络连接 RC 的 G0/0 接口，RC 的 G0/0 接口 IP 地址为 10.1.1.1/24。
10.1.2.0/24 网络连接 RC 的 G0/1 接口，RC 的 G0/1 接口 IP 地址为 10.1.2.1/24。

RA 路由表

Destination/Mask	Proto	Pre	Cost	NextHop	Interface
10.1.1.0/24	O_INTRA	10	3125	172.16.1.2	Ser1/0
10.1.2.0/24	O_INTRA	10	3125	172.16.1.2	Ser1/0
172.16.1.0/30	Direct	0	0	172.16.1.1	Ser1/0
172.16.2.0/30	O_INTRA	10	3124	172.16.1.2	Ser1/0
192.168.1.0/24	Direct	0	0	192.168.1.1	GE0/0
192.168.2.0/24	Direct	0	0	192.168.2.1	GE0/1

RB 路由表

Destination/Mask	Proto	Pre	Cost	NextHop	Interface
10.1.1.0/24	O_INTRA	10	1563	172.16.2.2	Ser2/0
10.1.2.0/24	O_INTRA	10	1563	172.16.2.2	Ser2/0
172.16.1.0/30	Direct	0	0	172.16.1.2	Ser1/0
172.16.2.0/30	Direct	0	0	172.16.2.1	Ser2/0
192.168.1.0/24	O_INTRA	10	1563	172.16.1.1	Ser1/0
192.168.2.0/24	O_INTRA	10	1563	172.16.1.1	Ser1/0

RC 路由表

Destination/Mask	Proto	Pre	Cost	NextHop	Interface
10.1.1.0/24	Direct	0	0	10.1.1.1	GE0/0
10.1.2.0/24	Direct	0	0	10.1.2.1	GE0/1
172.16.1.0/30	O_INTRA	10	3124	172.16.2.1	Ser1/0
172.16.2.0/30	Direct	0	0	172.16.2.2	Ser1/0
192.168.1.0/24	O_INTRA	10	3125	172.16.2.1	Ser1/0
192.168.2.0/24	O_INTRA	10	3125	172.16.2.1	Ser1/0

图 13-1　路由表示意图

每台路由器都运行了 OSPF 路由协议，通过 OSPF 路由协议，各台路由器学习到了到达各个 IP 网络的路由信息，关于 OSPF 路由协议在后续内容中进行介绍。

在每台路由器的路由表中都有 Destination/Mask（目的网络/子网掩码）、Proto（路由来源）、Pre（路由优先级）、Cost（路由代价值）、NextHop（下一跳）、Interface（接口）这六项。

1. Destination/Mask，目的网络/子网掩码

Destination/Mask 用来标识 IP 数据包的目的地址或目的网络。将目的地址和子网掩码"逻辑与"后可得到目的主机或路由器所在网段的地址。

在图 13-1 中，假设 RA 收到一个 IP 数据包，这个 IP 数据包的目的 IP 地址为 10.1.2.3，RA 提取该数据包中的目的地址 10.1.2.3，用该 IP 地址与路由表中的子网掩码进行"逻辑与"操作，进行匹配查找。从图中 RA 的路由表来看，子网掩码有两种，一种是长度 30，另一种是长度 24，IP 地址 10.1.2.3 与长度 30 的子网掩码、长度 24 的子网掩码匹配操作过程如图 13-2 所示。

IP数据包中的目的IP地址10.1.2.3	0001010	00000001	00000010	00000011
路由表中掩码长度24，子网掩码255.255.255.0	11111111	11111111	11111111	00000000
逻辑与的结果10.1.2.0	0001010	00000001	00000010	00000000

IP数据包中的目的IP地址10.1.2.3	01001010	00000001	00000010	00000011
路由表中掩码长度30，子网掩码255.255.255.252	11111111	11111111	11111111	11111100
逻辑与的结果10.1.2.0	00001010	00000001	00000010	00000000

Destination/Mask	Preto	Pre	Cost	NextHop	Interface
10.1.1.0/24	0_INTRA	10	3125	172.16.1.2	Ser1/0
10.1.2.0/24	0_INTRA	10	3125	172.16.1.2	Ser1/0
172.16.1.0/30	Direct	0	0	172.16.1.1	Ser1/0
172.16.2.0/30	0_INTRA	10	3124	172.16.1.2	Ser1/0
192.168.1.0/24	Direct	0	0	192.168.1.1	GE0/0
192.168.2.0/24	Direct	0	0	192.168.2.1	GE0/1

RA路由表

图 13-2　路由表匹配示意图

"逻辑与"的结果为 10.1.2.0，结果与路由表中第二条匹配，路由器 RA 针对于目的 IP 地址为 10.1.2.3 的 IP 数据包，则按照 RA 路由表的第二条进行转发。

路由器用 IP 数据包的目的 IP 地址与路由表中的子网掩码进行"逻辑与"操作、进行匹配查找的过程中，存在多条路由条目可能都可以匹配成功的情况，那么路由器会选择具有最长的子网掩码的路由条目进行转发，这就是所谓的最长掩码匹配原则，因为子网掩码越长越能详细地描述该网络。假设路由表中有 10.1.2.0/24、10.1.0.0/16、0.0.0.0/0 三条路由条目，那么：

目的 IP 地址为 10.1.2.3 与/24 "逻辑与"的结果为 10.1.2.0；

目的 IP 地址 10.1.2.3 与/16 "逻辑与"的结果为 10.1.0.0；

目的 IP 地址 10.1.2.3 与/0 "逻辑与"的结果为 0.0.0.0。

这里可以看到三条路由条目均能匹配成功，按照最长掩码匹配原则，路由器会选择 10.1.2.0/24 这个路由条目进行转发。

2. Proto，路由来源

根据路由表中路由条目的来源不同，可以将路由分为直连路由、动态路由和静态路由。

① 直连路由：数据链路层协议发现的路由，也称为接口路由。换句话说配置了 IP 地址的三层接口，启用以后，在 display interface 命令中的当前线路状态（current state）已经 UP，那么这个 IP 地址所在的 IP 网络就会出现在路由表中。

② 静态路由：网络管理员手工配置的路由。静态路由配置方便，对系统要求低，适用于拓扑结构简单并且稳定的小型网络。其缺点是每当网络拓扑结构发生变化，都需要手工重新配置，不能自动适应。

③ 动态路由：动态路由协议发现的路由。这样的动态路由协议有 RIP 协议、OSPF 协议、IS-IS 协议、BGP 协议等。

3．Pre，路由优先级

对于同一目的地，可能存在若干条不同下一跳的路由，这些不同的路由可能是由不同的路由协议发现的，也可能是手工配置的静态路由。路由优先级高（数值小）的路由将成为当前的最优路由。简而言之，路由优先级是用于不同路由来源之间的优先判断。

如图 13-3 所示，所有的路由器均运行了 RIP 和 OSPF 两种动态路由协议，从 RA 有两条到达目标网络 B 的路径，分别由 RIP 协议和 OSPF 协议发现，在 H3C 路由器默认路由优先级中，RIP 为 100，OSPF 为 10，在 R1 的路由表中将安装路由优先级高（数值小）的、OSPF 发现的、去往网络 B 的路由信息。

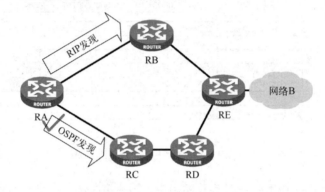

图 13-3　路由优先级示意图

从以上内容可以很容易地理解，路由器最相信的是直连路由，H3C 路由器默认路由优先级如表 13-1 所示。

表 13-1　H3C 路由器默认路由优先级

路由来源（路由协议或路由种类）	默认的路由优先级
DIRECT（直连路由）	0
OSPF（开放式最短路径优先）	10
IS-IS（中间系统到中间系统）	15
STATIC（静态路由）	60
RIP（路由信息协议）	100
OSPF ASE（OSPF 自治系统外部）	150
OSPF NSSA（OSPF 非纯末梢区域）	150
IBGP（内部边界网关协议）	255
EBGP（外部边界网关协议）	255
UNKNOWN（不明来源）	256

4．Cost，路由代价值

当到达同一目的地的多条路由具有相同的优先级时，路由的代价值越小的路由将成为当前的最优路由。简而言之，路由代价值是用于同一路由来源、不同路径之间的优先判断。

如图 13-4 所示，所有的路由器只运行了 RIP 动态路由协议，RIP 协议发现从 RA 到目的网络 B 有两条路径，在 RIP 协议中，路由代价值为经过的路由器的个数。上面线路需要经过两台路由器，因此代价值为 2。下面线路需要经过三台路由器，因此代价值为 3。因此在 RA 的路由表中会添加上面线路去往网络 B 的路由信息。

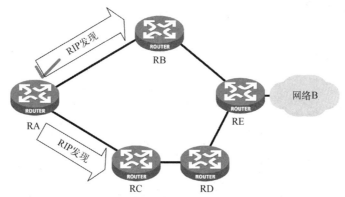

图 13-4　路由代价值示意图

5．NextHop，下一跳地址

此条路由条目的下一跳 IP 地址。

6．Interface，本地输出接口

指明 IP 数据包将从该路由器哪个本地接口转发。

根据图 13-1 所示，如果 RA 收到一个目的 IP 地址为 10.1.2.3 的 IP 数据包，经过匹配路由表，RA 路由器将把这个 IP 数据包从本地的 S1/0 接口发出，发往下一台路由 172.16.1.2，如图 13-5 所示。

Destination/Mask	Proto	Pre	Cost	NextHop	Interface
10.1.1.0/24	O_INTRA	10	3125	172.16.1.2	Ser1/0
10.1.2.0/24	O_INTRA	10	3125	172.16.1.2	Ser1/0
172.16.1.0/30	Direct	0	0	172.16.1.1	Ser1/0
172.16.2.0/30	O_INTRA	10	3124	172.16.1.2	Ser1/0
192.168.1.0/24	Direct	0	0	192.168.1.1	GE0/0
192.168.2.0/24	Direct	0	0	192.168.2.1	GE0/1

RA路由表

图 13-5　下一跳地址和本地输出接口

13.2　IP 路由过程

前面了解了路由表的结构，了解到路由器是根据路由表进行 IP 数据包的转发。

下面学习 IP 数据包路由的过程，也就是从发出 IP 数据包的源主机，IP 数据包是如何转发到目的主机的。这里从两个方面讨论 IP 数据包的路由过程。

第一个方面是主机发出的 IP 数据包怎样到达了路由器？这就是主机发送 IP 数据包流程。

第二个方面是到达路由器的 IP 数据包，路由器又是怎样将它转发到目的主机的？这就是路由网络路由 IP 数据包过程。

1. 主机发送 IP 数据包流程

首先需要知道什么是主机的默认网关（default gateway）。网络管理员会为网络上的每一台主机配置一个默认路由器，即默认网关。默认网关可以提供对远程网络上主机的访问，如图 13-6 所示。

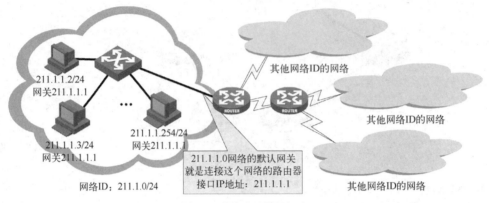

图 13-6　默认网关的概念

在网络 211.1.1.0/24 中的所有主机都会配置一个默认的网关，图 13-7 所示就是 Windows 环境下配置主机 IP 地址和默认网关的界面，网络 211.1.1.0/24 中的主机如果想和其他网络 ID 的网络中主机通信，则必须将 IP 数据包发送给默认网关 211.1.1.1，这个 211.1.1.1 的 IP 地址，实际上就是连接 211.1.1.0/24 网络的路由器接口 IP 地址，也就是不同 IP 网络之间的主机通信必须通过路由器才能进行，不同 IP 网络的含义就是具有不同的网络 ID。

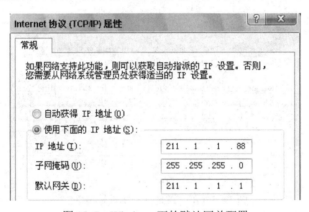

图 13-7　Windows 下的默认网关配置

现在来理解主机发送 IP 数据包的流程，流程如图 13-8 所示。

① 源主机用自己的 IP 地址与自己的子网掩码"逻辑与"，获得自己 IP 地址所在的源网络 ID。用目的 IP 地址与自己的子网掩码"逻辑与"，获得目的网络 ID。

② 如果目的网络 ID 与自己的源网络 ID 相符，说明源主机和目的主机同处于一个 IP 网络，然后源主机查询目的主机 IP 地址的 MAC 地址（通过 ARP 或自己的 ARP 缓存），获得后进行以太网数据帧的封装，将数据发送给目的 IP 地址的主机。

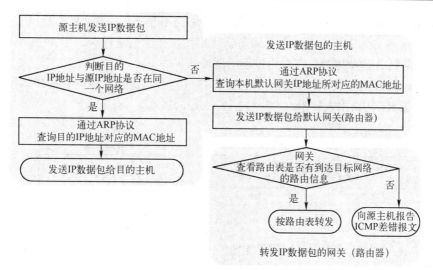

图 13-8　IP 数据包发送流程

③ 如果目的网络 ID 与自己的源网络 ID 不符，说明源主机和目的主机不处于一个 IP 网络，源主机需要将 IP 数据包发送给自己的默认网关路由器，因此源主机查询默认网关路由器的 MAC 地址（通过 ARP 或自己的 ARP 缓存），获得后进行以太网数据帧的封装，将 IP 数据包发送给自己的默认网关。

④ 网关路由器收到 IP 数据包后，如果在自己路由表中找到了有到达目的网络的路由信息，则按照路由表进行转发，如果没有找到，则向源主机报告 ICMP 差错报文。这个差错报文是 ICMP 的类型 3（终点不可达），而源主机收到的提示通常是 Destination net unreachable（目的网络不可达）。

2. 路由网络 IP 数据包路由过程

下面这个例子阐述了 IP 数据包是如何从一台主机路由到另一台主机。图 13-9 描绘了其拓扑结构，包括源主机 A、目的主机 B、3 个中间路由器和 4 个网络 ID 不同的逻辑 IP 网络，R1 与 R2 之间数据链路层为以太网，R2 与 R3 之间数据链路层为点对点链路（PPP 协议）。

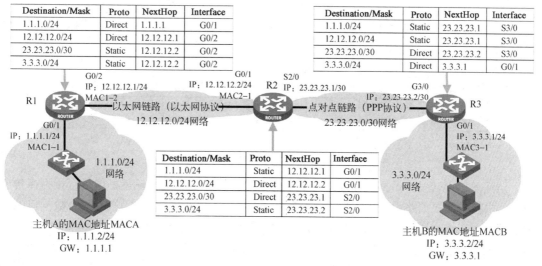

图 13-9　路由网络 IP 数据包路由过程示意图

假设主机 A 需要远程 Telnet 主机 B，则主机 A 为 Telnet 客户端，随机启用了传输层逻辑端口 TCP 8888 端口，主机 B 为 Telnet 服务器，启用了传输层逻辑端口 TCP 23 端口，那么从主机 A 发往主机 B 的数据封装在路由过程的地址信息如下。

主机 A 发给 R1 的封装结构中地址信息如图 13-10 所示。IP 数据包的目的 IP 地址为 3.3.3.2，R1 收到后根据 R1 的路由表转发给 R2（12.12.12.2）。

数据链路层 以太网帧头地址信息		网络层 IP首部地址信息		传输层 TCP首部地址信息		
源MAC MACA	目的MAC MAC1-1	源IP 1.1.1.2	目的IP 3.3.3.2	TCP源端口 8888	TCP目的端口 23	数据

图 13-10　主机 A 发给 R1 的封装结构中地址信息

R1 发给 R2 的封装结构中地址信息如图 13-11 所示。IP 数据包的目的 IP 地址为 3.3.3.2，R2 收到后根据 R2 的路由表转发给 R3（23.23.23.2）。

数据链路层 以太网帧头地址信息		网络层 IP首部地址信息		传输层 TCP首部地址信息		
源MAC MAC1-2	目的MAC MAC2-1	源IP 1.1.1.2	目的IP 3.3.3.2	TCP源端口 8888	TCP目的端口 23	数据

图 13-11　R1 发给 R2 的封装结构中地址信息

R2 发给 R3 的封装结构中地址信息如图 13-12 所示。IP 数据包的目的 IP 地址为 3.3.3.2，R3 收到后根据 R3 的路由表转发给直连网络上的主机 B（3.3.3.2）。

数据链路层 PPP帧头地址信息	网络层 IP首部地址信息		传输层 TCP首部地址信息		
0XFF	源IP 1.1.1.2	目的IP 3.3.3.2	TCP源端口 8888	TCP目的端口 23	数据

图 13-12　R2 发给 R3 的封装结构中地址信息

R3 发给主机 B 的封装结构中地址信息如图 13-13 所示，至此主机 B 收到主机 A 发送的 IP 数据包。

数据链路层 以太网帧头地址信息		网络层 IP首部地址信息		传输层 TCP首部地址信息		
源MAC MCA3-1	目的MAC MACB	源IP 1.1.1.2	目的IP 3.3.3.2	TCP源端口 8888	TCP目的端口 23	数据

图 13-13　R3 发给主机 B 的封装结构中地址信息

请注意以上转发中数据链路层地址信息的变化，IP 数据包的传输就好像进行接力棒传递一样，由路由器根据路由表进行传输路径判断，逐步递交到目的主机，这就是 IP 数据包的路由过程，而在这个过程中，起到决定作用的就是路由表。

从上面 IP 数据包的路由过程中，也可以看得出来，数据链路层的 MAC 地址负责传输路径中相邻的点和点之间传输，而网络层的 IP 地址负责从源主机到达目的主机，传输层的逻辑端口（TCP 端口、UDP 端口）负责从源主机上的进程到达目的主机上的进程（端到端之间）。

13.3　静态路由配置

1. 静态路由简介

静态路由（static route）是由管理员在路由器中手动配置的固定路由，路由明确地指定了数据包到达目的地必须经过的路径，除非网络管理员干预，否则静态路由不会发生变化。静态路由不能对网络的改变作出反应，所以一般说静态路由用于网络规模不大、拓扑结构相对固定的网络。

2. 静态路由的配置命令

在系统视图下，利用 ip route-static 命令可以配置静态路由。

静态路由配置命令主要有两种，分别说明如下：

ip route　目的网络地址　子网掩码　本路由器输出接口　路由优先级

ip route　目的网络地址　子网掩码　下一跳路由器 IP 地址　路由优先级

H3C 路由器静态路由默认路由优先级为 60。

在配置静态路由时，可采用指定本路由器输出接口或下一跳路由器 IP 地址两种方法之一。由于数据链路层协议的不同，只能在点对点链路的接口上使用本路由器输出接口配置静态路由，其他链路协议不能指定接口而应使用下一跳路由器 IP 地址配置静态路由。建议配置静态路由时使用下一跳路由器 IP 地址。

实训 13　静态路由配置和 IP 路由过程

【实训任务】

通过本次实训任务，掌握路由器静态路由配置的方法和命令，同时掌握 IP 路由过程，并进行结果分析，掌握启用路由器 ICMP 类型 3（目的不可达）消息、ICMP 类型 11（超时）消息的配置，掌握默认路由的配置。

【实训拓扑】

在 HCL 中添加两台路由器、两台交换机、两台 HOST 主机。路由器的 IP 地址规划如实训图 13-1 所示。两台交换机在本实训中不需要进行配置。

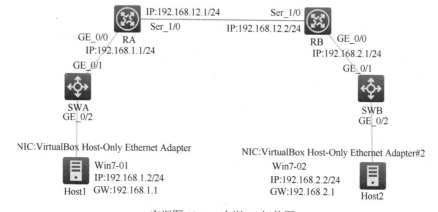

实训图 13-1　实训 13 拓扑图

在 Virtual Box 中 Win7-01、Win7-02 按照拓扑分别选择 VirtualBox Host-only Ethernet Adapter、VirtualBox Host-only Ethernet Adapter#2 两个不同的网络适配器，确定后启动 Win7-01、Win7-02，然后按照拓扑图配置 Win7-01、Win7-02 的 IP 地址和网关地址，同时务必关闭 Win7-01 和 Win7-02 的防火墙功能。

【实训步骤】

1. 在 RA、RB 上完成接口 IP 地址配置，并进行 ping 通验证

① 在 RA 上完成接口 IP 地址配置，并使用 display ip interface brief 查看接口配置摘要，可以看到 G0/0 接口和 S1/0 接口的 UP 状态和配置的 IP 地址。

```
[RA]interface GigabitEthernet 0/0
[RA-GigabitEthernet0/0]ip address 192.168.1.1 24
[RA-GigabitEthernet0/0]quit
[RA]interface Serial 1/0
[RA-Serial1/0]ip address 192.168.12.1 24
[RA-Serial1/0]quit
[RA]display ip interface brief
…
```

Interface	Physical	Protocol	IP Address	Description
GE0/0	up	up	192.168.1.1	--
GE0/1	down	down	--	--
…				
Ser1/0	up	up	192.168.12.1	--
Ser2/0	down	down	--	--
…				
[RA]				

② 在 RB 上完成接口 IP 地址配置，并使用 display ip interface brief 查看接口配置摘要，可以看到 G0/0 接口和 S1/0 接口的 UP 状态和配置的 IP 地址。

```
[RB]interface GigabitEthernet 0/0
[RB-GigabitEthernet0/0]ip address 192.168.2.1 24
[RB-GigabitEthernet0/0]quit
[RB]interface Serial 1/0
[RB-Serial1/0]ip address 192.168.12.2 24
[RB-Serial1/0]quit
[RB]display ip interface brief
…
```

Interface	Physical	Protocol	IP Address	Description
GE0/0	up	up	192.168.2.1	--
GE0/1	down	down	--	--
…				
Ser1/0	up	up	192.168.12.2	--
Ser2/0	down	down	--	--
…				
[RB]				

③ 相互 ping 通测试结果。

Host1（192.168.1.2）与 RA（192.168.1.1）之间可以相互 ping 通。

Host2（192.168.2.2）与 RB（192.168.2.1）之间可以相互 ping 通。

RA（192.168.12.1）与 RB（192.168.12.2）之间可以相互 ping 通。

但 Host1（192.168.1.2）无法 ping 通 Host2（192.168.2.2）。

Host1（192.168.1.2）与 Host2（192.168.2.2）相互 ping 的结果如实训图 13-2 所示，提示为请求超时。

实训图 13-2　Host1 与 Host2 的 ping 结果

④ 分别在 RA、RB 上启用发送终点不可达的 ICMP 消息（ICMP 类型 3），然后 Host1 与 Host2 进行相互 ping，结果如实训图 13-3 所示，提示为无法访问目标网，说明在 RA 上没有去往 192.168.2.0/24 的路由信息，在 RB 上没有去往 192.168.1.0/24 的路由信息。

[RA]ip unreachables enable
[RB]ip unreachables enable

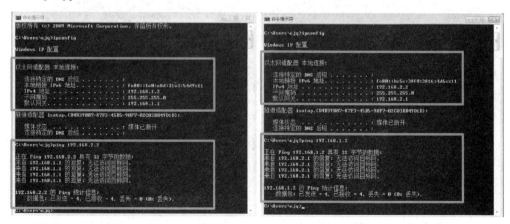

实训图 13-3　Host1 与 Host2 的 ping 结果

2. 在 RA、RB 上配置静态路由，并进行 Host1 与 Host2 的 ping 通测试

注意务必关闭 Win7-01 和 Win7-02 的防火墙功能。

① 在 RA 上配置静态路由后查看路由表。display ip routing-table protocol static 为查看路由表中协议为静态路由的路由条目。去往 192.168.2.0/24 网络的下一跳为 192.168.12.2。

```
[RA]ip route-static 192.168.2.0 24 192.168.12.2
[RA]display ip routing-table protocol static
…
Destination/Mask      Proto      Pre Cost      NextHop          Interface
192.168.2.0/24        Static     60  0         192.168.12.2     Ser1/0
…
[RA]
```

② RB 上配置静态路由后查看路由表。去往 192.168.1.0/24 网络的下一跳为 192.168.12.1。

```
[RB]ip route-static 192.168.1.0 24 192.168.12.1
[RB]display ip routing-table protocol static
…
Destination/Mask      Proto      Pre Cost      NextHop          Interface
192.168.1.0/24        Static     60  0         192.168.12.1     Ser1/0
…
[RB]
```

③ Host1 与 Host2 的 ping 通测试。

Host1（192.168.1.2）与 Host2（192.168.2.2）之间可以相互 ping 通，结果如实训图 13-4 所示。

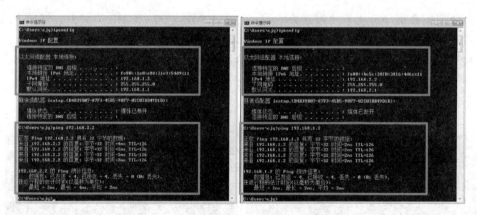

实训图 13-4　Host1 与 Host2 的 ping 结果

④ 在 Host1 使用路由跟踪命令 Tracert 跟踪前往 192.168.2.2 的路由过程，在 Host2 使用路由跟踪命令 Tracert 跟踪前往 192.168.1.2 的路由过程，结果如实训图 13-5 所示，其中跟踪 RA、RB 的路由提示为请求超时。

⑤ 在 RA、RB 上启用发送超时的 ICMP 消息（ICMP 类型 11），继续在 Host1 使用路由跟踪命令 Tracert 跟踪前往 192.168.2.2 的路由过程，在 Host2 使用路由跟踪命令 Tracert 跟踪前往 192.168.1.2 的路由过程。结果如实训图 13-6 所示，其中跟踪 RA、RB 的路由提示为 RA、RB 的接口 IP 地址。

```
[RA]ip ttl-expires enable
```

[RB]ip ttl-expires enable

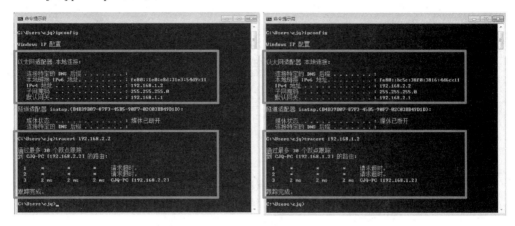

实训图 13-5　Host1 与 Host2 的 tracert 结果

实训图 13-6　Host1 与 Host2 的 tracert 结果

3．默认路由的配置

默认路由（default route）是静态路由的一个特例，一般需要管理员手工配置管理，但也可通过动态路由协议产生。路由器收到 IP 数据包时查找路由表，当没有可供使用或匹配的路由选择信息时，可以使用默认路由为 IP 数据包指定路由，换句话说默认路由是所有 IP 数据包都可以匹配的路由条目。

例如在网络中可能存在如实训图 13-7 的情况，RA 通过 RB 接入 Internet，RA 不可能知道 Internet 上所有的网络地址 ID。因此，可以在 RA 上配置默认路由，使得 RA 接收到的每个 IP 数据包都可以匹配成功，从而转发到 Internet 方向的 RB 路由器。配置命令如下。

[RA]ip route-static 0.0.0.0 0 192.168.12.2
[RA]display ip routing-table protocol static
…

Destination/Mask	Proto	Pre Cost	NextHop	Interface

| 0.0.0.0/0 | Static | 60 | 0 | 192.168.12.2 | Ser1/0 |

…

[RA]

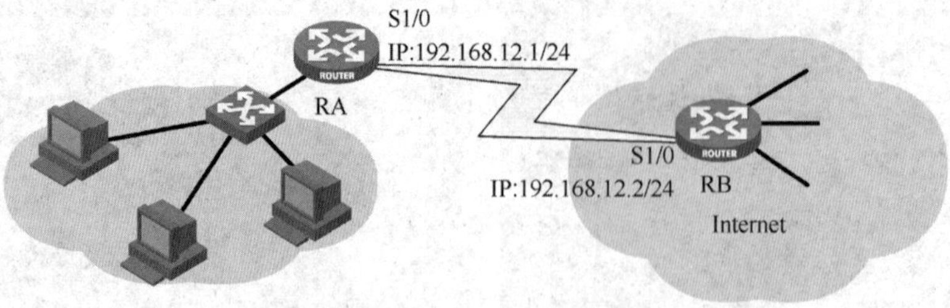

实训图 13-7　默认路由的配置

第6部分　路　由　协　议

项目 14　路由协议分类

在路由表中根据路由来源的不同，可以将路由分为直连路由、动态路由、静态路由。

其中动态路由就是由路由协议维护的路由信息。如果路由信息显示发生了网络变化，路由器上的路由协议就会重新计算路由，并发出新的路由信息，同时更新自己的路由表。这些信息通过各个网络，引起各路由器重新启动其路由算法，并更新各自的路由表以动态地反映网络拓扑变化。

动态路由适用于网络规模大、网络拓扑复杂的网络。当然，各种动态路由协议会不同程度地占用网络带宽和路由器 CPU 资源，这一点也是在路由协议选择时需要考虑的问题。

总体而言，路由协议负责学习最佳路径，建立路由表。

路由协议的种类有很多，主要的路由协议如表 14-1 所示。

表 14-1　主要的路由协议

路由协议名称	说　　明
RIPv1	routing information protocol version1，路由信息协议版本 1
RIPv2	routing information protocol version2，路由信息协议版本 2
OSPF	open shortest path first，开放式最短路径优先
IS-IS	intermediate system-to-intermediate system，中间系统到中间系统
BGP	border gateway protocol，边界网关协议

下面就针对不同分类方法对路由协议进行分类。

1. 根据路由协议作用范围

根据是否在一个自治系统（autonomous system，AS）内部使用，路由协议分为内部网关协议（interior gateWay protocol，IGP）和外部网关协议（exterior gateway protocol，EGP）两种类型。

这里的自治系统指具有统一管理机构、统一路由策略的路由网络。Internet 由一系列的自治系统组成，各个自治系统之间由核心路由器相互连接。自治系统是在同一技术管理部门下运行的一组路由器。通常每个自治系统一般是一个组织实体（比如公司、ISP 等）运行和管理。IGP 和 EGP 如图 14-1 所示。

（1）内部网关协议 IGP

在一个自治系统内部运行，常见的 IGP 协议包括 RIP、OSPF 和 IS-IS。

（2）外部网关协议 EGP

运行于不同自治系统之间，最常见的 EGP 协议是 BGP。

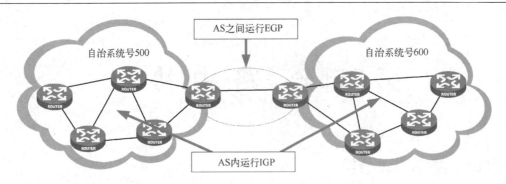

图 14-1　内部网关协议 IGP 和外部网关协议 EGP

2．根据路由协议使用算法

根据路由协议使用的算法不一样，路由协议可以分为距离矢量（distance-vector）协议和链路状态（link-state）协议。

（1）距离矢量协议

距离矢量协议基于距离矢量路由算法（distance vector-based routing algorithms）。

距离矢量协议在路由选择过程中计算网络中所有链路的向量（即什么方向）和距离（有多远）来确定路由代价值。距离矢量的路由协议包括 RIP、BGP。

（2）链路状态协议

链路状态协议基于链路状态路由选择算法（link-state routing select algorithms）。

链路状态协议在路由选择过程中使用很多的网络参数来综合计算路由代价值，如链路带宽、费用、可靠性等。链路状态的路由协议包括 OSPF、IS-IS。

3．根据路由协议是否支持可变长子网掩码 VLSM

根据路由协议在发送路由信息的时候，是否携带有子网掩码可以分为有类协议和无类协议。

（1）有类协议

有类协议的特点是发送路由信息的时候，不携带路由条目的子网掩码，不支持 VLSM。典型的有类路由协议是 RIPv1。

（2）无类协议

无类协议的特点是发送路由信息的时候，携带子网掩码信息，支持 VLSM。典型的无类路由协议包括 RIPv2、OSPF、IS-IS 等。

基于现在所使用的网络一般都需要使用 VLSM，所以，现在都会使用无类路由协议。

4．根据 IP 协议版本

根据 IP 协议的版本 v4 或 v6，路由协议可以分为 IPv4 路由协议 IPv6 路由协议。

① IPv4 路由协议：包括 RIP、OSPF、BGP 和 IS-IS 等。

② IPv6 路由协议：包括 RIPng、OSPFv3、IPv6 BGP 和 IPv6 IS-IS 等。

由于路由协议类型较多，在本书中选择了 RIP 协议和 OSPF 协议进行介绍，而对于 BGP 协议的内容，限于篇幅有限，不在本书中进行介绍，本书作者提供 BGP 专题实验视频教程进行介绍，读

图 14-2　BGP 专题教学内容

者可以扫图 14-2 中的课程二维码进行 BGP 协议学习。

项目 15 RIP 协议

15.1 RIP 概述

RIP 协议是应用较早、使用较普遍的内部网关协议 IGP，RIP 协议是基于距离向量算法，RIP 现有 v1 和 v2 两个版本，其中 v1 版本为有类路由协议，不支持 VLSM，因此不做介绍。RIP v2 协议是一个是基于 UDP 协议的应用层协议，也就是说 RIP 协议所传递路由信息都封装在 UDP 数据报中，所使用源端口和目的端口都是 UDP 端口 520，在经过 IP 封装时，RIPv2 的目的 IP 地址为组播地址 224.0.0.9，源 IP 地址为发送 RIP 报文的路由器接口 IP 地址。

RIPv2 的封装结构如图 15-1 所示。RIPv2 报文内最多可以有 25 个路由信息，故 RIPv2 最大报文为 25×20+4=504 字节。

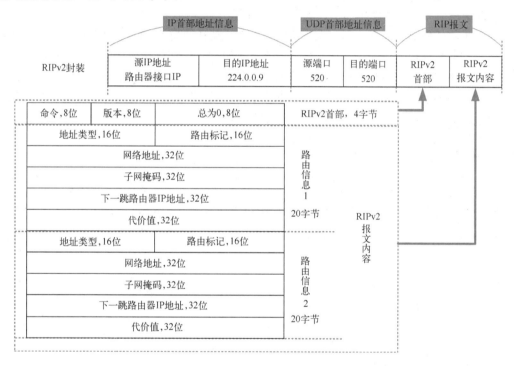

图 15-1 RIPv2 的封装结构

RIPv2 报文内的各字段含义如下。

命令：1 字节，值为 1 时表示路由信息请求，值为 2 时表示路由信息响应。

版本：1 字节，值为 1 表示 RIP 协议版本为 1，值为 2 表示 RIP 协议版本为 2。

地址类型：2 字节，用来标识所使用的地址协议，如果该字段值为 2，表示后面网络地址使用的是 IP 协议。

路由标记：2 字节，提供这个字段来标记外部路由或重分发到 RIPv2 协议中的路由。如果某路由器收到路由标记为 0 的 RIPv2 路由信息报文，说明该报文是和本路由器同属一个自治系统的路由器发出的，如果收到路由标记不为 0 的 RIPv2 路由信息报文，说明该报文是路由标记数字所指示的自治系统发出的。使用这个字段来可以提供一种从外部路由中分离内部路由的方法，用于传播从外部路由协议 EGP 获得的路由信息。

网络地址：路由表中路由条目的目的网络地址。

子网掩码：路由表中路由条目的子网掩码。

下一跳路由器 IP 地址：路由表中路由条目的下一跳路由器 IP 地址。

路由代价值：表示到达某个网络的跳数，最大有效值为 15。

RIP 协议的特点主要有以下几个方面。

① RIP 属于典型的距离向量路由协议。H3C 路由器的 RIP 协议默认路由优先级为 100。RIPv2 是一种无类路由协议，支持 VLSM，支持不连续子网规划。

② RIP 以到目的网络的最少跳数作为路由选择标准，所谓跳数就是经过的路由器个数，RIP 的跳数计数限制为 15 跳，16 跳即表示不可达，这限制了 RIP 只适用于小型路由网络。

③ 运行 RIP 协议的路由器都将以周期性的时间间隔，把自己完整的路由表作为路由更新消息，发送给所有的邻居路由器，默认更新周期时间为 30 秒。路由器在失效时间内没收到关于某条路由的任何更新信息，则认为此路由为无效，默认的失效时间为 180 秒。由于 RIP 协议需要周期性发送整个路由表给所有邻居，在低速链路、广播式通信及广域网等情况中将占用较多的网络带宽。同时当网络拓扑结构发生变化，某台路由器的某条路由条目发生改变，网络中的所有路由器需要全部更新它们的路由表，而使得网络重新达到稳定，这个时间称为网络收敛时间。RIP 协议的收敛时间较长，收敛速度慢。

15.2　RIP 路由表形成过程

1．路由表的初始状态

当把路由器各接口的 IP 地址和子网掩码配置完成，并保证各接口为 UP 状态后，各路由器会将自己所直连的网络信息写入自己的路由表。RA、RB 两台路由器完成接口配置以后，路由表信息如图 15-2 所示。

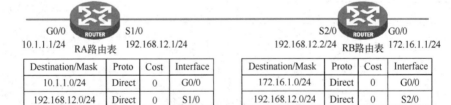

Destination/Mask	Proto	Cost	Interface
10.1.1.0/24	Direct	0	G0/0
192.168.12.0/24	Direct	0	S1/0

Destination/Mask	Proto	Cost	Interface
172.16.1.0/24	Direct	0	G0/0
192.168.12.0/24	Direct	0	S2/0

图 15-2　RIP 路由表形成的初始状态

2．路由表的更新

在启用 RIP 路由协议以后，RA 向 RB 发送 RIP 路由信息，RB 向 RA 发送 RIP 路由信息，如图 15-3 所示。

RA 接收到 RB 发来的路由信息，包含有 192.168.12.0/24 和 172.16.1.0/24 网络信息。

其中 192.168.12.0/24 路由信息的代价值为 0，RA 本身直连 192.168.12.0/24 代价值也为 0，该条路由信息 RA 不采纳，其中 172.16.1.0/24 路由信息的代价值为 0，RA 路由表中没有 172.16.1.0/24 的路由信息，因此 RA 在自身路由表中添加该条路由信息，并修改代价值为 1，而且下一跳地址指向 192.168.12.2。

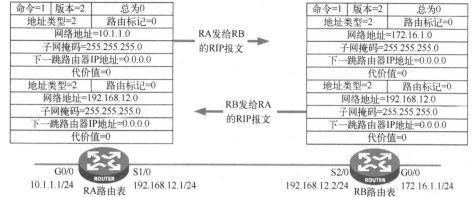

图 15-3　RIP 路由表的更新

RB 接收到 RA 发来的路由信息，包含有 192.168.12.0/24 和 10.1.1.0/24 网络信息。

其中 192.168.12.0/24 路由信息的代价值为 0，RB 本身直连 192.168.12.0/24 代价值也为 0，该条路由信息 RB 不采纳，其中 10.1.1.0/24 路由信息的代价值为 0，RB 路由表中没有 10.1.1.0/24 的路由信息，因此 RB 在自身路由表中添加该条路由信息，并修改代价值为 1，而且下一跳地址指向 192.168.12.1。

15.3　路由自环及解决方法

1. 路由自环的产生

在路由表中，如果在网络拓扑结构发生变化后，由于收敛缓慢产生的不协调或矛盾的路由信息，就可能产生路由自环的现象。下面举例描述路由自环产生的现象。

如图 15-4 所示，当 10.1.4.0/24 网络失效后（如 RC 的接口 G0/1 被管理员 shutdown 或者链路故障），路由器 RC 将此路由条目从自身路由表中删除，于是路由器 RC 就不能再向邻居路由器 RB 转发 10.1.4.0/24 的路由信息，但是有关 10.1.4.0/24 网络失效的信息没有及时更新到路由器 RA 和 RB。

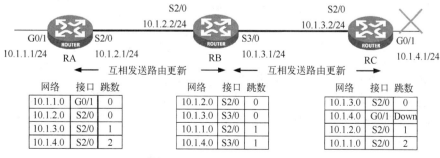

图 15-4　10.1.4.0/24 网络失效

在路由器 RB 的发送周期到时，路由器 RB 将向路由器 RC 发送自己的路由更新，并在路由更新中包含有到达网络 10.1.4.0/24 的路由信息。路由器 RC 在收到路由器 RB 路由更新信息后，发现收到的路由信息中有一条到达 10.1.4.0/24 的路由条目，RC 认为自己直接连接的 10.1.4.0/24 虽然不可达了，但是存在通过 RB 到达 10.1.4.0/24 网络的可能，所以会在路由表中添加一条新的路由条目：目的网络为 10.1.4.0/24，输出接口为自己的 S2/0 接口，代价值为原代价值加 1，即 RC 认为可以通过 RB 到达 10.1.4.0/24 网络，如图 15-5 所示。

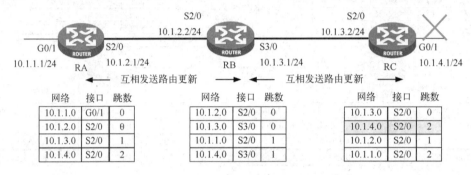

图 15-5　不协调的路由更新导致错误的路由信息

路由器 RC 的发送周期到时，路由器 RC 将更新后的路由信息向路由器 RB 发送，路由器 RB 在收到路由器 RC 路由更新信息后，发现原来通过 RC 到达 10.1.4.0/24 网络为 1 跳，但是现在 RC 告诉 RB，通过 RB 到达 10.1.4.0/24 网络为 2 跳，因此 RC 会按路由更新中的指示修改原路由条目：目的网络为 10.1.4.0/24，输出接口为自己的 S3/0 接口，代价值为原代价值加 1。各个路由器之间路由更新周期性发送，这个过程将继续下去，导致包括 RA 在内的所有路由器的路由表中关于到网络 10.1.4.0/24 的代价值的不断增加，如图 15-6 所示。

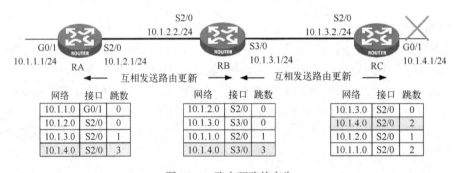

图 15-6　路由环路的产生

如此往复，三个路由器之间不断重复这个更新过程，在 RA、RB 和 RC 之间来回传递路由表中存在的错误路由信息。

可以假想，如果这时候任意一台路由器收到一个要去 10.1.4.0/24 网络的 IP 数据包，这个数据包将在这三台路由器之间相互转发，直到该 IP 数据包的 TTL 生存时间到零而被丢弃，这样将会浪费宝贵的网络带宽，也加重路由器不必要的工作压力。

2. 路由自环解决技术

在 RIP 协议中，采用以下几种办法解决路由自环的问题。

（1）定义最大代价值

为了避免路由自环产生以后，某条路由的代价值被无穷地增大，RIP 协议定义了一个代表不可达网络的代价值为 16 跳，也就是说，一旦路由表中某个网络的代价值达到 16，就视为该网络不可到达，将不再接收和发送关于这个网络的路由更新信息，这个代价值的限定也同时限定了路由网络的规模。

（2）水平分割

水平分割的规则就是从一个接口学到的路由信息不能通过此接口向外发布，也就是不向原始路由更新的方向再次发送路由更新信息（可理解为单向更新）。该方法的缺点是不能适用于复杂的网络拓扑结构，使得网络的冗余性受到了限制。

（3）触发更新

正常情况下，路由器会定期将路由信息发送给邻居路由器，而触发更新就是指如果某台路由器发现网络拓扑结构发生变化，不必等到更新时间，而是立刻发送路由更新信息，以响应某些变化。但这样还是可能存在问题，因为有可能触发更新信息数据包在网络的传输中丢失或损坏，其他路由器没能及时收到触发更新。

（4）路由毒化和反向毒化

路由毒化的方法就是当某台路由器发现某个网络故障以后，首先将该网络的代价值设定为最大值 16（表示不可达），然后向邻居路由器发送该网络的毒化消息，通知网络中其他路由器该网络不可到达，而接收到这个毒化消息的路由器将自己路由表中该网络的代价值设为 16，同时再向发给自己毒化消息的路由器发送反向毒化消息，从而彻底将该故障网络在路由信息中毒死。

在 RIP 协议中，定义了以下几种时间，用于 RIP 协议的工作中。

① 路由更新时间（update），定义了发送路由更新的周期时间间隔。H3C 路由器的默认更新时间为 30 秒。

② 路由老化时间（timeout），如果在老化时间内没有收到关于某条路由的更新报文，则该条路由在路由表中的代价值将会被设置为 16。H3C 路由器的默认老化时间为 180 秒。

③ 路由抑制时间（suppress），定义了 RIP 路由处于抑制状态的时长。当一条路由的代价值变为 16 时，该路由将进入抑制状态。在被抑制状态，只有来自同一邻居且代价值小于 16 的路由更新才会被路由器接收，取代不可达路由。H3C 路由器的抑制时间为 120 秒。

④ 路由清空时间（garbage-collect），定义了一条路由从代价值变为 16 开始，直到它从路由表里被删除所经过的时间。H3C 路由器的默认清空时间为 120 秒。

实训 14　RIPv2 的配置

【实训任务】

通过本次实训任务，掌握 RIP 协议的配置和命令，掌握 RIP 协议配置结果的检查和验证，同时掌握对 RIP 协议的优化配置。

【实训拓扑】

HCL 模拟器中添加三台路由器、六台 VPC，然后按照实训图 14-1 连线，各台设备 IP 地址规划如实训表 14-1 所示。构建九个 IP 网络，分别是：R1 连接的 10.1.1.0/24、10.1.2.0/24、

10.1.3.0/24；R2 连接的 172.16.1.0/24、172.16.2.0/24、172.16.3.0/24；R1、R2、R3 相互连接的 192.168.12.0/24、192.168.13.0/24、192.168.23.0/24。

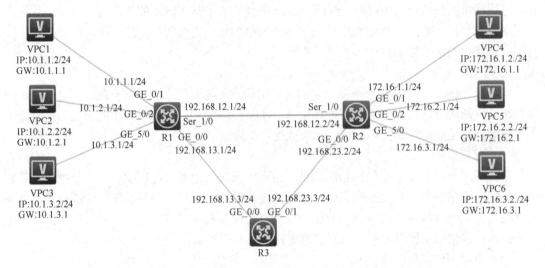

实训图 14-1　实训 14 拓扑图

实训表 14-1　实训 14 中各台设备规划

设备名称	接口	IP 地址/子网掩码	连接对端
R1	S1/0	192.168.12.1/24	R2-S1/0
	G0/0	192.168.13.1/24	R3-G0/0
	G0/1	10.1.1.1/24	VPC1
	G0/2	10.1.2.1/24	VPC2
	G5/0	10.1.3.1/24	VPC3
R2	S1/0	192.168.12.2/24	R1-S1/0
	G0/0	192.168.23.2/24	R3-G0/1
	G0/1	172.16.1.1/24	VPC4
	G0/2	172.16.2.1/24	VPC5
	G5/0	172.16.3.1/24	VPC6
R3	G0/0	192.168.13.3/24	R1-G0/0
	G0/1	192.168.23.3/24	R2-G0/0
VPC1	IP 地址 10.1.1.2/24，网关 10.1.1.1		R1-G0/1
VPC2	IP 地址 10.1.2.2/24，网关 10.1.2.1		R1-G0/1
VPC3	IP 地址 10.1.3.2/24，网关 10.1.3.1		R1-G5/0
VPC4	IP 地址 172.16.1.2/24，网关 172.16.1.1		R2-G0/1
VPC5	IP 地址 172.16.2.2/24，网关 172.16.2.1		R2-G0/1
VPC6	IP 地址 172.16.3.2/24，网关 172.16.3.1		R2-G5/0

在 RIP 协议的配置中需要使用通配符掩码，这里对通配符掩码进行简单介绍。

通配符掩码又称为反掩码，路由器使用通配符掩码与 IP 地址一起来分辨匹配的地址范围，而通配符掩码跟子网掩码刚好相反。

通配符掩码不像子网掩码告诉路由器 IP 地址的哪些位属于网络 ID、哪些位属于主机 ID（子网掩码 32 位中二进制 1 对应的为网络 ID、二进制 0 对应的为主机 ID），而通配符掩码 32 位告诉路由器为了判断出匹配，它需要检查 IP 地址中的多少位，在通配符掩码中，如果是二进制的 0 表示必须匹配，如果是二进制的 1 表示可以不匹配。

如 192.168.1.1 与通配符掩码 0.0.0.255 配合，表示必须匹配 192.168.1.1 的前 24 位，而最后 8 位则无所谓，匹配结果为 192.168.1.0。

如 172.16.100.8 与通配符掩码 0.0.240.255 配合，表示必须匹配 172.16.100.8 的前 20 位，而最后 12 位无所谓，匹配结果为 172.16.96.0。

如 10.10.10.10 与通配符掩码 0.0.0.0 配合，表示要匹配 10.10.10.10 的 32 位。

【实训步骤】

1．按照实训拓扑图要求完成各台路由器接口地址配置

① R1 接口 IP 地址配置略。R1 路由器接口地址配置后，使用命令 display ip interface brief | include up 检查各接口配置结果。在 display 命令中加上 | include up，表示显示结果中必须包含 up 关键字，而 exclude 为结果中不包含关键字。

```
[R1]display ip interface brief | include up
GE0/0                    up      up      192.168.13.1    --
GE0/1                    up      up      10.1.1.1        --
GE0/2                    up      up      10.1.2.1        --
GE5/0                    up      up      10.1.3.1        --
Ser1/0                   up      up      192.168.12.1    --
[R1]
```

② R2 接口 IP 地址配置略。R2 路由器接口地址配置后，使用命令 display ip interface brief | include up 检查各接口配置结果。

```
[R2]display ip interface brief | include up
GE0/0                    up      up      192.168.23.2    --
GE0/1                    up      up      172.16.1.1      --
GE0/2                    up      up      172.16.2.1      --
GE5/0                    up      up      172.16.3.1      --
Ser1/0                   up      up      192.168.12.2    --
[R2]
```

③ R3 接口 IP 地址配置略。R3 路由器接口地址配置后，使用命令 display ip interface brief | include up 检查各接口配置结果。

```
[R3]display ip interface brief | include up
GE0/0                    up      up      192.168.13.3    --
GE0/1                    up      up      192.168.23.3    --
[R3]
```

2．完成各台路由器 RIP 协议配置

① R1 路由器 RIP 协议配置如下。

```
[R1]rip 1
\\启动 RIP 协议,进程编号为 1。
[R1-rip-1]version 2
\\配置 RIP 协议版本为 2。
[R1-rip-1]undo summary
\\关闭 RIP 协议的自动汇总功能,H3C 路由器默认情况下自动路由聚合功能处于启用状态。
[R1-rip-1]network 10.1.1.0 0.0.0.255
\\在指定网段 10.1.1.0 上启用 RIP 协议,0.0.0.255 为通配符掩码。
[R1-rip-1]network 10.1.2.0 0.0.0.255
[R1-rip-1]network 10.1.3.0 0.0.0.255
[R1-rip-1]network 192.168.12.0 0.0.0.255
[R1-rip-1]network 192.168.13.0 0.0.0.255
```

② R2 路由器 RIP 协议配置如下。

```
[R2]rip 1
[R2-rip-1]version 2
[R2-rip-1]undo summary
[R2-rip-1]network 172.16.1.0 0.0.0.255
[R2-rip-1]network 172.16.2.0 0.0.0.255
[R2-rip-1]network 172.16.3.0 0.0.0.255
[R2-rip-1]network 192.168.12.0 0.0.0.255
[R2-rip-1]network 192.168.23.0 0.0.0.255
```

③ R3 路由器 RIP 协议配置如下。

```
[R3]rip 1
[R3-rip-1]version 2
[R3-rip-1]undo summary
[R3-rip-1]network 192.168.13.0 0.0.0.255
[R3-rip-1]network 192.168.23.0 0.0.0.255
```

3. 检查各台路由器 RIP 协议配置结果

① R1 路由器 RIP 协议配置结果如下。

```
<R1>display ip routing-table protocol rip
...
Destination/Mask    Proto    Pre Cost       NextHop          Interface
172.16.1.0/24       RIP      100 1          192.168.12.2     Ser1/0
172.16.2.0/24       RIP      100 1          192.168.12.2     Ser1/0
172.16.3.0/24       RIP      100 1          192.168.12.2     Ser1/0
192.168.23.0/24     RIP      100 1          192.168.12.2     Ser1/0
                                            192.168.13.3     GE0/0
...
<R1>
```

可以看到 R1 通过 RIP 协议学习到了 172.16.1.0/24、172.16.2.0/24、172.16.3.0/24、192.168.23.0/24 四个网络的路由信息。

其中到达 172.16.1.0/24、172.16.2.0/24、172.16.3.0/24 三个网络的下一跳 IP 地址为 R2 的

192.168.12.2，路由代价值均为 1。

其中到达 192.168.23.0/24 的下一跳为 R2 的 192.168.12.2 和 R3 的 192.168.13.3，这是因为从 R1 到达 192.168.23.0/24 网络存在两条路径，而且两条路由代价值均相同为 1，这是两条等价路由，等价路由可以对网络进行负载均衡。

② R2 路由器 RIP 协议配置结果如下。

```
<R2>display ip routing-table protocol rip
...
Destination/Mask    Proto   Pre Cost        NextHop         Interface
10.1.1.0/24         RIP     100 1           192.168.12.1    Ser1/0
10.1.2.0/24         RIP     100 1           192.168.12.1    Ser1/0
10.1.3.0/24         RIP     100 1           192.168.12.1    Ser1/0
192.168.13.0/24     RIP     100 1           192.168.12.1    Ser1/0
                                            192.168.23.3    GE0/0
...
<R2>
```

可以看到 R2 通过 RIP 协议学习到了 10.1.1.0/24、10.1.2.0/24、10.1.3.0/24、192.168.13.0/24 四个网络的路由信息。

其中到达 10.1.1.0/24、10.1.2.0/24、10.1.3.0/24 三个网络的下一跳 IP 地址为 R1 的 192.168.12.1，路由代价值均为 1。

其中到达 192.168.13.0/24 的下一跳为 R1 的 192.168.12.1 和 R3 的 192.168.23.3，这是因为从 R2 到达 192.168.13.0/24 网络存在两条路径，而且两条路由代价值均相同为 1，这是两条等价路由。

③ R3 路由器 RIP 协议配置结果如下。

```
<R3>display ip routing-table protocol rip
...
Destination/Mask    Proto   Pre Cost        NextHop         Interface
10.1.1.0/24         RIP     100 1           192.168.13.1    GE0/0
10.1.2.0/24         RIP     100 1           192.168.13.1    GE0/0
10.1.3.0/24         RIP     100 1           192.168.13.1    GE0/0
172.16.1.0/24       RIP     100 1           192.168.23.2    GE0/1
172.16.2.0/24       RIP     100 1           192.168.23.2    GE0/1
172.16.3.0/24       RIP     100 1           192.168.23.2    GE0/1
192.168.12.0/24     RIP     100 1           192.168.13.1    GE0/0
                                            192.168.23.2    GE0/1
...
<R3>
```

可以看到 R3 通过 RIP 协议学习到了 10.1.1.0/24、10.1.2.0/24、10.1.3.0/24、172.16.1.0/24、172.16.2.0/24、172.16.3.0/24、192.168.12.0/24 七个网络的路由信息。

其中到达 10.1.1.0/24、10.1.2.0/24、10.1.3.0/24 三个网络的下一跳 IP 地址为 R1 的 192.168.13.1，路由代价值均为 1。

其中到达 172.16.1.0/24、172.16.2.0/24、172.16.3.0/24 三个网络的下一跳 IP 地址为 R2 的

192.168.23.2，路由代价值均为1。

其中到达192.168.12.0/24的下一跳为R1的192.168.13.1和R2的192.168.23.2，这是因为从R3到达192.168.12.0/24网络存在两条路径，而且两条路由代价值均相同为1，这是两条等价路由。

4. 路由器RIP协议自动汇总配置

分别在R1、R2上配置自动汇总。

```
[R1]rip 1
[R1-rip-1]summary
[R2]rip 1
[R2-rip-1]summary
```

在R3上经过一段RIP收敛时间后，然后查看自动汇总结果如下。

其中10.1.1.0/24、10.1.2.0/24、10.1.3.0/24自动汇总成为10.0.0.0/8。

其中172.16.1.0/24、172.16.2.0/24、172.16.3.0/24自动汇总成为172.16.0.0/16。

```
<R3>display ip routing-table protocol rip
...
```

Destination/Mask	Proto	Pre Cost	NextHop	Interface
10.0.0.0/8	RIP	100 1	192.168.13.1	GE0/0
172.16.0.0/16	RIP	100 1	192.168.23.2	GE0/1
192.168.12.0/24	RIP	100 1	192.168.13.1	GE0/0
			192.168.23.2	GE0/1

```
...
<R3>
```

5. 配置RIP发布默认路由

假设R1、R2都是通过R3接入Internet，在R3上通过RIP协议发布默认路由，使得R1、R2前往Internet的流量都流向R3。

① R3上配置默认路由，并设置路由代价值为5。

```
[R3]rip 1
[R3-rip-1]default-route only cost 5
\\发布默认路由并设定路由代价值为5。
```

② R1上查看到默认路由0.0.0.0/0指向R3的192.168.13.3，同时路由代价值为5。

```
<R1>display ip routing-table protocol rip
...
```

Destination/Mask	Proto	Pre Cost	NextHop	Interface
0.0.0.0/0	RIP	100 5	192.168.13.3	GE0/0
172.16.0.0/16	RIP	100 1	192.168.12.2	Ser1/0
192.168.23.0/24	RIP	100 1	192.168.12.2	Ser1/0
			192.168.13.3	GE0/0

```
...
<R1>
```

③ R2上查看到默认路由0.0.0.0/0指向R3的192.168.23.3，同时路由代价值为5。

```
<R2>display ip routing-table protocol rip
...
Destination/Mask    Proto    Pre Cost    NextHop         Interface
0.0.0.0/0           RIP      100 5       192.168.23.3    GE0/0
10.0.0.0/8          RIP      100 1       192.168.12.1    Ser1/0
192.168.13.0/24     RIP      100 1       192.168.12.1    Ser1/0
...
<R2>
```

6. RIP 协议优化配置

① 配置 RIPv2 协议的认证。在安全性要求较高的网络环境中,可以配置 RIP 协议的认证方式进行安全性验证,如下分别在 R1、R2 的 S1/0 接口上配置 RIP 的验证,验证通过才能从对方学习到路由。

```
[R1]interface Serial 1/0
[R1-Serial1/0]rip authentication-mode simple plain helloh3c
[R1-Serial1/0]
\\RIP 验证为简单密码 helloh3c。
[R2]interface Serial 1/0
[R2-Serial1/0]rip authentication-mode simple plain helloh3c
[R2-Serial1/0]
```

② 配置 RIP 路由优先级。在路由器中可能会运行多个 IGP 路由协议,如果想让 RIP 路由具有比从其他路由协议学来的路由更高的优先级,需要配置小的优先级值。优先级的高低将最后决定 IP 路由表中的路由是通过哪种路由算法获取的最佳路由。

```
[R1]rip 1
[R1-rip-1]preference 50
\\配置 RIP 的路由优先级为 50,H3C 路由器默认情况下路由优先级为 100。
```

③ 配置接口工作在抑制状态,即接口只接收 RIP 报文而不发送 RIP 报文。

```
[R1]rip 1
[R1-rip-1]silent-interface GigabitEthernet 0/1
[R1-rip-1]silent-interface GigabitEthernet 0/2
[R1-rip-1]silent-interface GigabitEthernet 5/0
[R1-rip-1]
```

④ 配置水平分割。配置水平分割可以使得从一个接口学到的路由不能通过此接口向外发布,用于避免相邻路由器间的路由环路。

```
[R1]interface Serial 1/0
[R1-Serial1/0]rip split-horizon
\\在 S1/0 接口启动水平分割功能,H3C 路由器默认情况下水平分割功能处于启动状态。
```

⑤ 配置 RIP 工作的时间。包括路由更新时间(update)、路由老化时间(timeout)、路由抑制时间(suppress)、路由清空时间(garbage-collect),H3C 路由器默认情况下,Garbage-collect 为 120 秒,Suppress 为 120 秒,Timeout 为 180 秒,Update 为 30 秒。

```
[R1]rip 1
[R1-rip-1]timers ?
  garbage-collect    Garbage-collect timer
  suppress           Suppress timer
  timeout            Timeout timer
  update             Update timer
[R1-rip-1]
```

项目 16　OSPF 协议

16.1　OSPF 概述

1．OSPF 简介

OSPF 是开放式最短路由优先协议（open shortest path first）的英文缩写。

在 20 世纪 80 年代末期，随着互联网络的不断扩张，距离矢量路由协议的不足变得越来越明显，比如 RIP 协议的主要不足在以下几个方面体现出来。

由于 RIP 的更新机制，包含对每台路由器整个路由表的周期性发送，在一个大型的自治系统中会消耗可观的网络带宽。

由于 RIP 最多只能支持网络之间 15 个跳数，限制了网络的规模。

由于 RIP 计算最佳路径时只考虑最小跳数，而不考虑网络的带宽、可靠性和延迟等因素，造成 RIP 选择的路径不见得是最优的路径。

由于 RIP 只向自己的邻居路由器发送路由更新消息，这样造成当网络拓扑发生变化的时候，收敛非常慢，在收敛的时间内由于路由信息的不协调可能会造成路由自环的问题。

在这样背景环境中，用于单一自治系统的内部网关路由协议 OSPF 协议出现了，与 RIP 相比较，OSPF 与 RIP 主要有下面三个方面的要点差异。

① 运行 OSPF 的路由器向本自治系统中同一区域的所有的路由器发送 LSA 链路状态通告（link state advertisement），也就是路由器通过所有的本地接口向所有相邻的路由器发送 LSA，而每一个相邻路由器又再将此信息发往其所有的相邻路由器，这样，最终整个区域中所有的路由器都得到了这个消息的一个副本。而 RIP 只是发给自己的邻居路由器。

② OSPF 发送的 LSA 就是本路由器所有接口的链路状态，包含有 IP 网络、链路代价等信息，即 OSPF 是链路状态路由协议，而 RIP 是距离矢量路由协议，RIP 仅仅是判断所经过的路由器个数。链路状态路由选择算法决定最优路径不是简单地判断最小跳数，而是根据链路的带宽。

这里说明一下 OSPF 的路由代价值，其计算方法为 1000 Mbps 除以链路带宽，如对于 1000 Mbps 的 GigabitEthernet 接口，则路由代价值为 1，如对于 64 kbps 的 Serial 接口，则代价为 1562，如对于路由器的 Loopback 接口则路由代价值为 0。

OSPF 路由代价值的计算如图 16-1 所示。

③ OSPF 协议只有当链路状态发生变化时，路由器才向所有其他路由器发送 LSA，而不像 RIP 那样，不管网络拓扑有无变化，都要周期性发送路由信息。

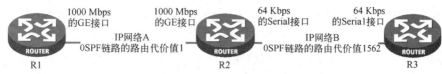

图 16-1　OSPF 路由代价值

总体上说，运行 OSPF 协议的路由器首先收集其所在网络区域上各路由器的 LSA，从而生成链路状态数据库（link state dataBase，LSDB），路由器因此了解了整个网络的拓扑状况，然后 OSPF 路由器利用最短路径优先 SPF 算法，独立地计算出到达每一个 IP 网络的路由，当网络拓扑结构发生变化的时候，运行 OSPF 协议的路由器迅速发出 LSA，通知到网络中同区域的所有路由器，从而使得所有的路由器更新自己的 LSDB，每台路由器根据 SPF 算法重新计算到达每一个 IP 网络的最佳路由，从而更新自己的路由表。图 16-2 表示了 OSPF 的简单工作流程。

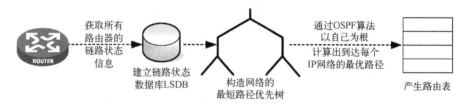

图 16-2　OSPF 的简单工作流程

2．OSPF 的特点

（1）适应范围

支持各种规模的网络，最多可支持几百台路由器，同时 OSPF 也支持可变长子网掩码 VLSM。

（2）快速收敛

在网络的拓扑结构发生变化后，能够立即发送链路状态的更新报文，使这一变化在自治系统中同步，当网络拓外改变后迅速收敛，协议带来的网络开销很小。

（3）无自环

由于 OSPF 根据收集到的链路状态用最短路径树算法计算路由，从算法本身保证了不会生成路由自环。

（4）区域划分

允许自治系统的 IP 网络被划分成区域来管理，从而减少了占用的网络带宽。

（5）支持验证

支持基于区域和接口的 OSPF 验证，以保证路由协议的安全性，也可以防止对路由器、路由协议的攻击行为。

16.2　OSPF 报文、区域和网络类型

目前针对 IPv4 协议使用的是 OSPF 版本为 Version 2。

OSPF 协议是一个传输层的协议，也就是 OSPF 协议并不经过 TCP 或 UDP 的封装，而是直接封装在 IP 数据包中，IP 数据包首部的协议字段值为 89 就意味着上层协议为 OSPF 协议，在 IP 封装的首部，目的 IP 地址可以使用单播地址或组播地址 224.0.0.5 或组播地址 224.0.0.6，源 IP 地址为发送 OSPF 报文的路由器接口的 IP 地址，OSPF 报文的封装结构如图 16-3 所示。

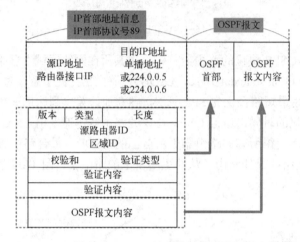

图 16-3　OSPF 报文的封装结构

1. OSPF 报文首部

OSPF 报文首部结构如图 16-3 所示，其中 OSPF 首部固定大小为 24 字节，各字段的含义如下。

版本，4 位，OSPF 的版本号。目前针对 IPv4 协议使用的是 OSPF Version 2。

类型，4 位，OSPF 报文的类型。数值从 1 到 5，用来表明不同的 OSPF 报文的类型，如表 16-1 所示。OSPF 报文类型不同，OSPF 的报文内容也不相同。

表 16-1　OSPF 报文类型

类型字段值	类　　　型
1	问候 Hello 报文（hello）
2	数据库描述 DBD 报文（database description）
3	链路状态请求 LSR 报文（link state request）
4	链路状态更新 LSU 报文（link state update）
5	链路状态确认 LSAck 报文（link state acknowledge）

长度，8 位，OSPF 报文的总长度。

源路由器 ID，32 位，发送此 OSPF 报文的路由器 ID（Router-id）。

在 OSPF 协议的运行中，Router-id 用于标识 OSPF 作用范围的每一台路由器。这个编号在整个自治系统内部是唯一的，因此在 OSPF 协议运行中 Router-id 的确定非常重要，而且 Router-id 一旦确定，为了保证 OSPF 的稳定运行，除非 OSPF 进程重启等情况，Router-id 都不会改变。

H3C 路由器在 OSPF 协议运行中路由器 ID 的确定优先级如下。

最高优先级：在 OSPF 进程中配置的 Router-id。配置命令如下，10 为 OSPF 进程编号，

1.1.1.1 为指定的 Router-id。

[H3C]ospf 10 router-id 1.1.1.1

第二优先级：在系统视图下配置的 Router-id。配置命令如下。

[H3C]router-id 2.2.2.2

第三优先级：如果存在配置 IP 地址的 Loopback 接口，则选择 Loopback 接口地址中最大的作为 Router-id，之所以选择 Loopback 接口是因为 Loopback 接口不会出现 Down 的状态。

最低优先级：如果没有配置 IP 地址的 Loopback 接口，则从物理接口的 IP 地址中选择最大的 IP 地址作为 Router-id。

区域 ID，32 位，发送此 OSPF 报文的路由器所在的区域 ID。关于 OSPF 区域的问题后续内容介绍。

校验和，8 位，对整个 OSPF 报文的校验和。

验证类型，8 位，从安全性角度来考虑，为了避免路由信息外泄或者 OSPF 路由器受到恶意攻击，OSPF 提供报文验证功能。在发送的 OSPF 报文中携带配置的口令，接收报文时进行密码验证，只有通过验证的 OSPF 报文才能接收。

验证内容，32 位，其数值根据验证类型而定。

2．OSPF 五种类型报文的基本工作

五种类型的 OSPF 报文主要功能如下。

① Hello 报文：周期性发送，用来发现和维持 OSPF 的邻居关系。

② DBD 报文：描述了本地链路状态数据库 LSDB 中每一条 LSA 的摘要信息。

③ LSR 报文：向对方请求所需的 LSA。两台路由器互相交换 DBD 报文之后，得知对端的路由器有哪些 LSA 是本地的 LSDB 所缺少的，这时需要发送 LSR 报文向对方请求所需的 LSA。

④ LSU 报文：向对方发送其所需要的 LSA。

⑤ LSAck 报文：用来对收到的 LSA 进行确认。

五种类型的 OSPF 报文工作流程如图 16-4 所示。

假设 RA 的链路状态数据库 LSDB 中有三条链路状态通告 LSA1、LSA2、LSA3，RB 的链路状态数据库 LSDB 中有两条链路状态通告 LSA1、LSA2，双方先通过 Hello 报文来相互确定邻居关系和可达性，然后 RA 向 RB 发送 DBD 报文描述本地 LSDB 中有 LSA1、LSA2、LSA3，RB 向 RA 发送 DBD 报文描述本地 LSDB 中有 LSA1、LSA2，通过相互的 DBD 报文 RB 了解到自己缺少 LSA3，RB 向 RA 发送 LSR 报文请求 LSA3，RA 收到请求之后回复 LSU 报文，把 LSA3 发送给 RB，RB 收到之后再进行 LSAck 应答。当双方的 LSDB 达到一致的时候，我们称为 OSPF 的 LSDB 同步。

在 OSPF 中，邻居（Neighbor）和邻接（Adjacency）是两个不同的概念。OSPF 协议启动后，会通过接口向外发送 Hello 报文，收到 Hello 报文的路由器会检查报文中所定义的参数，如果双方一致就会形成邻居关系。只有当双方成功交换 DBD 报文、交换 LSA 并达到 LSDB 同步之后，才形成邻接关系。

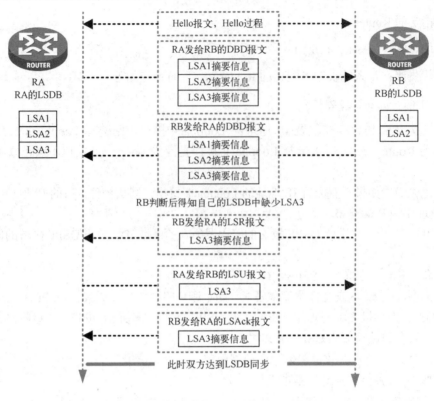

图 16-4　五种类型 OSPF 报文的基本操作

3. OSPF 区域

OSPF 可以支持大规模网络，然而支持大规模网络是一件非常复杂的事情，接下来看看如果大规模网络中使用 OSPF 协议可能存在的一些问题。

首先，在大规模的网络中存在数量众多的路由器，会生成很多 LSA，根据 LSA 所构建的 LSDB 会非常大，而过大的 LSDB 会增大网络中路出器的存储压力。

其次，由于庞大的网络出现故障的可能性增加，如果一台路由器的链路状态发生变化就可能造成整个网络中所有路由器的 SPF 重新计算，这样就会造成路由器的 CPU 负担增大。

在大型网络中出现以上的问题所造成的灾难是无法想象的。为了解决这些问题，OSPF 提出了区域的概念，也就是将运行 OSPF 协议的路由器分成若干个区域，缩小可能出现问题的范围，不同类型的 LSA 会在不同的区域发布。这样，既减少了 LSDB 的大小，也减轻了单个路由器故障对网络整体的影响，当网络拓扑发生变化时，可以大大加速路由网络收敛过程。

区域是在自治系统内部，由网络管理员人为划分的，并使用区域 ID 进行标识。OSPE 区域 ID 长度 32 位，可以使用十进制数的格式来定义，如区域 0，也可以使用 IP 地址的格式，如区域 0.0.0.0。

OSPF 规定，如果划分了多个区域，那么必须有一个区域 0，称为骨干区域，所有的其他区域需要与骨干区域相连，这么做的目的是实现所有的路由信息都汇总到区域 0 以后，再分发到其他区域中去。

OSPF 路由器根据在自治系统 AS 中区域的不同位置，如图 16-5 所示，可以分为以下四类。

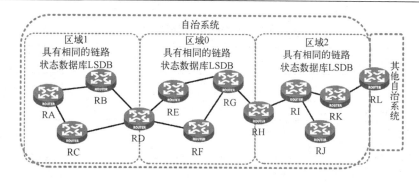

图 16-5 OSPF 的区域

① 区域内路由器（internal router），该类路由器的所有接口都属于同一个 OSPF 区域。如图中的路由器 RA、RB、RC 为区域 1 内路由器，拥有相同的区域 1 的 LSDB。

② 区域边界路由器（area border router，ABR），该类路由器可以同时属于两个以上的区域，但其中一个必须是骨干区域。ABR 用来连接骨干区域和非骨干区域，它与骨干区域之间既可以是物理连接，也可以是逻辑上的连接，如图中的路由器 RD、RH。ABR 路由器拥有所连接区域的所有 LSDB，如 RD 就拥有区域 0 和区域 1 的 LSDB。

③ 骨干路由器（backbone router），该类路由器至少有一个接口属于骨干区域。因此，所有的 ABR 和位于 Area0 的内部路由器都是骨干路由器，如图中的路由器 RD、RE、RF、RG、RH。

④ 自治系统边界路由器（AS border router，ASBR），与其他 AS 交换路由信息的路由器称为 ASBR。该路由器处于自治系统边界，负责和自治系统外部交换路由信息，如图中的路由器 RL。

其中 ABR、ASBR 都是由 OSPF 协议自动判断，ASBR 必须位于 NSSA 区域，关于 NSSA 区域的内容后续介绍。

4．OSPF 的网络类型

OSPF 可以运行在多种网络介质和网络拓扑结构下。OSPF 为了优化协议运行，根据链路层协议类型将网络分为下列四种类型，同时，针对不同类型的网络进行不同的配置。

① 广播类型 Broadcast。当数据链路层协议是以太网、FDDI 时，默认情况下 OSPF 认为网络类型是 Broadcast。在该类型的网络中，通常以组播形式发送 Hello 报文、LSU 报文和 LSAck 报文，以单播形式发送 DBD 报文和 LSR 报文。

② 非广播多路访问类型（non broadcast multi-access，NBMA）。当数据链路层协议是帧中继、ATM 或 X.25 时，默认情况下 OSPF 认为网络类型是 NBMA。在该类型的网络中，以单播形式发送 OSPF 报文。

③ 点到多点类型（point to multipoint，P2MP）。没有一种数据链路层协议会被默认的认为是 P2MP 类型。P2MP 必须是由其他的网络类型强制更改的，常用做法是将 NBMA 网络改为 P2MP 网络。在该类型的网络中，默认情况下以组播形式发送 OSPF 报文。

④ 点到点类型（point to point，P2P）。当数据链路层协议是 PPP、HDLC 时，默认情况下 OSPF 认为网络类型是 P2P。在该类型的网络中，以组播形式发送 OSPF 报文。

表 16-2 是四种 OSPF 网络类型的对比。

表 16-2　OSPF 网络类型的对比

OSPF 网络类型	数据链路层协议	OSPF 五种报文的发送	Hello 时间	是否选举 DR/BDR
Broadcast	以太网、FDDI	组播形式发送 Hello 报文、LSU 报文和 LSAck 报文，单播形式发送 DBD 报文和 LSR 报文	10 秒	是
NBMA	帧中继、ATM 或 X.25	单播形式发送五种 OSPF 协议报文	30 秒	是
P2MP	NBMA 网络改为 P2MP 网络	组播形式发送五种 OSPF 协议报文	30 秒	否
P2P	PPP、HDLC	组播形式发送五种 OSPF 协议报文	10 秒	否

16.3　OSPF 的 LSA 类型和路由类型

OSPF 对链路状态信息的描述是封装在链路状态通告（link state advertisement，LSA）中发布出去的，LSDB 中存储的也是 LSA 信息，在 OSPF 的各种区域中能够传输的 LSA 也是不一样的，因此学习 LSA 的类型对于掌握 OSPF 的工作非常重要。常用的 LSA 有以下几种类型。

1．Router LSA（类型 1），路由器 LSA

由每个路由器产生，描述本区域内部与路由器直连的链路的信息（包括链路类型、代价值等），仅在本区域内传播。

查看本地 LSDB 中类型 1 的 LSA 的命令如下。

<H3C>display ospf lsdb router
\\查看 LSDB 中类型 1 的 LSA。

2．Network LSA（类型 2），网络 LSA

由指定路由器（designative router，DR）产生，描述其在该网络上连接的所有路由器以及 IP 网段、掩码信息等，只在本区域内传播，这种类型的 LSA 只在 Broadcast 类型网络或 NBMA 类型网络中出现，以太网就属于 Broadcast 类型网络。

查看本地 LSDB 中类型 2 的 LSA 的命令如下。

<H3C>display ospf lsdb network
\\查看 LSDB 中类型 2 的 LSA。

在 Broadcast 类型和 NBMA 类型网络中，任意两台路由器之间都要交换路由信息。如果网络中有 n 台路由器，则需要建立 $n(n-1)/2$ 个邻接关系。这使得任何一台路由器的路由变化都会导致多次传递，浪费了带宽资源。如图 16-6 所示，为解决这一问题，OSPF 提出了指定路由器 DR 的概念，所有路由器只将 LSA 发送给 DR，由 DR 将 LSA 汇总后发送出去。另外，OSPF 也提出了备份指定路由器（backup designative router，BDR）的概念。BDR 是对 DR 的一个备份，在选举 DR 的同时也选举 BDR，BDR 也和本网段内的所有路由器建立邻接关系并交换 LSA。当 DR 失效后，BDR 会立即成为新的 DR。

OSPF 网络中，既不是 DR 也不是 BDR 的路由器为 DROther。DROther 仅与 DR 和 BDR 建立邻接关系，DROther 之间不交换任何路由信息。这样就减少了 Broadcast 类型和 NBMA 类型网络上各路由器之间邻接关系的数量，同时减少网络流量，节约了带宽资源。

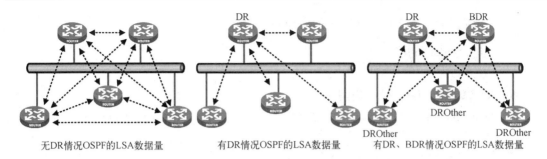

图 16-6　存在 DR、BDR 可以减少 LSA 数据量

DR/BDR 是由同一网段中所有的路由器根据路由器优先级和 Router-id，通过 Hello 报文选举出来的，只有优先级大于 0 的路由器才具有选举资格，如果优先级等于 0 则不参加 DR/BDR 的选举。

进行 DR/BDR 选举时，路由器优先级高的路由器将被选举成为 DR。H3C 路由器优先级默认为 1，最大为 255，在路由器优先级相同的情况下，具有最大 Router-id 的路由器将成为 DR。DR/BDR 选举完毕后，为了保持 LSDB 的稳定，即使网络中加入一台具有更高优先级的路由器，也不会重新进行选举。需要注意的是，只有在 Broadcast 类型或 NBMA 类型网络中才会选举 DR/BDR，在 P2P 或 P2MP 网络中不需要选举 DR/BDR。

DR 是针对路由器的接口而言的，某台路由器在一个接口上可能是 DR，在另一个接口上有可能是 BDR，或者是 DROther。因此 OSPF 的路由器优先级是在接口下配置完成，如下所示。

```
[H3C]interface GigabitEthernet 0/0
[H3C-GigabitEthernet0/0]ospf dr-priority ?
  INTEGER<0-255>　　Router priority
```

3．Network Summary LSA（类型 3），网络汇总 LSA

由区域边界路由器 ABR 产生，描述所连接区域内部某个 IP 网段的路由，并通告给其他区域。

查看本地 LSDB 中类型 3 的 LSA 的命令如下。

```
<H3C>display ospf lsdb summary
\\查看 LSDB 中类型 3 的 LSA。
```

4．ASBR Summary LSA（类型 4），自治系统边界路由器汇总 LSA

由区域边界路由器 ABR 产生，描述到达自治系统边界路由器 ASBR 的路由，通告给相关区域。

查看本地 LSDB 中类型 4 的 LSA 的命令如下。

```
<H3C>display ospf lsdb asbr
\\查看 LSDB 中类型 4 的 LSA。
```

5．AS External LSA（类型 5），自治系统扩展 LSA

由自治系统边界路由器 ASBR 产生，描述到自治系统 AS 外部的路由，通告到所有的区域（除了 Stub 区域和 NSSA 区域）。

查看本地 LSDB 中类型 5 的 LSA 的命令如下。

    \<H3C\>display ospf lsdb ase
    \\\查看 LSDB 中类型 5 的 LSA。

6．NSSA External LSA（类型 7）

由 NSSA（not-so-stubby area）区域内的 ASBR 产生，描述到 AS 外部的路由，仅在 NSSA 区域内传播。

查看本地 LSDB 中类型 7 的 LSA 的命令如下。

    \<H3C\>display ospf lsdb nssa
    \\\查看 LSDB 中类型 7 的 LSA。

在以上的各种类型 LSA 中，前五种类型 LSA 是 OSPF 网络中最常见的，我们需要对这些类型 LSA 进行深入了解。表 16-3 对这些类型 LSA 的生成、用途、LSA 内容和传播范围进行了对比。

表 16-3　常见五种 LSA 的对比

类型	名　称	生　成	用　途	LSA 内容	传播范围
1	Router LSA	每台路由器	描述了路由器的链路状态和代价值	拓扑信息和路由信息	某个区域内
2	Network LSA	DR	描述本网段的链路状态	拓扑信息和路由信息	某个区域内
3	Network Summary LSA	ABR	描述到区域间某一网段的路由	区域间路由信息	区域之间
4	ASBR Summary LSA	ABR	描述到 ASBR 的路由	ASBR 的 Router-id	区域之间
5	AS External LSA	ASBR	描述到 AS 外部的路由	AS 外部路由信息	所有区域

以下通过图 16-7 来理解这五种 LSA 的传播范围。

图中有两个自治系统，其中自治系统 500 中有三个区域，分别是区域 0、区域 1、区域 2，区域 0 为骨干区域。

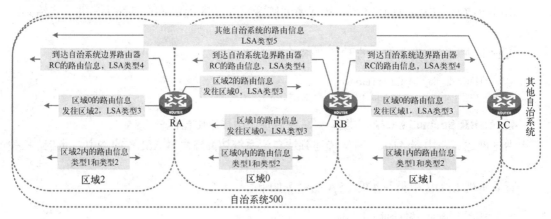

图 16-7　五种常见 LSA 的理解

每个区域内传播的是 LSA 类型 1 和 LSA 类型 2，其中类型 2 的 LSA 只有区域内存在 Broadcast 类型网络或 NBMA 类型网络才会出现。通过这两种类型 LSA 的传播，区域 0 内的路由器就获知了本区域 0 内的所有 IP 网络的路由信息，区域 1 内的路由器就获知了本区域 1

内的所有 IP 网络的路由信息，区域 2 内的路由器就获知了本区域 2 内的所有 IP 网络的路由信息。

而区域间的路由信息是由 ABR 通过 LSA 类型 3 发出，例如 RA 作为区域 0 与区域 2 的区域边界路由器 ABR，把区域 0 的路由信息发送到区域 2、把区域 2 的路由信息发送到区域 0，RB 作为区域 0 与区域 1 的区域边界路由器 ABR，把区域 1 的路由信息发送到区域 0、把区域 0 的路由信息发送到区域 1，这样实现了所有区域的路由信息都汇总到了区域 0，然后由区域 0 分发到其他区域，因此在区域 0 内就有了区域 1、区域 2 的路由信息，区域 1 就有了区域 0、区域 2 的路由信息，区域 2 就有了区域 0、区域 1 的路由信息。

而为了实现自治系统中每个区域都能去往其他自治系统，因此 RA 把去往自治系统边界路由器 ASBR 的 RC 的 Router-id，通过 LSA 类型 4 发送到区域 2 中，RB 把去往 ASBR 的 RC 的 Router-id 通过 LSA 类型 4 发送到区域 0 中，因此区域 0、区域 1、区域 2 就知道了去往 ASBR 的 RC 的路由。

而其他自治系统的路由信息，由作为 ASBR 的 RC 通过 LSA 类型 5 发送到了区域 2、区域 0、区域 1 中，那么区域 0、区域 1、区域 2 中的路由器就有了其他自治系统的路由信息。

通过以上的介绍，我们可以了解到在 OSPF 的区域中可能存在这样的问题，比如区域 2 中的路由器，不但有区域 2 的路由信息，还有区域 0 的路由信息、区域 1 的路由信息，同时还有去往 ASBR 的 RC 的路由信息、其他自治系统的路由信息，这样会造成区域 2 中的路由器路由表极度庞大。

因此为了解决这个问题，在 OSPF 中定义了末梢区域，即 Stub 区域。Stub 区域是一种特定的区域，Stub 区域只能在非骨干区域中配置，类型 4、类型 5 的 LSA 不在 Stub 区域里传播，例如图 16-8 中把区域 2 设置为 Stub 区域，那么区域 2 中就不会传播类型 4、类型 5 的 LSA，因此区域 2 中的路由器就不会学习到去往 ASBR 的 RC 的路由信息、不会学习到其他自治系统的路由信息。同时为保证区域 2 到自治系统外的路由依旧可达，作为区域 2 的 ABR 的 RA 将生成一条默认路由 0.0.0.0/0 类型 3 的 LSA，发布给区域 2 中的其他路由器。Stub 区域中类型 3 的 LSA 仍然可以传播，因此区域 2 中的路由器还是可以学习到区域 0、区域 1 里的路由信息。

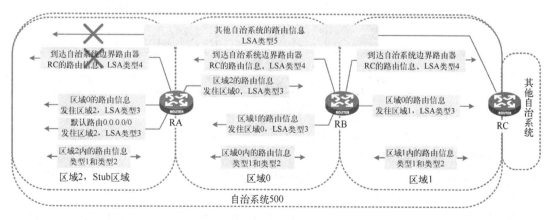

图 16-8　Stub 区域的理解

为了进一步减少 Stub 区域中路由器的路由表规模及 LSA 数量，又提出了完全 Stub 区域，即 Totally Stub 区域，如图 16-9 所示，把区域 2 配置为 Totally Stub 区域，那么区域 2 中就不会传播类型 3、类型 4、类型 5 的 LSA，因此区域 2 中的路由器就不会学习到去往 ASBR 的 RC 的路由信息、不会学习到其他自治系统的路由信息、不会学习到其他区域的路由信息。同时为保证区域 2 到自治系统外的路由依旧可达、到其他区域的路由依旧可达，作为区域 2 的 ABR 的 RA 将生成一条默认路由 0.0.0.0/0 类型 3 的 LSA，发布给区域 2 中的其他路由器。

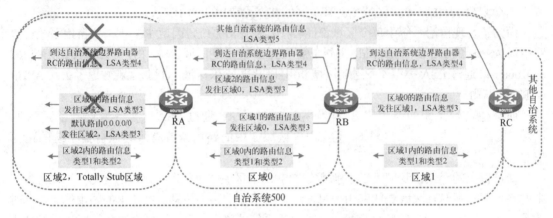

图 16-9　Totally Stub 区域的理解

如果把区域 2 分别作为普通区域、Stub 区域、Totally Stub 区域，它们的对比如表 16-4 所示。

表 16-4　普通区域、Stub 区域、Totally Stub 区域的对比

区域 2	传输的 LSA	不传输的 LSA	区域 2 内路由器具有路由信息
普通区域	类型 1 类型 2 类型 3 类型 4 类型 5		区域 0 路由信息 区域 1 路由信息 区域 2 路由信息 ASBR 的路由信息 自治系统外部路由信息
Stub 区域	类型 1 类型 2 类型 3	类型 4 类型 5	区域 0 路由信息 区域 1 路由信息 区域 2 路由信息 指向 ABR 的 RA 的默认路由
Totally Stub 区域	类型 1 类型 2	类型 3 类型 4 类型 5	区域 2 路由信息 指向 ABR 的 RA 的默认路由

下面再介绍一下非绝对末梢区域，即 NSSA（not so stub area）区域，NSSA 是 Stub 区域的变形，自治系统边界路由器 ASBR 必须位于 NSSA 区域，NSSA 区域也不传输类型 4、类型 5，但是 NSSA 区域允许通过类型 7 的 LSA 引入自治系统外部路由，由 ASBR 发布类型 7 的 LSA 通告给本区域。当类型 7 的 LSA 到达 NSSA 的 ABR 时，由 ABR 将类型 7 的 LSA 转换成类型 5 的 LSA，传播到其他区域。

如图 16-10 所示，区域 1 设置为 NSSA 区域，那么作为自治系统边界路由器 ASBR 的 RC 把自治系统外部路由通过类型 7 的 LSA 发布到区域 1 中，当这个类型 7 的 LSA 到达 ABR 的

RB 时,RB 把类型 7 的 LSA 转换为类型 5 的 LSA 传播到其他区域。

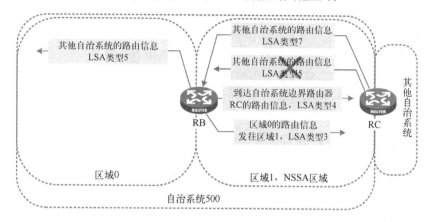

图 16-10 NSSA 区域的理解

还可以将区域 1 配置为完全非绝对末梢区域,即 Totally NSSA(完全 NSSA)区域,除了和 NSSA 区域一样,该区域的 ABR 还不会将区域间的路由信息传递到 NSSA。为保证到本自治系统的其他区域的路由依旧可达,该区域的 ABR 将生成一条默认路由类型 3 的 LSA,发布给 NSSA 区域中的其他非 ABR 路由器。

如图 16-11 所示,区域 1 设置为 Totally NSSA 区域,那么除了和 NSSA 区域一样以外,作为 ABR 的 RB 不会把其他区域的路由信息发布到区域 1 中,为保证区域 1 与其他区域的路由可达,作为 ABR 的 RB 会生成一条默认路由类型 3 的 LSA,发布给区域 1 的所有路由器。

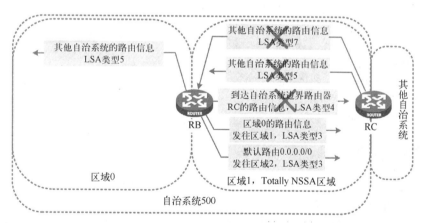

图 16-11 Totally NSSA 区域的理解

16.4 OSPF 的优化配置

1. 配置 OSPF 路由聚合

路由聚合是指 ABR 或 ASBR 将具有相同前缀的路由信息聚合,只发布一条路由到其他区域。

（1）配置区域边界路由器（ABR）路由聚合

如果区域里存在一些连续的网段，则可以在 ABR 上配置路由聚合，将这些连续的网段聚合成一个网段，ABR 向其他区域发送路由信息时，以网段为单位生成类型 3 的 LSA。

（2）配置自治系统边界路由器（ASBR）对引入的路由进行聚合

ASBR 引入外部路由后，每一条路由都会放在单独的一条类型 5 的 LSA 中向外宣告，通过配置路由聚合，路由器只把聚合后的路由放在类型 5 的 LSA 中向外宣告，减少了 LSDB 中 LSA 的数量。

以下以 ABR 路由聚合为例进行配置介绍。

如图 16-12 所示，区域 1 中有 172.16.1.0/24、172.16.2.0/24、172.16.3.0/24、172.16.4.0/24 四个连续的 IP 网段，如果不进行路由聚合，则 R2 的路由表上会出现区域 1 的四个 IP 网段，如果在 R1 上把这四个连续的 IP 网段进行聚合以后发布，则 R2 的路由表中只有一条 172.16.0.0/24 的路由信息。

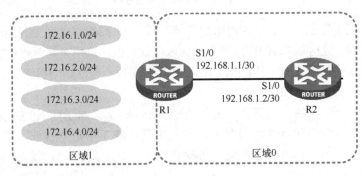

图 16-12 ABR 上的路由聚合

R1 的配置内容如下。

```
[R1]interface Serial 1/0
[R1-Serial1/0]ip address 192.168.1.1 30
\\配置 R1 的 S1/0 接口 IP 地址。
[R1-Serial1/0]quit
[R1]ospf 10
\\配置 R1 的 OSPF 协议，进程编号 10。
[R1-ospf-10]area 1
\\配置 R1 的 area1。
[R1-ospf-10-area-0.0.0.1]abr-summary 172.16.0.0 16
\\配置 ABR 路由聚合，聚合为 172.16.0.0/16 的 IP 网络。
[R1-ospf-10-area-0.0.0.1]quit
[R1-ospf-10]area 0
\\配置 R1 的区域 0。
[R1-ospf-10-area-0.0.0.0]network 192.168.1.0 0.0.0.3
\\在指定网段 192.168.1.0 上启用 OSPF 协议，0.0.0.3 为通配符掩码。
```

R2 的配置内容如下。检查 R2 的路由表中有一条聚合的 172.16.0.0/16 的聚合路由。

```
[R2]interface Serial 1/0
```

```
[R2-Serial1/0]ip address 192.168.1.2 30
[R2-Serial1/0]quit
[R2]ospf 10
[R2-ospf-10]area 0
[R2-ospf-10-area-0.0.0.0]network 192.168.1.0 0.0.0.3
[R2-ospf-10-area-0.0.0.0]display ip routing-table protocol ospf
…
Destination/Mask    Proto      Pre   Cost        NextHop        Interfacc
172.16.0.0/16       O_INTER    10    1563        192.168.1.1    Ser1/0
…
[R2-ospf-10-area-0.0.0.0]
```

2．配置 OSPF 最大等价路由条数

如果到一个目的地有几条开销相同的路径，可以实现等价路由负载分担，IP 数据包在这几个链路上负载分担，以提高链路利用率。配置命令如下。

```
[R1]ospf 10
[R1-ospf-10]maximum load-balancing ?
    INTEGER<1-32>    Number of paths
[R1-ospf-10]maximum load-balancing 10
\\OSPF 最大等价路由条数可以支持 32 条，配置最大等价路由条数为 10 条。
```

3．配置 OSPF 协议的优先级

由于路由器上可能同时运行多个动态路由协议，就存在各个路由协议之间路由信息共享和选择的问题。系统为每一种路由协议设置一个优先级，在不同协议发现同一条路由时，优先级高的路由将被优先选择。默认情况下，OSPF 内部路由的优先级为 10，OSPF 外部路由的优先级为 150。配置命令如下。

```
[R1]ospf 10
[R1-ospf-10]preference ?
    INTEGER<1-255>    Preference value
    ase               Preference for ASE routes
    route-policy      Specify the routing policy
[R1-ospf-10]preference 50
\\配置 OSPF 内部路由的优先级为 50。
[R1-ospf-10]preference ase 200
\\配置 OSPF 外部路由的优先级为 200。
[R1-ospf-10]
```

4．配置 OSPF 引入外部路由

路由引入技术，又称为路由重分发技术。

如果在路由器上不仅运行 OSPF，还运行着其他路由协议，可以配置 OSPF 引入其他协议生成的路由，如 RIP、BGP、静态路由或者直连路由，将这些路由信息通过类型 5 的 LSA 或类型 7 的 LSA 向外公告。配置命令如下。

```
[R1]ospf 10
[R1-ospf-10]import-route ?
```

bgp	BGP routes
direct	Direct routes
isis	IS-IS routes
ospf	OSPF routes
rip	RIP routes
static	Static routes

\\在 OSPF 协议中可以引入 bgp 路由、直连 direct 路由、isis 路由、ospf 路由、rip 路由、static 路由等。在实训 17 的内容中有 OSPF 引入 RIP 路由的案例。

5. 配置 OSPF 时间参数

可以进入 OSPF 的路由器接口，配置 OSPF 的相关时间参数。

```
[R1]interface Serial 1/0
[R1-Serial1/0]ospf timer ?
    dead        Specify the interval after which a neighbor is declared dead
    hello       Specify the interval at which the interface sends hello packets
    poll        Poll Interval (on NBMA network)
    retransmit  Specify the interval at which the interface retransmits LSAs
[R1-Serial1/0]
```

关于 OSPF 的时间说明如下。

Hello 时间：接口向邻居发送 Hello 报文的时间间隔。

Poll 时间：路由器向状态为 down 的邻居路由器发送轮询 Hello 报文的时间间隔。

Dead 时间：在 Dead 时间内，如果接口没有收到邻居发送的 Hello 报文，则认为邻居失效。

Retransmit 时间：路由器向它的邻居通告一条 LSA 后，需要对方进行确认。若在 Retransmit 时间内没有收到对方的确认报文，就会向邻居重传这条 LSA。

实训 15　OSPF 单区域和接口验证配置

【实训任务】

通过本次实训任务，掌握 OSPF 协议的配置和命令，掌握 OSPF 协议配置结果的检查和验证，掌握 OSPF 协议的各个专业术语，如 Area、Router-ID、DB、BDR、Broadcast 类型网络、PTP 类型网络、类型 1 的 LSA、类型 2 的 LSA、Hello 时间等，同时，掌握 OSPF 接口验证的配置方法和命令。

【实训拓扑】

HCL 模拟器中添加五台路由器，分别是 R1、R2、R3、R4、R5，三台 VPC，分别是 VPC1、VPC2、VPC3，一台交换机 SW，共同构建一个 OSPF 区域 0。

为有效观察 DR、BDR 选举规则和结果，SW 暂时不用开机启动，等到各台路由器完成配置以后，按实训步骤再启动，否则会因为 R1、R4、R5 三台路由器配置顺序的问题，造成 DR/BDR 的结果与本实训内容结果分析不符。

在实训拓扑 area 0 中共有六个 IP 网络，分别是 172.16.1.0/24、172.16.2.0/24、172.16.3.0/24、10.1.1.0/30、10.1.1.4/30、192.168.1.0/24。

按照实训图 15-1 进行连线。各台设备 IP 地址规划如实训表 15-1 所示。

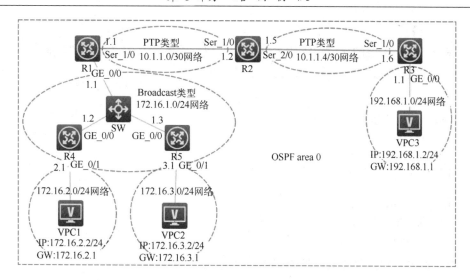

实训图 15-1　实训 15 拓扑图

实训表 15-1　实训 15 中各台设备规划

设 备 名 称	接　　口	IP 地址/子网掩码	连 接 对 端
R1	S1/0	10.1.1.1/30	R2-S1/0
	G0/0	172.16.1.1/24	SW 任意
	L0/0	1.1.1.1/32	作为 R1 的 Router-id
R2	S1/0	10.1.1.2/30	R1-S1/0
	S2/0	10.1.1.5/30	R3-S1/0
	L0/0	2.2.2.2/32	作为 R2 的 Router-id
R3	S1/0	10.1.1.6/30	R2-S2/0
	G0/0	192.168.1.1/24	VPC3
	L0/0	3.3.3.3/32	作为 R3 的 Router-id
R4	G0/0	172.16.1.2/24	SW 任意
	G0/1	172.16.2.1/24	VPC1
	L0/0	4.4.4.4/32	作为 R4 的 Router-id
R5	G0/0	172.16.1.3/24	SW 任意
	G0/1	172.16.3.1/24	VPC2
	L0/0	5.5.5.5/32	作为 R5 的 Router-id
VPC1	IP 地址 172.16.2.2/24，网关 172.16.2.1		R4-G0/1
VPC2	IP 地址 172.16.3.2/24，网关 172.16.3.1		R5-G0/1
VPC3	IP 地址 192.168.1.2/24，网关 192.168.1.1		R3-G0/0

在本实训中通过配置路由器的环回 Loopback 接口来作为路由器的 Router-id。

即配置环回接口的 IP 地址以后，R1 的 Router-id 为 1.1.1.1，R2 的 Router-id 为 2.2.2.2，R3 的 Router-id 为 3.3.3.3，R4 的 Router-id 为 4.4.4.4，R5 的 Router-id 为 5.5.5.5。

路由器的 Loopback 接口通常可以用作一台路由器的管理地址，可以用作 OSPF、BGP 协议的 Router-id，可以用作 BGP 建立 TCP 连接的源地址，还可以用作路由器的配置调试等。

【实训步骤】

1. 完成各台路由器的接口配置和 VPC 的 IP 地址配置，并保证相互的连通

R1 路由器接口配置如下，其他路由器接口配置命令略。

```
[R1]interface LoopBack 0
[R1-LoopBack0]ip address 1.1.1.1 32
[R1-LoopBack0]quit
[R1]interface Serial 1/0
[R1-Serial1/0]ip address 10.1.1.1 30
[R1-Serial1/0]quit
[R1]interface GigabitEthernet 0/0
[R1-GigabitEthernet0/0]ip address 172.16.1.1 24
[R1-GigabitEthernet0/0]quit
```

2. 分别在各台路由器完成以下 OSPF 协议配置

（1）R1 的 OSPF 协议配置

```
[R1]ospf 10
\\启动 OSPF 协议，进程编号 10，各台路由器上的 OSPF 进程编号可以不一样。
[R1-ospf-10]area 0
\\配置 OSPF 区域 0。
[R1-ospf-10-area-0.0.0.0]network 10.1.1.0 0.0.0.3
\\在指定网段 10.1.1.0 上启用 OSPF 协议，0.0.0.3 为通配符掩码。
[R1-ospf-10-area-0.0.0.0]network 172.16.1.0 0.0.0.255
```

（2）R2 的 OSPF 协议配置

```
[R2]ospf 10
[R2-ospf-10]area 0
[R2-ospf-10-area-0.0.0.0]network 10.1.1.0 0.0.0.3
[R2-ospf-10-area-0.0.0.0]network 10.1.1.4 0.0.0.3
```

（3）R3 的 OSPF 协议配置

```
[R3]ospf 10
[R3-ospf-10]area 0
[R3-ospf-10-area-0.0.0.0]network 10.1.1.4 0.0.0.3
[R3-ospf-10-area-0.0.0.0]network 192.168.1.0 0.0.0.255
```

（4）R4 的 OSPF 协议配置

```
[R4]ospf 10
[R4-ospf-10]area 0
[R4-ospf-10-area-0.0.0.0]network 172.16.1.0 0.0.0.255
[R4-ospf-10-area-0.0.0.0]network 172.16.2.0 0.0.0.255
```

（5）R5 的 OSPF 协议配置

```
[R5]ospf 10
[R5-ospf-10]area 0
[R5-ospf-10-area-0.0.0.0]network 172.16.1.0 0.0.0.255
```

[R5-ospf-10-area-0.0.0.0]network 172.16.3.0 0.0.0.255

3．查看路由表信息

启动 SW 交换机，当在各台路由器上出现"OSPF 10……changed from LOADING to FULL"的提示时，说明各台路由器的 LSDB 已经达到同步。此时，VPC1、VPC2、VPC3 之间均可以相互 ping 通。

同时在每台路由器上均可以看到实训拓扑图中的 6 个 IP 网络，以下为 R1 上的路由表信息，关于 R1 路由表中各个 IP 网络的代价值可自行计算。其他路由器路由表的查看情况略。

```
<R1>display ip routing-table
…
Destination/Mask    Proto      Pre   Cost      NextHop        Interface
10.1.1.0/30         Direct     0     0         10.1.1.1       Ser1/0
10.1.1.4/30         O_INTRA    10    3124      10.1.1.2       Ser1/0
172.16.1.0/24       Direct     0     0         172.16.1.1     GE0/0
172.16.2.0/24       O_INTRA    10    2         172.16.1.2     GE0/0
172.16.3.0/24       O_INTRA    10    2         172.16.1.3     GE0/0
192.168.1.0/24      O_INTRA    10    3125      10.1.1.2       Ser1/0
…
<R1>
```

其中 10.1.1.4/30、192.168.1.0/24、172.16.2.0/24、172.16.3.0/24 的路由来源为 O_INTRA，O_INTRA 表示 OSPF 区域内路由。

OSPF 将路由分为四类，分别是区域内路由（intra area）、区域间路由（inter area）、第一类外部路由（type1 external）、第二类外部路由（type2 external）。

区域内路由（intra area）描述的是 AS 的区域内部的路由信息，区域间路由（inter area）描述的是 AS 内部的区域之间的路由信息，外部路由则描述了应该如何选择到 AS 以外的路由信息。

4．在 R1 上查看 OSPF 接口信息

查看 Serial1/0 接口的 OSPF 信息如实训图 15-2 所示。

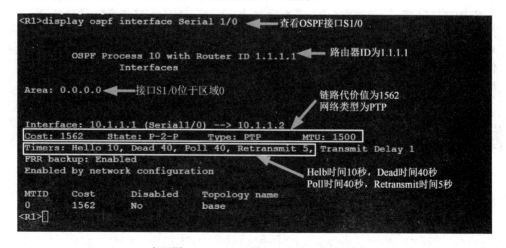

实训图 15-2　OSPF 的 Serial 接口查看结果

查看 G0/0 接口的 OSPF 信息如实训图 15-3 所示。

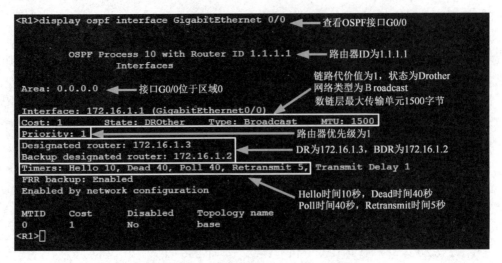

实训图 15-3　OSPF 的 GigabitEthernet 接口查看结果

5. 在 R1 上查看 OSPF 邻居情况

如实训图 15-4 所示。

Router-id 为 4.4.4.4 的邻居，IP 地址为 172.16.1.2，路由优先级为 1，LSDB 状态为同步 FULL，是 BDR 路由器。

Router-id 为 5.5.5.5 的邻居，IP 地址为 172.16.1.3，路由优先级为 1，LSDB 状态为同步 FULL，是 DR 路由器。

Router-id 为 2.2.2.2 的邻居，IP 地址为 10.1.1.2，路由优先级为 1，LSDB 状态为同步 FULL，PTP 链路不需要选举 DB 和 BDR。

在 172.16.1.0/24 网段中有 R1（Router-id 1.1.1.1）、R4（Router-id 4.4.4.4）、R5（Router-id 5.5.5.5），在选举 DR/BDR 的过程中，根据路由器优先级和 Router-id 进行选择，在路由器优先级相同的情况下，具有最大 Router-id 的路由器将成为 DR，因此 R5 作为了 DR。

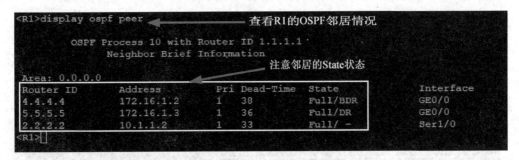

实训图 15-4　OSPF 的邻居查看结果

6. 查看 LSDB 情况

因为本实训为 OSPF 单区域，同时具有 OSPF 网络的 Broadcast 类型和 PTP 类型，并且 LSDB 已经达到同步，所以在实训拓扑图中的每一台路由器上查看 LSDB 都是一样的，并且只有 LSA 类型 1 和 LSA 类型 2，在 R1 上查看 LSDB 情况如实训图 15-5 所示。

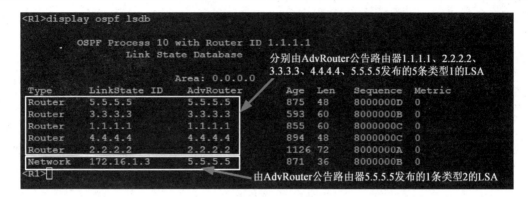

实训图 15-5 OSPF 的 LSDB 查看结果

即区域内每一台路由器都会发出一条类型 1 的 LSA，在 Broadcast 网络类型中由 DR 发布一条类型 2 的 LSA。

7. 配置 R1 与 R2 之间的 OSPF 接口验证

如果配置接口验证的密码不一致，则会造成 OSPF 的邻居关系 Down，从而无法从对端接口学习 OSPF 路由信息。

（1）R1 的接口 OSPF 验证配置

> [R1]interface Serial 1/0
> [R1-Serial1/0]ospf authentication-mode simple plain helloh3c

（2）R2 的接口 OSPF 验证配置

> [R2]interface Serial 1/0
> [R2-Serial1/0]ospf authentication-mode simple plain helloh3c

实训 16 OSPF 多区域和区域验证配置

【实训任务】

通过本次实训任务，掌握 OSPF 协议的配置和命令，掌握 OSPF 协议配置结果的检查和验证，掌握 OSPF 协议的各个专业术语，掌握类型 1、类型 3 的 LSA，同时，掌握 OSPF 区域验证的配置方法和命令。

【实训拓扑】

在 HCL 模拟器中添加五台路由器、两台 VPC，构建一个自治系统里面的三个 OSPF 区域，分别是 area 0、area 1、area 2。5 台路由器分别是 R1、R2、R3、R4、R5。2 台 VPC 分别是 VPC1、VPC2。

其中 R2 作为区域 2 与区域 0 的区域边界路由器 ABR，R4 作为区域 1 与区域 0 的区域边界路由器 ABR。

在实训拓扑 area 0 中共有 2 个 IP 网络，分别是 10.1.1.0/24、10.1.2.0/24。

在实训拓扑 area 1 中共有 2 个 IP 网络，分别是 172.16.1.0/24、172.16.2.0/24。

在实训拓扑 area 2 中共有 2 个 IP 网络，分别是 192.168.1.0/24、192.168.2.0/24。

然后按照实训图 16-1 进行连线。各台设备 IP 地址规划如实训表 16-1 所示。

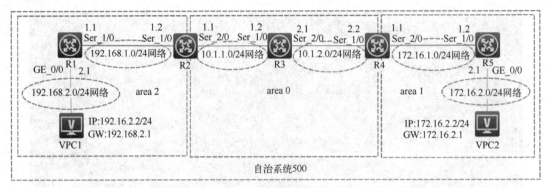

实训图 16-1　实训 16 拓扑图

实训表 16-1　实训 16 中各台设备规划

设 备 名 称	接　口	IP 地址/子网掩码	连 接 对 端
R1	S1/0	192.168.1.1/24	R2-S1/0
	G0/0	192.168.2.1/24	VPC1
R2	S1/0	192.168.1.2/24	R1-S1/0
	S2/0	10.1.1.1/24	R3-S1/0
R3	S1/0	10.1.1.2/24	R2-S2/0
	S2/0	10.1.2.1/24	R4-S1/0
R4	S1/0	10.1.2.2/24	R3-S2/0
	S2/0	172.16.1.1/24	R5-S1/0
R5	S1/0	172.16.1.2/24	R4-S2/0
	G0/0	172.16.2.1/24	VPC2
VPC1	IP 地址 192.168.2.2/24，网关 192.168.2.1		R1-G0/0
VPC2	IP 地址 172.16.2.2/24，网关 172.16.2.1		R5-G0/0

　　完成本实训内容以后，对每台设备的配置进行保存，同时在 HCL 中保存拓扑结构，以备下一个实训内容使用。

【实训步骤】

1. 完成各台路由器的接口配置和 VPC 的 IP 地址配置，并保证相互的连通

各台路由器接口配置命令略。

2. 分别在各台路由器完成以下 OSPF 协议配置

① R1 上的 OSPF 协议配置，R1 的所有接口都在 area 2 中。

　　[R1]ospf 10 router-id 1.1.1.1
　　\\启动 OSPF 协议，进程编号 10，指定路由器 ID 为 1.1.1.1。
　　[R1-ospf-10]area 2
　　[R1-ospf-10-area-0.0.0.2]network 192.168.1.0 0.0.0.255
　　\\在 area 2 指定网段 192.168.1.0 上启用 OSPF 协议，0.0.0.255 为通配符掩码。
　　[R1-ospf-10-area-0.0.0.2]network 192.168.2.0 0.0.0.255
　　\\在 area 2 指定网段 192.168.2.0 上启用 OSPF 协议。

② R2 上的 OSPF 协议配置，R1 为 area 0 与 area 2 的区域边界路由器 BDR。

```
[R2]ospf 10 router-id 2.2.2.2
[R2-ospf-10]area 2
[R2-ospf-10-area-0.0.0.2]network 192.168.1.0 0.0.0.255
\\在 area 2 指定网段 192.168.1.0 上启用 OSPF 协议。
[R2-ospf-10-area-0.0.0.2]quit
[R2-ospf-10]area 0
[R2-ospf-10-area-0.0.0.0]network 10.1.1.0 0.0.0.255
\\在 area 0 指定网段 10.1.1.0 上启用 OSPF 协议。
```

③ R3 上的 OSPF 协议配置，R3 的所有接口都在 area 0 中。

```
[R3]ospf 10 router-id 3.3.3.3
[R3-ospf-10]area 0
[R3-ospf-10-area-0.0.0.0]network 10.1.1.0 0.0.0.255
\\在 area 0 指定网段 10.1.1.0 上启用 OSPF 协议。
[R3-ospf-10-area-0.0.0.0]network 10.1.2.0 0.0.0.255
\\在 area 0 指定网段 10.1.2.0 上启用 OSPF 协议。
```

④ R4 上的 OSPF 协议配置，R4 为 area 0 与 area 1 的区域边界路由器 BDR。

```
[R4]ospf 10 router-id 4.4.4.4
[R4-ospf-10]area 0
[R4-ospf-10-area-0.0.0.0]network 10.1.2.0 0.0.0.255
\\在 area 0 指定网段 10.1.2.0 上启用 OSPF 协议。
[R4-ospf-10-area-0.0.0.0]quit
[R4-ospf-10]area 1
[R4-ospf-10-area-0.0.0.1]network 172.16.1.0 0.0.0.255
\\在 area 1 指定网段 172.16.1.0 上启用 OSPF 协议。
```

⑤ R5 上的 OSPF 协议配置，R5 的所有接口都在 area 1 中。

```
[R5]ospf 10 router-id 5.5.5.5
[R5-ospf-10]area 1
[R5-ospf-10-area-0.0.0.1]network 172.16.1.0 0.0.0.255
\\在 area 1 指定网段 172.16.1.0 上启用 OSPF 协议。
[R5-ospf-10-area-0.0.0.1]network 172.16.2.0 0.0.0.255
\\在 area 1 指定网段 172.16.2.0 上启用 OSPF 协议。
```

3．查看路由信息

完成以上配置后，各台路由器上均会出现"OSPF 10……changed from LOADING to FULL"的提示时，说明各台路由器的 LSDB 已经达到同步。此时，VPC1、VPC2 之间可以相互 ping 通。

在各台路由器上检查路由表，均可以看到三个区域的 6 个 IP 网络的路由信息，以下为 R1 上检查路由表的情况。

```
<R1>display ip routing-table
…
Destination/Mask   Proto    Pre Cost          NextHop        Interface
10.1.1.0/24        O_INTER  10  3124          192.168.1.2    Ser1/0
```

10.1.2.0/24	O_INTER 10	4686	192.168.1.2	Ser1/0
172.16.1.0/24	O_INTER 10	6248	192.168.1.2	Ser1/0
172.16.2.0/24	O_INTER 10	6249	192.168.1.2	Ser1/0
192.168.1.0/24	Direct 0	0	192.168.1.1	Ser1/0
192.168.2.0/24	Direct 0	0	192.168.2.1	GE0/0

…

<R1>display ip routing-table protocol ospf

…

Destination/Mask	Proto	Pre Cost	NextHop	Interface
10.1.1.0/24	O_INTER 10	3124	192.168.1.2	Ser1/0
10.1.2.0/24	O_INTER 10	4686	192.168.1.2	Ser1/0
172.16.1.0/24	O_INTER 10	6248	192.168.1.2	Ser1/0
172.16.2.0/24	O_INTER 10	6249	192.168.1.2	Ser1/0

…

Destination/Mask	Proto	Pre Cost	NextHop	Interface
192.168.1.0/24	O_INTRA 10	1562	0.0.0.0	Ser1/0
192.168.2.0/24	O_INTRA 10	1	0.0.0.0	GE0/0

<R1>

在 R1 上除了 192.168.1.0/24、192.168.2.0/24 两个直连的 IP 网络以外，可以看到 area 0 的 10.1.1.0/24、10.1.2.0/24，可以看到 area 1 的 172.16.1.0/24、172.16.2.0/24，其他区域的 IP 网络的路由来源都是 O_INTER，表明这是 OSPF 协议区域间路由。

路由来源 O_INTRA 为区域内路由，路由来源 O_INTER 为区域间路由。

4. 检查 R1 的 LSDB

结果如实训图 16-2 所示。

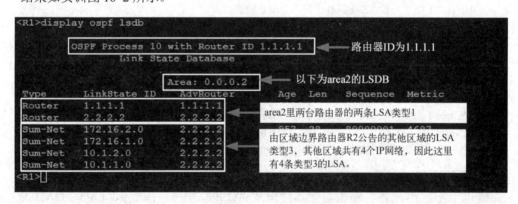

实训图 16-2　R1 的 LSDB 情况

由于 R1 所有接口都在 area 2 以内，因此 R1 只有 area 2 的 LSDB。

其中类型 1 的 LSA 有两条，分别是 R1（1.1.1.1）、R2（2.2.2.2）的公告路由器发出的。

其中类型 3 的 LSA 有四条，是由作为区域边界路由器 ABR 的 R2（2.2.2.2）公告发出的，描述了其他区域的 IP 网络。

5. 检查 R2 的 LSDB

结果如实训图 16-3 所示。

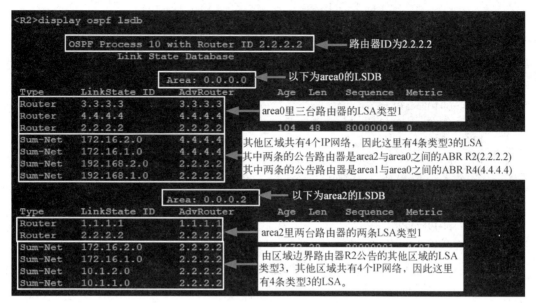

实训图 16-3　R2 的 LSDB 情况

由于 R2 位于 area 0 与 area 2 之间,因此作为 area 0 与 area 2 之间的区域边界路由器 ABR,也就具有了 area 0 的 LSDB 和 area 2 的 LSDB。

R2 的 area 2 的 LSDB 与 R1 的 area 2 的 LSDB 完全一致,都是 area 2 内两台路由器的两条 LSA 类型 1,由 R2 公告到 area 2 的其他区域的四条 LSA 类型 3。

R2 的 area 0 的 LSDB,因为 area 0 内有三台路由器,因此有三条 LSA 类型 1,同时具有四条类型 3 的 LSA,描述了其他区域共有四个 IP 网络,其中两条的公告路由器是 R2（2.2.2.2）,R2 把 area 2 的 192.168.1.0/24、192.168.2.0/24 两个 IP 网络公告到了 area 0,另外两条的公告路由器是 R4（4.4.4.4）,R4 把 area 1 的 172.16.1.0/24、172.16.2.0/24 两个 IP 网络公告到了 area 0。

6．在各台路由器上配置区域验证

area 0 的验证密码为 h3carea0、area 1 的验证密码为 h3carea1、area 2 的验证密码为 h3carea2,配置命令如下。

（1）R1 的 OSPF 区域验证配置

```
[R1]ospf 10 router-id 1.1.1.1
[R1-ospf-10]area 2
[R1-ospf-10-area-0.0.0.2]authentication-mode simple plain h3carea2
\\配置 area 2 的 OSPF 验证密码类型为简单,密码为 h3carea2。
```

（2）R2 的 OSPF 区域验证配置

```
[R2]ospf 10 router-id 2.2.2.2
[R2-ospf-10]area 2
[R2-ospf-10-area-0.0.0.2]authentication-mode simple plain h3carea2
[R2-ospf-10-area-0.0.0.2]quit
[R2-ospf-10]area 0
[R2-ospf-10-area-0.0.0.0]authentication-mode simple plain h3carea0
```

（3）R3 的 OSPF 区域验证配置

[R3]ospf 10 router-id 3.3.3.3

[R3-ospf-10-area-0.0.0.0]authentication-mode simple plain h3carea0

（4）R4 的 OSPF 区域验证配置

[R4]ospf 10 router-id 4.4.4.4

[R4-ospf-10]area 0

[R4-ospf-10-area-0.0.0.0]authentication-mode simple plain h3carea0

[R4-ospf-10]area 1

[R4-ospf-10-area-0.0.0.1]authentication-mode simple plain h3carea1

（5）R5 的 OSPF 区域验证配置

[R5]ospf 10 router-id 5.5.5.5

[R5-ospf-10]area 1

[R5-ospf-10-area-0.0.0.1]authentication-mode simple plain h3carea1

如果配置的区域验证密码不一致，则会造成 OSPF 的邻居关系 Down，从而无法从对端接口学习 OSPF 路由信息。

实训 17　OSPF 的 Stub 区域和 Totally Stub 区域配置

【实训任务】

通过本次实训任务，掌握 OSPF 协议的配置和命令，掌握 OSPF 协议配置结果的检查和验证，掌握 OSPF 协议的各个专业术语，掌握 Stub 区域和 Totally Stub 区域配置，掌握类型 1、类型 3、类型 4、类型 5 的 LSA。

【实训拓扑】

HCL 模拟器中在实训 16 的基础上，新增一个自治系统 600，新增自治系统中有一台路由器 R6 和一台 VPC3，自治系统 600 与自治系统 500 使用 6.6.6.0/24 网络连接，自治系统 600 里面有一个 IP 网络 8.8.8.0/24，R6 上运行 RIP 路由协议。

然后按照实训图 17-1 进行连线。各台设备 IP 地址规划如实训表 17-1 所示。

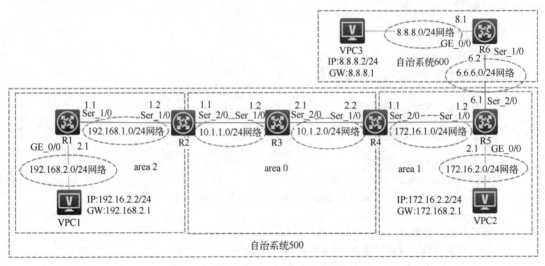

实训图 17-1　实训 17 拓扑图

实训表 17-1 实训 16 中各台设备规划

设 备 名 称	接 口	IP 地址/子网掩码	连 接 对 端
R1	S1/0	192.168.1.1/24	R2-S1/0
	G0/0	192.168.2.1/24	VPC1
R2	S1/0	192.168.1.2/24	R1-S1/0
	S2/0	10.1.1.1/24	R3-S1/0
R3	S1/0	10.1.1.2/24	R2-S2/0
	S2/0	10.1.2.1/24	R4-S1/0
R4	S1/0	10.1.2.2/24	R3-S2/0
	S2/0	172.16.1.1/24	R5-S1/0
R5	S1/0	172.16.1.2/24	R4-S2/0
	G0/0	172.16.2.1/24	VPC2
	S2/0	6.6.6.1/24	R6-S1/0
R6	S1/0	6.6.6.2/24	R5-S2/P
	G0/0	8.8.8.1/24	VPC3
VPC1	IP 地址 192.168.2.2/24，网关 192.168.2.1		R1-G0/0
VPC2	IP 地址 172.16.2.2/24，网关 172.16.2.1		R5-G0/0
VPC3	IP 地址 8.8.8.2/24，网关 8.8.8.1		R6-G0/0

【实训步骤】

1．完成各台路由器的接口配置和 VPC 的 IP 地址配置，并保证相互的连通

各台路由器接口配置命令略。

2．按照实训 16 的步骤，分别在各台路由器完成 OSPF 协议配置

各台路由器 OSPF 协议配置命令略。

3．在 R6 上完成接口配置和 RIP 协议配置，同时配置一条默认路由 0.0.0.0/0，指向 R5 的 IP 地址 6.6.6.1

配置内容如下：

```
[R6]interface Serial 1/0
[R6-Serial1/0]ip address 6.6.6.2 24
[R6-Serial1/0]quit
[R6]interface GigabitEthernet 0/0
[R6-GigabitEthernet0/0]ip address 8.8.8.1 24
[R6-GigabitEthernet0/0]quit
[R6]rip 1
[R6-rip-1]version 2
[R6-rip-1]undo summary
[R6-rip-1]network 6.6.6.0 0.0.0.255
[R6-rip-1]network 8.8.8.0 0.0.0.255
[R6-rip-1]quit
[R6]ip route-static 0.0.0.0 0 6.6.6.1
```

4．在 R5 上完成 S2/0 接口配置和 RIP 协议配置

配置内容如下：

```
[R5]interface Serial 2/0
[R5-Serial2/0]ip address 6.6.6.1 24
[R5-Serial2/0]quit
[R5]rip 1
[R5-rip-1]version 2
[R5-rip-1]undo summary
[R5-rip-1]network 6.6.6.0 0.0.0.255
```

在 R5 上完成 RIP 协议配置和 OSPF 协议配置以后，查看 R5 的路由表，可以查看到两个自治系统的所有 8 个 IP 网络。结果如下。

```
<R5>display ip routing-table
…
```

Destination/Mask	Proto	Pre Cost		NextHop	Interface
6.6.6.0/24	Direct	0	0	6.6.6.1	Ser2/0
8.8.8.0/24	RIP	100	1	6.6.6.2	Ser2/0
10.1.1.0/24	O_INTER	10	4686	172.16.1.1	Ser1/0
10.1.2.0/24	O_INTER	10	3124	172.16.1.1	Ser1/0
172.16.1.0/24	Direct	0	0	172.16.1.2	Ser1/0
172.16.2.0/24	Direct	0	0	172.16.2.1	GE0/0
192.168.1.0/24	O_INTER	10	6248	172.16.1.1	Ser1/0
192.168.2.0/24	O_INTER	10	6249	172.16.1.1	Ser1/0

```
…
<R5>
```

5. 在 R5 上采用路由引入技术，在 OSPF 协议中把 RIP 协议学到的 8.8.8.0/24 路由信息发布出去

```
[R5]ospf 10 router-id 5.5.5.5
[R5-ospf-10]import-route rip 1
```

完成以上配置以后 VPC1（192.16.2.2）、VPC2（172.16.2.2）、VPC3（8.8.8.2）之间均可以相互 ping 通。

6. 在 R1 上检查路由表情况

```
<R1>display ip routing-table
…
```

Destination/Mask	Proto	Pre Cost		NextHop	Interface
8.8.8.0/24	O_ASE2	150	1	192.168.1.2	Ser1/0
10.1.1.0/24	O_INTER	10	3124	192.168.1.2	Ser1/0
10.1.2.0/24	O_INTER	10	4686	192.168.1.2	Ser1/0
172.16.1.0/24	O_INTER	10	6248	192.168.1.2	Ser1/0
172.16.2.0/24	O_INTER	10	6249	192.168.1.2	Ser1/0
192.168.1.0/24	Direct	0	0	192.168.1.1	Ser1/0
192.168.2.0/24	Direct	0	0	192.168.2.1	GE0/0

```
…
<R1>
```

在 R1 的路由表中除了本自治系统三个区域的 192.168.1.0/24、192.168.2.0/24、10.1.1.0/24、

10.1.2.0/24、172.16.1.0/24、172.16.2.0/24 的六个 IP 网络以外，还有一个其他自治系统 8.8.8.0/24 的 IP 网络，其路由来源为 O_ASE2，表示为第二类外部路由。

在 R1 上检查 LSDB 情况如实训图 17-2 所示。

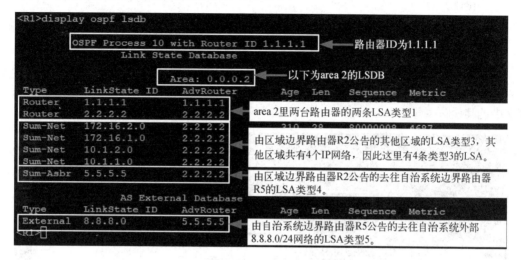

实训图 17-2　R1 的 LSDB 情况（area2 作为普通区域）

R1 的 LSDB 中除了与实训 16 的类型 1、类型 3 的 LSA 一致以外，还增加了由区域边界路由器 R2 公告的去往自治系统边界路由器 ASBR 的 R5 的 LSA 类型 4，还增加了由自治系统边界路由器 ASBR 的 R5 公告的去往自治系统外部 8.8.8.0/24 网络的 LSA 类型 5。

7. 把 area 2 配置为 Stub 区域

（1）R1 的配置内容

```
[R1]ospf 10 router-id 1.1.1.1
[R1-ospf-10]area 2
[R1-ospf-10-area-0.0.0.2]stub
\\配置 area2 作为 stub 区域
```

（2）R2 的配置内容

```
[R2]ospf 10 router-id 2.2.2.2
[R2-ospf-10]area 2
[R2-ospf-10-area-0.0.0.2]stub
\\配置 area2 作为 stub 区域
```

完成以上配置以后，在 R1 上检查路由表，结果如下：

```
[R1]display ip routing-table
…
```

Destination/Mask	Proto	Pre	Cost	NextHop	Interface
0.0.0.0/0	O_INTER	10	1563	192.168.1.2	Ser1/0
10.1.1.0/24	O_INTER	10	3124	192.168.1.2	Ser1/0
10.1.2.0/24	O_INTER	10	4686	192.168.1.2	Ser1/0
172.16.1.0/24	O_INTER	10	6248	192.168.1.2	Ser1/0
172.16.2.0/24	O_INTER	10	6249	192.168.1.2	Ser1/0

| 192.168.1.0/24 | Direct | 0 | 0 | 192.168.1.1 | Ser1/0 |
| 192.168.2.0/24 | Direct | 0 | 0 | 192.168.2.1 | GE0/0 |

…

[R1]

可以发现路由表中没有了 8.8.8.0/24 IP 网络的路由信息，即没有了自治系统外部的路由信息，增加了一条 0.0.0.0/0 的默认路由。

在 R1 上检查 LSDB 情况，如实训图 17-3 所示。即 Stub 区域不传播类型 4、类型 5 的 LSA，作为 area 2 的 ABR 路由器的 RA 生成一条默认路由 0.0.0.0/0 类型 3 的 LSA，发布给区域 2 中的其他路由器。

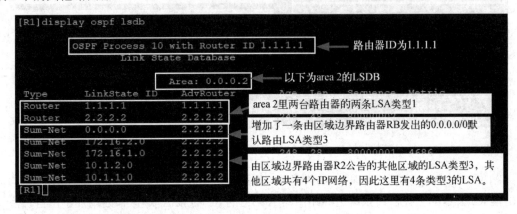

实训图 17-3　R1 的 LSDB 情况（area 2 作为 stub 区域）

8．把 area 2 配置为 Totally Stub

（1）R1 的配置内容

[R1]ospf 10 router-id 1.1.1.1
[R1-ospf-10]area 2
[R1-ospf-10-area-0.0.0.2]stub no-summary

（2）R2 的配置内容

[R2]ospf 10 router-id 2.2.2.2
[R2-ospf-10]area 2
[R2-ospf-10-area-0.0.0.2]stub no-summary

完成以上配置以后，在 R1 上检查路由表，结果如下：

<R1>display ip routing-table
…

Destination/Mask	Proto	Pre	Cost	NextHop	Interface
0.0.0.0/0	O_INTER	10	1563	192.168.1.2	Ser1/0
192.168.1.0/24	Direct	0	0	192.168.1.1	Ser1/0
192.168.2.0/24	Direct	0	0	192.168.2.1	GE0/0

…

<R1>

可以发现路由表中没有自治系统外部 8.8.8.0/24 的路由信息，没有了其他区域的 10.1.1.0/24、10.1.2.0/24、172.16.1.0/24、172.16.2.0/24 的路由信息，增加了一条 0.0.0.0/0 的默认路由。

检查 R1 的 LSDB 结果如实训图 17-4 所示。即 Totally Stub 区域不传播类型 3、类型 4、类型 5 的 LSA，作为 area 2 的 ABR 路由器的 RA 生成一条默认路由 0.0.0.0/0 类型 3 的 LSA，发布给 area 2 中的其他路由器。

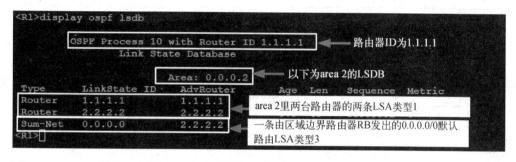

实训图 17-4   R1 的 LSDB 情况（area 2 作为 Totally Stub 区域）

实训 18   OSPF 虚连接配置

【实训任务】

通过本次实训任务，掌握 OSPF 协议的配置和命令，掌握 OSPF 协议配置结果的检查和验证，掌握 OSPF 协议的各个专业术语，掌握 OSPF 虚连接的配置。

【实训拓扑】

HCL 模拟器中添加五台路由器、两台 VPC，构建一个自治系统里面的三个 OSPF 区域，分别是 area 0、area 1、area 2。五台路由器分别是 R1、R2、R3、R4、R5。两台 VPC 分别是 VPC1、VPC2。

其中 area 2 没有与 area 0 直接相互连接。

在实训拓扑 area 0 中共有 2 个 IP 网络，分别是 172.16.1.0/24、172.16.2.0/24。

在实训拓扑 area 1 中共有 2 个 IP 网络，分别是 10.1.1.0/24、10.1.2.0/24。

在实训拓扑 area 2 中共有 2 个 IP 网络，分别是 192.168.1.0/24、192.168.2.0/24。

按照实训图 18-1 进行连线。各台设备 IP 地址规划如实训表 18-1 所示。

实训图 18-1   实训 18 拓扑图

实训表 18-1 实训 16 中各台设备规划

设 备 名 称	接 口	IP 地址/子网掩码	连 接 对 端
R1	G0/0	192.168.1.1/24	R2-G0/0
	G0/1	192.168.2.1/24	VPC1
R2	G0/0	192.168.1.2/24	R1-G0/0
	G0/1	10.1.1.1/24	R3-G0/0
R3	G0/0	10.1.1.2/24	R2-G0/1
	G0/1	10.1.2.1/24	R4-G0/0
R4	G0/0	10.1.2.2/24	R3-G0/1
	G0/1	172.16.1.1/24	R5-G0/0
R5	G0/0	172.16.1.2/24	R4-G0/1
	G0/1	172.16.2.1/24	VPC2
VPC1	IP 地址 192.168.2.2/24，网关 192.168.2.1		R1-G0/1
VPC2	IP 地址 172.16.2.2/24，网关 172.16.2.1		R5-G0/1

【实训步骤】

1．完成各台路由器的接口配置和 VPC 的 IP 地址配置，并保证相互的连通

各台路由器接口配置命令略。

2．分别在各台路由器完成 OSPF 协议配置

（1）R1 的 OSPF 配置

```
[R1]router id 1.1.1.1
[R1]ospf 10
[R1-ospf-10]area 2
[R1-ospf-10-area-0.0.0.2]network 192.168.1.0 0.0.0.255
[R1-ospf-10-area-0.0.0.2]network 192.168.2.0 0.0.0.255
```

（2）R2 的 OSPF 配置

```
[R2]router id 2.2.2.2
[R2]ospf 10
[R2-ospf-10]area 2
[R2-ospf-10-area-0.0.0.2]network 192.168.1.0 0.0.0.255
[R2-ospf-10-area-0.0.0.2]quit
[R2-ospf-10]area 1
[R2-ospf-10-area-0.0.0.1]network 10.1.1.0 0.0.0.255
```

（3）R3 的 OSPF 配置

```
[R3]router id 3.3.3.3
[R3]ospf 10
[R3-ospf-10]area 1
[R3-ospf-10-area-0.0.0.1]network 10.1.1.0 0.0.0.255
[R3-ospf-10-area-0.0.0.1]network 10.1.2.0 0.0.0.255
```

（4）R4 的 OSPF 配置

```
[R4]router id 4.4.4.4
[R4]ospf 10
[R4-ospf-10]area 1
[R4-ospf-10-area-0.0.0.1]network 10.1.2.0 0.0.0.255
[R4-ospf-10-area-0.0.0.1]quit
[R4-ospf-10]area 0
[R4-ospf-10-area-0.0.0.0]network 172.16.1.0 0.0.0.255
```

（5）R5 的 OSPF 配置

```
[R5]router id 5.5.5.5
[R5]ospf 10
[R5-ospf-10]area 0
[R5-ospf-10-area-0.0.0.0]network 172.16.1.0 0.0.0.255
[R5-ospf-10-area-0.0.0.0]network 172.16.2.0 0.0.0.255
```

3．检查 OSPF 协议配置结果

在 area 0 的 R5 中可以看到直连路由 172.16.1.0/24、172.16.2.0/24 和区域间路由 10.1.1.0/24、10.1.2.0/24，结果如下所示。

```
<R5>display ip routing-table
…
Destination/Mask    Proto    Pre Cost        NextHop       Interface
10.1.1.0/24         O_INTER 10   3           172.16.1.1    GE0/0
10.1.2.0/24         O_INTER 10   2           172.16.1.1    GE0/0
172.16.1.0/24       Direct   0    0          172.16.1.2    GE0/0
172.16.2.0/24       Direct   0    0          172.16.2.1    GE0/1
…
<R5>
```

在 area 1 的 R3 上可以看到直连路由 10.1.1.0/24、10.1.2.0/24 和区域间路由 172.16.1.0/24、172.16.2.0/24，结果如下所示。

```
<R3>display ip routing-table
…
Destination/Mask    Proto    Pre Cost        NextHop       Interface
10.1.1.0/24         Direct   0    0          10.1.1.2      GE0/0
10.1.2.0/24         Direct   0    0          10.1.2.1      GE0/1
172.16.1.0/24       O_INTER 10   2           10.1.2.2      GE0/1
172.16.2.0/24       O_INTER 10   3           10.1.2.2      GE0/1
…
<R3>
```

在 area 2 的 R1 上可以看到直连路由 192.168.1.0/24、192.168.2.0/24，没有其他区域的路由。

```
<R1>display ip routing-table
…
Destination/Mask    Proto    Pre Cost        NextHop            Interface
```

192.168.1.0/24	Direct	0	0	192.168.1.1	GE0/0
192.168.2.0/24	Direct	0	0	192.168.2.1	GE0/1

…
<R1>

通过以上的结果可以分析，由于 area 2 没有与 area 0 相连接，造成 area 2 的路由无法汇入 area 0，也就没有发布到 area 1，所以 area 0 的 R5 和 area 1 里的 R3 无法学习到 area 2 里的 192.168.1.0/24、192.168.2.0/24，area 2 里的 R1 无法学习到 area 0 里的 172.16.1.0/24、172.16.2.0/24 和 area 1 里的 10.1.1.0/24、10.1.2.0/24。

4．在 R2 和 R4 之间配置建立 OSPF 虚连接

（1）R4 的虚连接配置

```
[R4]ospf 10
[R4-ospf-10]area 1
\\配置虚连接所要经过的区域，从拓扑结构图中可以看出 area 1 为虚连接区域。
[R4-ospf-10-area-0.0.0.1]vlink-peer 2.2.2.2
\\配置虚连接，2.2.2.2 为对端的 Router-id。
```

（2）R2 的虚连接配置

```
[R2]ospf 10
[R2-ospf-10]area 1
[R2-ospf-10-area-0.0.0.1]vlink-peer 4.4.4.4
```

5．检查 OSPF 协议虚连接配置结果

① 在 area 0 的 R5 上可以看到直连路由 172.16.1.0/24、172.16.2.0/24，区域间路由 10.1.1.0/24、10.1.2.0/24、192.168.1.0/24、192.168.2.0/24。结果如下。

```
<R5>display ip routing-table
…
```

Destination/Mask	Proto	Pre	Cost	NextHop	Interface
10.1.1.0/24	O_INTER	10	3	172.16.1.1	GE0/0
10.1.2.0/24	O_INTER	10	2	172.16.1.1	GE0/0
172.16.1.0/24	Direct	0	0	172.16.1.2	GE0/0
172.16.2.0/24	Direct	0	0	172.16.2.1	GE0/1
192.168.1.0/24	O_INTER	10	4	172.16.1.1	GE0/0
192.168.2.0/24	O_INTER	10	5	172.16.1.1	GE0/0

```
…
<R5>
```

② 在 area 1 的 R3 上可以看到直连路由 10.1.1.0/24、10.1.2.0/24，区域间路由 172.16.1.0/24、172.16.2.0/24、192.168.1.0/24、192.168.2.0/24。结果如下。

```
<R3>display ip routing-table
…
```

Destination/Mask	Proto	Pre	Cost	NextHop	Interface
10.1.1.0/24	Direct	0	0	10.1.1.2	GE0/0
10.1.2.0/24	Direct	0	0	10.1.2.1	GE0/1

172.16.1.0/24	O_INTER 10 2	10.1.2.2	GE0/1
172.16.2.0/24	O_INTER 10 3	10.1.2.2	GE0/1
192.168.1.0/24	O_INTER 10 2	10.1.1.1	GE0/0
192.168.2.0/24	O_INTER 10 3	10.1.1.1	GE0/0

…

\<R3\>

③ 在 area 2 的 R1 上可以看到直连路由 192.168.1.0/24、192.168.2.0/24，区域间路由 10.1.1.0/24、10.1.2.0/24、172.16.1.0/24、172.16.2.0/24。结果如下。

\<R1\>display ip routing-table

…

Destination/Mask	Proto Pre Cost	NextHop	Interface
10.1.1.0/24	O_INTER 10 2	192.168.1.2	GE0/0
10.1.2.0/24	O_INTER 10 3	192.168.1.2	GE0/0
172.16.1.0/24	O_INTER 10 4	192.168.1.2	GE0/0
172.16.2.0/24	O_INTER 10 5	192.168.1.2	GE0/0
192.168.1.0/24	Direct 0 0	192.168.1.1	GE0/0
192.168.2.0/24	Direct 0 0	192.168.2.1	GE0/1

…

\<R1\>

此时 VPC1 与 VPC2 之间可以相互 ping 通。

第 7 部分　三层设备实用配置

项目 17　三层交换机简介

1. 三层交换机的概念

三层交换机，本质上就是"带有路由功能的交换机"。

路由属于 OSI/RM 中第三层网络层的功能，因此带有第三层路由功能的交换机才被称为"三层交换机"。简单地说，三层交换技术就是：二层交换技术＋三层路由技术。它解决了局域网中多个 IP 网络必须依赖路由器进行通信的局面，解决了传统路由器低速所造成的网络瓶颈问题。三层交换技术的概念如图 17-1 所示。

路由器三层路由技术　＋　交换机二层交换技术　＝　三层交换技术
路由的功能　　　　　　交换的速度

图 17-1　三层交换技术的概念

在本部分实训内容中，所有在路由器上完成的实训项目均可在三层交换机上实现。

2. 三层交换机的功能

三层交换的功能主要体现在以下两个方面。

（1）连接网络骨干和 IP 网络

在网络设计的接入层、汇聚层、核心层的三层结构中，尤其是核心层一定是三层交换机，否则整个网络成千上万台计算机都在一个 IP 网络中，不仅毫无安全可言，也会因为无法分割广播域而无法隔离广播风暴。如果采用传统的路由器，虽然可以隔离广播，但是性能又得不到保障，而三层交换机的性能非常高，既有三层路由的功能，又具有二层交换的速度。

（2）实现 VLAN 之间互通

为了避免在大型局域网络进行广播所引起的广播风暴，可将其进一步划分为多个虚拟局域网 VLAN。但是这样做将导致一个问题，VLAN 之间的通信必须通过路由器来实现，如独臂路由技术，传统路由器难以胜任 VLAN 之间的通信任务。如果使用三层交换机连接不同的 VLAN，就能在保持性能的前提下，经济地解决了 VLAN 之间进行通信的问题。

3. 三层交换与路由器的区别

（1）主要功能不同

虽然三层交换机与路由器都具有路由功能，但不能因此而把它们等同起来，三层交换机仍是交换机产品，只不过它是具备了基本的路由功能的交换机，它的主要功能仍是数据交换，而路由器的主要功能是路由转发。

（2）主要适用的环境不一样

三层交换机主要用在局域网中，它的主要用途是提供快速数据交换功能，满足局域网数据交换频繁的应用特点。而路由器主要用在广域网中，它的设计初衷就是为了满足不同类型的网络连接，虽然也适用于局域网之间的连接，但它的路由功能更多地体现在不同类型网络之间的互联上，如局域网与广域网之间的连接、不同协议的网络之间的连接。

为了与各种类型的网络连接，路由器的接口类型非常丰富，而三层交换机则一般均为局域网的以太网接口，非常简单。

（3）性能体现不一样

从技术上讲，路由器和三层交换机在 IP 数据包操作上存在着明显区别。路由器一般由基于微处理器的软件路由引擎执行数据包交换，而三层交换机多数通过硬件执行数据包交换。

综上所述，三层交换机与路由器之间还是存在着非常大的本质区别的。在局域网中进行多 IP 网络互联，最好选用三层交换机，特别是在不同 IP 网络数据交换频繁的环境中。路由器虽然路由功能非常强大，但它的数据包转发效率远低于三层交换机，更适合于数据交换不是很频繁、不同类型网络的互联。

4．三层交换机的接口类型

三层交换机上主要有两种类型非常重要的接口，分别是路由接口和 VLAN 虚接口。

（1）路由接口

三层交换机上的路由接口类似于路由器的纯三层接口，不同的是路由器的接口支持子接口（如独臂路由中用到的子接口），而三层交换机上的路由接口不支持子接口。

通常情况下三层交换机的接口都是二层端口，而不是三层接口，为了把三层交换机的接口设置为三层接口，在 H3C 的三层交换机上可以使用 port link-mode route 命令将二层端口转换为三层接口。如下所示，在二层端口上是不能配置 IP 地址的，使用 port link-mode route 命令将二层端口转换为三层接口后，就可以在该接口上配置 IP 地址了。

```
[L3SW]interface GigabitEthernet 1/0/1
[L3SW-GigabitEthernet1/0/1]port link-mode ?
   bridge    Switch to layer2 ethernet
   route     Switch to layer3 ethernet
\\可以配置三层交换机的接口为 Route 接口，默认情况下为 bridge 端口。
[L3SW-GigabitEthernet1/0/1]port link-mode route
\\配置三层交换机的接口为 Route 接口，即三层接口。
[L3SW-GigabitEthernet1/0/1]ip address 192.168.1.1 24
```

（2）VLAN 虚接口

三层交换机的 VLAN 虚接口是非常重要的接口类型。

三层交换机 VLAN 虚接口实际上是一种与 VLAN 相关联的虚拟 VLAN 接口，VLAN 虚接口示意图如图 17-2 所示。

在实际网络中，每一个 VLAN 都会编排一个 IP 网络，这样通过 VLAN 虚接口三层交换机就可以通过路由功能实现 VLAN 之间的互通。

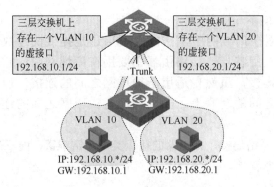

图 17-2　VLAN 虚接口示意图

图中，VLAN10 的 IP 网络为 192.168.10.0/24，VLAN20 的 IP 网络为 192.168.20.0/24，在三层交换机上分别为 VLAN10、VLAN20 配置 VLAN 虚接口的 IP 地址，让这个 VLAN10 虚接口的 IP 地址成为 VLAN10 中主机的网关地址，让这个 VLAN20 虚接口的 IP 地址成为 VLAN20 中主机的网关地址，那么就可以在三层交换机上通过路由功能实现 VLAN10 的 192.168.10.0/24 网络与 VLAN20 的 192.168.20.0/24 网络的互通。

三层交换机上 VLAN 虚接口的配置命令如下。

```
[L3SW]vlan 10
[L3SW-vlan10]vlan 20
[L3SW-vlan20]quit
[L3SW]interface vlan 10
\\进入 VLAN10 虚接口。
[L3SW-Vlan-interface10]ip address 192.168.10.1 24
\\配置 VLAN10 虚接口 IP 地址。
[L3SW-Vlan-interface10]quit
[L3SW]interface vlan 20
[L3SW-Vlan-interface20]ip address 192.168.20.1 24
[L3SW-Vlan-interface20]
```

实训 19　三层交换 VLAN 互访和路由配置

【实训任务】

通过本次实训任务，掌握三层交换机的常用配置，如 VLAN 虚接口配置、三层路由接口配置，掌握三层交换机的路由协议配置，实现三层交换 VLAN 的互访，实现三层交换路由信息的交换，并进行结果验证。

【实训拓扑】

注明：在 HCL 模拟器中 S5820V2-54QS 实际上是三层交换机，在实训内容中部分场景当作三层交换机使用，部分场景作为二层交换机使用，采用 L2SW 表示二层交换机，采用 L3SW 表示三层交换机。

在 HCL 模拟器中，添加两台三层交换机 L3SW-1 和 L3SW-2，添加两台二层交换机 L2SW-1 和 L2SW-2，添加 4 台 VPC，分别是 VPC10、VPC20、VPC30、VPC40。

各台设备的规划如实训图 19-1 和实训表 19-1 所示。

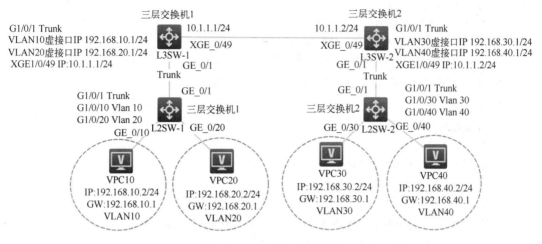

实训图 19-1　实训 19 拓扑图

实训表 19-1　实训 19 中各台设备规划

设 备 名 称	接　　　口	IP 地址/子网掩码	归属 VLAN	连 接 对 端
L2SW-1	G1/0/10		VLAN10	VPC10
	G1/0/20		VLAN20	VPC20
	G1/0/1		Trunk	L3SW-1-G1/0/1
L2SW-2	G1/0/30		VLAN30	VPC30
	G1/0/40		VLAN40	VPC40
	G1/0/1		Trunk	L3SW-2-G1/0/1
L3SW-1	G1/0/1		Trunk	L2SW-1-G1/0/1
	VLAN10 虚接口	192.168.10.1/24	VLAN10	VLAN10
	VLAN20 虚接口	192.168.20.1/24	VLAN20	VLAN20
	XG1/0/49	10.1.1.1/24		L3SW-2-XG1/0/49
L3SW-2	G1/0/1		Trunk	L2SW-2-G1/0/1
	VLAN30	192.168.30.1/24		VLAN30
	VLAN40	192.168.40.1/24		VLAN40
	XG1/0/49	10.1.1.2/24		L3SW-1-XG1/0/49
VPC10	IP 地址 192.168.10.2/24，网关 192.168.10.1		VLAN10	L2SW-1-G1/0/10
VPC20	IP 地址 192.168.20.2/24，网关 192.168.20.1		VLAN20	L2SW-1-G1/0/20
VPC30	IP 地址 192.168.30.2/24，网关 192.168.30.1		VLAN30	L2SW-2-G1/0/30
VPC40	IP 地址 192.168.40.2/24，网关 192.168.40.1		VLAN40	L2SW-2-G1/0/40

【实训步骤】

1.　完成两台三层交换机 L3SW-1 和 L3SW-2 的二层 VLAN 相关配置

（1）三层交换机 L3SW-1 上的二层 VLAN 配置、Trunk 配置

　　[L3SW-1]vlan 10

```
[L3SW-1-vlan10]vlan 20
[L3SW-1-vlan20]quit
[L3SW-1]interface GigabitEthernet 1/0/1
[L3SW-1-GigabitEthernet1/0/1]port link-type trunk
[L3SW-1-GigabitEthernet1/0/1]port trunk permit vlan 10 20
```

（2）三层交换机 L3SW-2 上的二层 VLAN 配置、Trunk 配置

```
[L3SW-2]vlan 30
[L3SW-2-vlan30]vlan 40
[L3SW-2-vlan40]quit
[L3SW-2]interface GigabitEthernet 1/0/1
[L3SW-2-GigabitEthernet1/0/1]port link-type trunk
[L3SW-2-GigabitEthernet1/0/1]port trunk permit vlan 30 40
```

2．完成两台三层交换机 L3SW-1 和 L3SW-2 的三层相关接口配置

（1）三层交换机 L3SW-1 上的三层 VLAN 虚接口 IP 地址配置、三层路由接口配置

```
[L3SW-1]interface vlan 10
[L3SW-1-Vlan-interface10]ip address 192.168.10.1 24
[L3SW-1-Vlan-interface10]quit
[L3SW-1]interface vlan 20
[L3SW-1-Vlan-interface20]ip address 192.168.20.1 24
[L3SW-1-Vlan-interface20]quit
[L3SW-1]interface Ten-GigabitEthernet 1/0/49
[L3SW-1-Ten-GigabitEthernet1/0/49]port link-mode route
[L3SW-1-Ten-GigabitEthernet1/0/49]ip address 10.1.1.1 24
```

完成以上配置以后，检查 L3SW-1 的路由表，结果如下。

```
[L3SW-1]display ip routing-table protocol direct
…
Destination/Mask    Proto   Pre Cost        NextHop         Interface
10.1.1.0/24         Direct  0   0           10.1.1.1        XGE1/0/49
 192.168.10.0/24    Direct  0   0           192.168.10.1    Vlan10
 192.168.20.0/24    Direct  0   0           192.168.20.1    Vlan20
…
[L3SW-1]
```

可以看到 VLAN10 的 192.168.10.0/24 网络连接在 VLAN10 虚接口上，VLAN20 的 192.168.20.0/24 网络连接在 VLAN20 虚接口上。

（2）三层交换机 L3SW-2 上的三层 VLAN 虚接口 IP 地址配置、三层路由接口配置

```
[L3SW-2]interface vlan 30
[L3SW-2-Vlan-interface30]ip address 192.168.30.1 24
[L3SW-2-Vlan-interface30]quit
[L3SW-2]interface vlan 40
[L3SW-2-Vlan-interface40]ip address 192.168.40.1 24
[L3SW-2-Vlan-interface40]quit
```

```
[L3SW-2]interface Ten-GigabitEthernet 1/0/49
[L3SW-2-Ten-GigabitEthernet1/0/49]port link-mode route
[L3SW-2-Ten-GigabitEthernet1/0/49]ip address 10.1.1.2 24
```

完成以上配置以后，检查 L3SW-2 的路由表，结果如下。

```
<L3SW-2>display ip routing-table
…
```

Destination/Mask	Proto	Pre	Cost	NextHop	Interface
10.1.1.0/24	Direct	0	0	10.1.1.2	XGE1/0/49
192.168.30.0/24	Direct	0	0	192.168.30.1	Vlan30
192.168.40.0/24	Direct	0	0	192.168.40.1	Vlan40

```
…
<L3SW-2>
```

3. 完成两台二层交换机 L2SW-1 和 L2SW-2 的二层 VLAN 相关配置

（1）二层交换机 L2SW-1 上的二层 VLAN 配置、Trunk 配置

```
[L2SW-1]vlan 10
[L2SW-1-vlan10]vlan 20
[L2SW-1-vlan20]quit
[L2SW-1]interface GigabitEthernet 1/0/1
[L2SW-1-GigabitEthernet1/0/1]port link-type trunk
[L2SW-1-GigabitEthernet1/0/1]port trunk permit vlan 10 20
[L2SW-1-GigabitEthernet1/0/1]quit
[L2SW-1]interface GigabitEthernet 1/0/10
[L2SW-1-GigabitEthernet1/0/10]port access vlan 10
[L2SW-1-GigabitEthernet1/0/10]quit
[L2SW-1]interface GigabitEthernet 1/0/20
[L2SW-1-GigabitEthernet1/0/20]port access vlan 20
```

（2）二层交换机 L2SW-2 上的二层 VLAN 配置、Trunk 配置

```
[L2SW-2]vlan 30
[L2SW-2-vlan30]vlan 40
[L2SW-2-vlan40]quit
[L2SW-2]interface GigabitEthernet 1/0/1
[L2SW-2-GigabitEthernet1/0/1]port link-type trunk
[L2SW-2-GigabitEthernet1/0/1]port trunk permit vlan 30 40
[L2SW-2-GigabitEthernet1/0/1]quit
[L2SW-2]interface GigabitEthernet 1/0/30
[L2SW-2-GigabitEthernet1/0/30]port access vlan 30
[L2SW-2-GigabitEthernet1/0/30]quit
[L2SW-2]interface GigabitEthernet 1/0/40
[L2SW-2-GigabitEthernet1/0/40]port access vlan 40
```

完成以上配置以后，进行 VPC 之间 ping 通测试。
VPC10（192.168.10.2）与 VPC20（192.168.20.2）之间可以相互 ping 通，
VPC30（192.168.30.2）与 VPC40（192.168.40.2）之间可以相互 ping 通。

　　但由于两台三层交换机之间到达对方 IP 网络的路由，因此 VPC10 与 VPC30、VPC40 之间无法 ping 通，VPC20 与 VPC30、VPC40 之间无法 ping 通。

4．完成两台三层交换机上的动态路由配置

本实训内容采用了 RIP 协议，也可以配置静态路由，也可以配置 OSPF 协议。

（1）三层交换机 L3SW-1 上的 RIP 协议配置

```
[L3SW-1]rip 1
[L3SW-1-rip-1]version 2
[L3SW-1-rip-1]undo summary
[L3SW-1-rip-1]network 192.168.10.0 0.0.0.255
[L3SW-1-rip-1]network 192.168.20.0 0.0.0.255
[L3SW-1-rip-1]network 10.1.1.0 0.0.0.255
```

（2）三层交换机 L3SW-2 上的 RIP 协议配置

```
[L3SW-2]rip 1
[L3SW-2-rip-1]version 2
[L3SW-2-rip-1]undo summary
[L3SW-2-rip-1]network 192.168.30.0 0.0.0.255
[L3SW-2-rip-1]network 192.168.40.0 0.0.0.255
[L3SW-2-rip-1]network 10.1.1.0 0.0.0.255
```

完成以上配置以后，在两台三层交换机上都有对端的 IP 网络路由信息，以下为 L3SW-1 的路由表。

```
<L3SW-1>display ip routing-table
…
Destination/Mask    Proto   Pre Cost        NextHop        Interface
10.1.1.0/24         Direct  0   0           10.1.1.1       XGE1/0/49
192.168.10.0/24     Direct  0   0           192.168.10.1   Vlan10
192.168.20.0/24     Direct  0   0           192.168.20.1   Vlan20
192.168.30.0/24     RIP     100 1           10.1.1.2       XGE1/0/49
192.168.40.0/24     RIP     100 1           10.1.1.2       XGE1/0/49
…
<L3SW-1>
```

完成以上配置以后，进行 VPC 之间 ping 通测试。

VPC10 （192.168.10.2）、VPC20 （192.168.20.2）、VPC30 （192.168.30.2）、VPC40 （192.168.40.2）之间都可以相互 ping 通。

项目 18　三层设备 DHCP 服务简介

DHCP 是动态主机配置协议（dynamic host configuration protocol）的英文缩写。

在 TCP/IP 网络中设置计算机的 IP 地址，可以采用两种方式：一种就是手工设置，即由网络管理员分配静态的 IP 地址；另一种是由 DHCP 服务器自动分配 IP 地址。

DHCP 基于 C/S 模式，DHCP 客户机启动后自动寻找并与 DHCP 服务器通信，并从 DHCP

服务器那里获得 IP 地址、子网掩码、网关、DNS 服务器等 TCP/IP 参数，DHCP 服务器可以是安装 DHCP 服务软件的计算机，也可以是网络中的路由器设备、三层交换机设备。

一台 DHCP 服务器可以让网络管理员集中指派网络特有的 TCP/IP 参数供整个网络中主机使用。客户机不需要手动配置 TCP/IP，而设定为自动获取，这样 DHCP 客户机启动后可以自动从 DHCP 服务器获取 TCP/IP 参数。

关于 DHCP 的工作原理如图 18-1 所示，DHCP 协议为应用层协议，基于 UDP 协议，DHCP 服务器端口为 67，DHCP 客户机端口为 68，DHCP 广播使用的目的 IP 地址为有限广播 255.255.255.255。

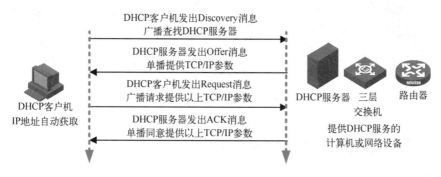

图 18-1　DHCP 工作原理图

路由器、三层交换机等三层设备可以通过配置成为 DHCP 服务器，一般情况在中大型网络中，三层设备上并不做 DHCP 服务的配置，主要是减轻三层设备的工作负担，但在小型网络数据流量不大的情况下，将三层设备配置成 DHCP 服务器可以使得网络管理员集中为整个企业内部网络指定 TCP / IP 参数，减少配置花费的开销和时间，同时也避免了在每台计算机上手工配置引起的配置错误，还能防止网络上计算机配置 IP 地址的冲突。

由于 DHCP 服务依赖于广播信息，因此一般情况下，DHCP 客户机和 DHCP 服务器应该位于同一个 IP 网络之内，如果 DHCP 客户机和 DHCP 服务器处于不同的 IP 网络，而三层设备可以隔离广播域，因此处于不同网络的 DHCP 客户机和 DHCP 服务器将无法通信，如图 18-2 所示。

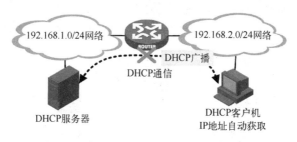

图 18-2　默认情况下路由器不转发广播

三层设备提供 DHCP 中继代理的功能，也就是说，当 DHCP 服务器和 DHCP 客户机位于不同 IP 网络时，三层设备提供的中继代理服务可以在它们之间转发 DHCP 的各种消息。

DHCP 中继的工作原理如图 18-3 所示。图中，DHCP 客户机位于 192.168.2.0/24 网段，该网络连接在路由器的 G0/1 接口，而 DHCP 服务器却在 192.168.1.0/24 网络，连接在路由器的 G0/0 接口，那么在路由器配置 DHCP 中继以后，即从 G0/1 接口收到 DHCP 广播后，根据路由器的配置情况，向指定的 DHCP 服务器 192.168.1.2 进行单播转发，从而把 DHCP 广播转变为单播后发送给 DHCP 服务器，实现 DHCP 服务跨路由工作。

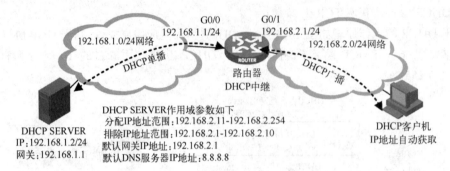

图 18-3　DHCP 中继原理

实训 20　三层设备 DHCP 服务配置

【实训任务】

通过本次实训任务，掌握三层设备的 DHCP 服务配置和 DHCP 中继配置，并进行结果验证。

【实训拓扑】

在 HCL 模拟器中，添加一台三层交换机 L3SW，添加一台路由器 R1，添加一台二层交换机 L2SW，添加 2 台 VPC，分别是 VPC10、VPC20。

设置 VPC10 和 VPC20 为自动获取 IP 地址，设置方法是在启动 VPC10 和 VPC20 以后，选中 VPC，单击鼠标右键，选择"配置"，"接口管理"设置为"启用"、"IPv4 配置"选择"DHCP"，在如实训图 20-2 所示。

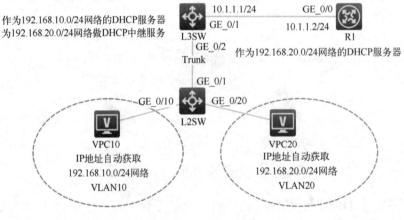

实训图 20-1　实训 20 拓扑图

实训图 20-2　设置 VPC 的 IP 地址为 DHCP

DHCP 服务的规划如下。

L3SW 作为 VLAN10 的 192.168.10.0/24 网络的 DHCP 服务器，为 VPC10 自动分配 IP 地址。配置 DHCP 地址池 vlan10pool，网络为 192.168.10.0/24，网关为 192.168.10.1，DNS 服务器为 8.8.8.8，排除 IP 地址为 192.168.10.1～192.168.10.10。

R1 作为 VLAN20 的 192.168.20.0/24 网络的 DHCP 服务器，为 VPC20 自动分配 IP 地址。配置 DHCP 地址池 vlan20pool，网络为 192.168.20.0/24，网关为 192.168.20.1，DNS 服务器为 8.8.8.8，排除 IP 地址为 192.168.20.1～192.168.20.10。

由于 VLAN20 的 192.168.20.0/24 网络中 DHCP 客户机，与 192.168.20.0/24 网络的 DHCP 服务器 R1，跨过了三层交换机 L3SW，因此在 L3SW 上为 VLAN20 的 192.168.20.0/24 网络配置 DHCP 中继服务。

各台设备的规划如实训图 20-1 和实训表 20-1 所示。

实训表 20-1　实训 20 中各台设备规划

设 备 名 称	接　　口	IP 地址/子网掩码	归属 VLAN	连 接 对 端
L2SW	G1/0/10		VLAN10	VPC10
	G1/0/20		VLAN20	VPC20
	G1/0/1		Trunk	L3SW-G1/0/2
L3SW	G1/0/2		Trunk	L2SW-G1/0/1
	VLAN10 虚接口	192.168.10.1/24	VLAN10	VLAN10
	VLAN20 虚接口	192.168.20.1/24	VLAN20	VLAN20
	G1/0/1	10.1.1.1/24		R1-G0/0
R1	G0/0	10.1.1.2/24		L3SW-G1/0/1
VPC10	IP 地址自动获取		VLAN10	L2SW-G1/0/10
VPC20	IP 地址自动获取		VLAN20	L2SW-G1/0/20

【实训步骤】

1. 在二层交换机 L2SW 上完成 VLAN 配置和 Trunk 配置

[L2SW]vlan 10

```
[L2SW-vlan10]vlan 20
[L2SW-vlan20]quit
[L2SW]interface GigabitEthernet 1/0/10
[L2SW-GigabitEthernet1/0/10]port access vlan 10
[L2SW-GigabitEthernet1/0/10]quit
[L2SW]interface GigabitEthernet 1/0/20
[L2SW-GigabitEthernet1/0/20]port access vlan 20
[L2SW-GigabitEthernet1/0/20]quit
[L2SW]interface GigabitEthernet 1/0/1
[L2SW-GigabitEthernet1/0/1]port link-type trunk
[L2SW-GigabitEthernet1/0/1]port trunk permit vlan 10 20
```

2．在三层交换机 L3SW 上完成 VLAN 配置、Trunk 配置、VLAN 虚接口配置

```
[L3SW]vlan 10
[L3SW-vlan10]vlan 20
[L3SW-vlan20]quit
[L3SW]interface GigabitEthernet 1/0/2
[L3SW-GigabitEthernet1/0/2]port link-type trunk
[L3SW-GigabitEthernet1/0/2]port trunk permit vlan 10 20
[L3SW-GigabitEthernet1/0/2]quit
[L3SW]interface vlan 10
[L3SW-Vlan-interface10]ip address 192.168.10.1 24
[L3SW-Vlan-interface10]quit
[L3SW]interface vlan 20
[L3SW-Vlan-interface20]ip address 192.168.20.1 24
```

3．在三层交换机 L3SW 上完成 DHCP 服务配置，为 VLAN10（192.168.10.0/24 网络）自动分配 IP 地址

```
[L3SW]dhcp server ip-pool vlan10pool
\\创建 DHCP 地址池，名称为 vlan10pool。
[L3SW-dhcp-pool-vlan10pool]network 192.168.10.0 24
\\地址池网络为 192.168.10.0/24。
[L3SW-dhcp-pool-vlan10pool]gateway-list 192.168.10.1
\\地址池中网关为 192.168.10.1。
[L3SW-dhcp-pool-vlan10pool]dns-list 8.8.8.8
\\地址池中 dns 服务器为 8.8.8.8。
[L3SW-dhcp-pool-vlan10pool]quit
[L3SW]dhcp server forbidden-ip 192.168.10.1 192.168.10.10
\\配置排除 IP 地址范围为 192.168.10.1 到 192.168.10.10。
[L3SW]interface vlan 10
[L3SW-Vlan-interface10]dhcp select server
\\配置 VLAN10 虚接口为 DHCP 服务模式。
[L3SW-Vlan-interface10]dhcp server apply ip-pool vlan10pool
\\配置 VLAN10 虚接口提供 DHCP 服务时使用 vlan10pool 地址池。
[L3SW-Vlan-interface10]quit
[L3SW]dhcp enable
```

\\启动 DHCP 服务。

完成以上配置以后，在 VPC10 上可以 ping 通 L3SW（192.168.10.1），同时在 L3SW 上使用命令 display dhcp server ip-in-use 可以看到 IP 地址分配情况。如果 VPC10 没有获取，选中 VPC10 后，单击鼠标右键，在快捷菜单中选择"配置"，单击"刷新"。VPC10 获取 IP 地址的情况如实训图 20-3 所示。

```
[L3SW]display dhcp server ip-in-use
IP address        Client identifier/       Lease expiration       Type
                  Hardware address
192.168.10.11     0061-3665-662e-3336      Mar 30 16:31:22 2021    Auto(C)
[L3SW]
```

实训图 20-3　VPC10 自动获取 IP 地址情况

4．配置三层交换机 L3SW 的 G1/0/1 接口为三层路由接口，并配置 IP 地址。配置 R1 的 G0/0 接口 IP 地址，保证 L3SW 与 R1 的互通

（1）三层交换机 L3SW 的接口配置如下。

```
[L3SW]interface GigabitEthernet 1/0/1
[L3SW-GigabitEthernet1/0/1]port link-mode route
[L3SW-GigabitEthernet1/0/1]ip address 10.1.1.1 24
```

（2）R1 的接口配置如下。

```
[R1]interface GigabitEthernet 0/0
[R1-GigabitEthernet0/0]ip address 10.1.1.2 24
```

5．在 R1 上配置 DHCP 服务，为 192.168.20.0/24 网络分配 IP 地址，同时在 R1 上配置默认路由

```
[R1]dhcp server ip-pool vlan20pool
\\创建 DHCP 地址池，名称为 vlan20pool。
[R1-dhcp-pool-vlan20pool]network 192.168.20.0 24
```

\\地址池网络为 192.168.20.0/24。

[R1-dhcp-pool-vlan20pool]gateway-list 192.168.20.1

\\地址池中网关为 192.168.20.1。

[R1-dhcp-pool-vlan20pool]dns-list 8.8.8.8

\\地址池中 dns 服务器为 8.8.8.8。

[R1-dhcp-pool-vlan20pool]quit

[R1]dhcp server forbidden-ip 192.168.20.1 192.168.20.10

\\配置排除 IP 地址范围为 192.168.20.1 到 192.168.20.10。

[R1]interface GigabitEthernet 0/0

[R1-GigabitEthernet0/0]dhcp select server

\\配置 G0/0 接口为 DHCP 服务模式。

[R1-GigabitEthernet0/0]dhcp server apply ip-pool vlan20pool

\\配置 G0/0 接口提供 DHCP 服务时使用 vlan20pool 地址池。

[R1-GigabitEthernet0/0]quit

[R1]dhcp enable

\\启动 DHCP 服务。

[R1]ip route-static 0.0.0.0 0.0.0.0 10.1.1.1

6. 在三层交换机 L3SW 上配置 DHCP 中继服务，配置默认路由

[L3SW]interface vlan 20

[L3SW-Vlan-interface20]dhcp select relay

\\配置 VLAN20 虚接口为 DHCP 中继模式。

[L3SW-Vlan-interface20]dhcp relay server-address 10.1.1.2

\\配置 DHCP 中继的服务器 IP 地址为 10.1.1.2。

[L3SW-Vlan-interface20]quit

[L3SW]ip route-static 0.0.0.0 0.0.0.0 10.1.1.2

完成以上配置以后，在 VPC20 上可以 ping 通 L3SW（192.168.20.1）。

如果 VPC20 没有获取，选中 VPC20 后，单击鼠标右键，在快捷菜单中选择"配置"，单击"刷新"，尝试获取 IP 地址。VPC20 获取 IP 地址的情况如实训图 20-4 所示。

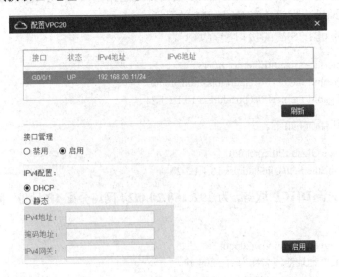

实训图 20-4　VPC20 自动获取 IP 地址情况

同时在 R1 上查看 IP 地址的分配情况。

```
[R1]display dhcp server ip-in-use
IP address        Client identifier/      Lease expiration      Type
                  Hardware address
192.168.20.11     0061-3665-662e-3338    Mar 30 17:11:35 2021    Auto(C)
[R1]
```

项目 19　访问控制列表简介

访问控制列表（access control list，ACL）是应用在路由器、三层交换机等三层设备接口的命令列表，这些命令列表用来告诉三层设备哪些 IP 数据包可以接收、哪些 IP 数据包需要拒绝。至于 IP 数据包是被接收还是被拒绝，可以由源 IP 地址、目的 IP 地址、源端口号、目的端口号、协议等特定指示条件来决定。

通过建立访问控制列表，三层设备可以限制网络流量，提高网络性能，对通信流量起到控制的作用，实现对流入和流出三层设备接口的 IP 数据包进行过滤，这也是对网络访问的基本安全手段，换句话说，三层设备的访问控制列表配置可以实现包过滤防火墙的作用。

在三层设备的许多配置任务中都需要使用访问控制列表，如网络地址转换 NAT、QoS 策略、策略路由等很多场合都需要使用访问控制列表。

1. 访问控制列表的分类

访问控制列表可以分为三类，分别是基本访问控制列表、高级访问控制列表和二层访问控制列表。

① 基本访问控制列表：也称为标准访问控制列表，编号为 2000~2999。基本访问控制列表是根据 IP 数据包的源地址来决定是否过滤数据包。

② 高级访问控制列表：也称为扩展访问控制列表，编号为 3000~3999。高级访问控制列表根据 IP 数据包的源地址、目的地址、传输层源端口、传输层目的端口和协议类型等来决定是否过滤数据包，应用比标准访问控制列表更加灵活。

③ 二层访问控制列表：编号为 4000~4999。二层访问控制列表是根据帧的源 MAC 地址、目的 MAC 地址等二层信息来决定是否过滤帧。

常用的访问控制列表是基本访问控制列表和高级访问控制列表。

在访问控制列表中，仍然使用通配符掩码（又称反向掩码）进行匹配。

通配符掩码 32 位，可以用点分十进制表示，并以二进制的"0"表示"匹配"，"1"表示"不关心"或者"无所谓"，这与子网掩码恰好相反，譬如子网掩码 255.255.255.0 对应的通配符掩码就是 0.0.0.255。

例如 210.31.10.0 与通配符掩码 0.0.0.255 相结合，表示 IP 地址的前 24 位必须匹配，而最后 8 为无所谓，因此实际表示 210.31.10.0/24 网络。

例如 210.31.10.20 与通配符掩码 0.0.0.0 相结合，表示 IP 地址的前 32 位必须匹配，因此实际表示主机 IP 地址 210.31.10.20。

例如 0.0.0.0 与通配符 255.255.255.255 相结合，表示 IP 地址不用任何匹配，即表示任何主机地址，也可以用 any 表示。

2．访问控制列表的配置步骤

第一步：创建访问控制列表。

第二步：配置规则编号的步长，如果不配置，默认规则编号的步长是 5。

第三步：配置访问控制列表中的规则，定义允许或禁止 IP 数据包的描述语句。

第四步：将访问控制列表应用到三层设备具体接口的 inbound 入方向或者出 outbound 出方向。

下面是一个访问控制列表的步骤。

```
[R1]acl basic 2000
\\创建一个基本访问控制列表，编号为 2000。
[R1-acl-ipv4-basic-2000]step 3
\\配置规则编号的步长为 3。
[R1-acl-ipv4-basic-2000]rule permit source 192.168.1.0 0.0.0.255
\\配置规则，允许源 IP 地址为 192.168.1.0、通配符掩码 0.0.0.255 的流量。
[R1-acl-ipv4-basic-2000]rule deny source 192.168.2.0 0.0.0.255
\\配置规则，禁止源 IP 地址为 192.168.2.0、通配符掩码 0.0.0.255 的流量。
[R1-acl-ipv4-basic-2000]display this
#
acl basic 2000
 step 3
 rule 0 permit source 192.168.1.0 0.0.0.255
 rule 3 deny source 192.168.2.0 0.0.0.255
#
return
```

\\查看配置的基本访问控制列表 2000，第一条规则的编号为 0，步长为 3，则第二条规则的编号为 3，这有助于后期修改访问控制列表的时候，在 0 和 3 编号之间插入规则。

```
[R1-acl-ipv4-basic-2000]quit
[R1]interface GigabitEthernet 0/0
[R1-GigabitEthernet0/0]packet-filter 2000 inbound
```

\\在路由器 R1 接口的 inbound 入方向，那么进入这个接口的数据流量，如果源 IP 地址是 192.168.1.0/24 会被允许，如果源 IP 地址是 192.168.2.0/24 会被拒绝。

```
[R1-GigabitEthernet0/0]
```

从上面的情况可以看出，一个访问控制列表中可以包含多条规则，三层设备会按照规则的顺序与数据包进行匹配，一旦匹配上某条规则便结束匹配过程，同时在访问控制列表的最后隐含了一条 deny any，即在访问控制列表中没有被允许的数据流量都将被拒绝。

实训 21　路由器访问控制列表配置

【实训任务】

通过本次实训任务，掌握基本访问控制列表、高级访问控制列表的配置方法和配置指令，并进行结果验证。

【实训拓扑】

在 HCL 模拟器中，添加两台路由器 R1 和 R2，添加两台 Oracle VirtualBox 中的 Host 主机 Host1 和 Host2。

在 Virtual Box 中配置 Win7-01 虚拟机，连接 Oracle VirtualBox Host-Only Ethernet Adapter 适配器，启动 Win7-01 虚拟机以后，配置 IP 地址为 192.168.1.2/24，网关为 192.168.1.1。

在 Virtual Box 中配置 Win7-02 虚拟机，连接 Oracle VirtualBox Host-Only Ethernet Adapter#2 适配器，启动 Win7-02 虚拟机以后，配置 IP 地址为 192.168.2.2/24，网关为 192.168.2.1。

各台设备的规划如实训图 21-1 和实训表 21-1 所示。

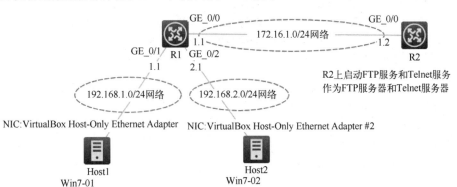

实训图 21-1　实训 21 拓扑图

实训表 21-1　实训 21 中各台设备规划

设 备 名 称	接　口	IP 地址/子网掩码	连 接 对 端
R1	G0/0	172.16.1.1/24	R2-G0/0
	G0/1	192.168.1.1/24	VirtualBox 中 Win7-01
	G0/2	192.168.2.1/24	VirtualBox 中 Win7-02
R2	G0/0	172.16.1.2/24	R1-G0/0
Host1	IP 地址 192.168.1.2/24，网关 192.168.1.1 连接 VirtualBox Host-Only Ethernet Adapter 适配器		R1-G0/1
Host2	IP 地址 192.168.2.2/24，网关 192.168.2.1 连接 VirtualBox Host-Only Ethernet Adapter#2 适配器		R1-G0/2

配置包含两个内容，分别是基本访问控制列表和高级访问控制列表。

第一个内容，在 R1 上配置基本访问控制列表，允许 192.168.1.0/24 网络访问 R3。禁止 192.168.2.0/24 网络访问 R3。

第二个内容，在 R1 上配置高级访问控制列表，允许 192.168.1.0/24 网络访问 R3 的 FTP 服务、禁止访问 R3 的 Telnet 服务、允许 ICMP 协议访问 R3，允许 192.168.2.0/24 网络访问 R3 的 Telnet 服务、禁止访问 R3 的 FTP 服务、禁止 ICMP 协议访问 R3。

【实训步骤】

1. 完成各台设备接口的 IP 地址配置。保证各台设备之间的互通

配置命令略。

2．在 R2 上配置静态路由，保证路由畅通，配置 FTP 用户、Telnet 用户，并启动 R2 的 FTP 服务和 Telnet 服务

配置命令如下。

```
[R2]ip route-static 0.0.0.0 0.0.0.0 172.16.1.1
[R2]local-user gzeic class manage
[R2-luser-manage-gzeic]service-type ftp
[R2-luser-manage-gzeic]service-type telnet
[R2-luser-manage-gzeic]password simple helloh3c
\\配置 ftp 用户、Telnet 用户名 gzeic 的密码为 helloh3c。
[R2-luser-manage-gzeic]authorization-attribute user-role network-admin
[R2-luser-manage-gzeic]quit
[R2]user-interface vty 0 4
[R2-line-vty0-4]authentication-mode scheme
[R2-line-vty0-4]quit
[R2]telnet server enable
[R2]ftp server enable
```

3．在 R1 上基本访问控制列表

配置命令如下。

```
[R1]acl basic 2000
\\创建基本访问控制列表 2000。
[R1-acl-ipv4-basic-2000]rule permit source 192.168.1.0 0.0.0.255
\\允许源 IP 地址为 192.168.1.0，通配符掩码为 0.0.0.255。
[R1-acl-ipv4-basic-2000]rule deny source 192.168.2.0 0.0.0.255
\\拒绝源 IP 地址为 192.168.2.0，通配符掩码为 0.0.0.255。
[R1-acl-ipv4-basic-2000]quit
[R1]interface GigabitEthernet 0/0
[R1-GigabitEthernet0/0]packet-filter 2000 outbound
\\在 R1 的 G0/0 接口出的方向上，应用访问控制列表 2000，则对从该接口发出的流量进行过滤。
```

完成以上配置内容以后，进行结果验证。结果如实训图 21-2 所示。

Host1（192.168.1.2）可以 ping 通 R2（172.16.1.2）

Host2（192.168.2.2）无法 ping 通 R2（172.16.1.2）。

实训图 21-2　Host1、Host2 与 172.16.1.2 的 ping 通情况

4．在 R1 的 G0/0 接口上取消基本访问控制列表，同时配置高级访问控制列表

配置命令如下。

　　[R1]interface GigabitEthernet 0/0

　　[R1-GigabitEthernet0/0]undo packet-filter 2000 outbound

　　\\在 R1 的 G0/0 接口上，取消访问控制列表 2000。

　　[R1-GigabitEthernet0/0]quit

　　[R1]acl advanced 3000

　　\\创建高级访问控制列表 3000。

　　[R1-acl-ipv4-adv-3000]rule permit tcp source 192.168.1.0 0.0.0.255 destination 172.16.1.2 0.0.0.0 destination-port eq 21

　　\\配置规则允许 TCP 的流量，该流量的特征为：源 IP 为 192.168.1.0，通配符掩码为 0.0.0.255；目的 IP 地址为 172.16.1.2，通配符掩码为 0.0.0.0，目的端口为 21 端口，21 为 FTP 的服务端口。

　　[R1-acl-ipv4-adv-3000]rule deny tcp source 192.168.1.0 0.0.0.255 destination 172.16.1.2 0.0.0.0 destination-port eq 23

　　\\配置规则拒绝 TCP 的流量，该流量的特征为：源 IP 为 192.168.1.0，通配符掩码为 0.0.0.255；目的 IP 地址为 172.16.1.2，通配符掩码为 0.0.0.0，目的端口为 23 端口，23 为 Telnet 的服务端口。

　　[R1-acl-ipv4-adv-3000]rule permit icmp source 192.168.1.0 0.0.0.255

　　\\配置规则允许协议为 ICMP、源地址为 192.168.1.0，通配符掩码为 0.0.0.255 的流量。

　　[R1-acl-ipv4-adv-3000]rule permit tcp source 192.168.2.0 0.0.0.255 destination 172.16.1.2 0.0.0.0 destination-port eq 23

　　\\配置规则允许 TCP 的流量，该流量的特征为：源 IP 为 192.168.2.0，通配符掩码为 0.0.0.255；目的 IP 地址为 172.16.1.2，通配符掩码为 0.0.0.0，目的端口为 23 端口。

　　[R1-acl-ipv4-adv-3000]rule deny tcp source 192.168.2.0 0.0.0.255 destination 172.16.1.2 0.0.0.0 destination-port eq 21

　　\\配置规则拒绝 TCP 的流量，该流量的特征为：源 IP 为 192.168.2.0，通配符掩码为 0.0.0.255、目的 IP 地址为 172.16.1.2，通配符掩码为 0.0.0.0、目的端口为 21 端口。

　　[R1-acl-ipv4-adv-3000]rule deny icmp source 192.168.2.0 0.0.0.255

　　\\配置规矩拒绝协议为 ICMP、源地址为 192.168.2.0，通配符掩码为 0.0.0.255 的流量。

　　[R1-acl-ipv4-adv-3000]quit

　　[R1]interface GigabitEthernet 0/0

　　[R1-GigabitEthernet0/0]packet-filter 3000 outbound

　　\\在 R1 的 G0/0 接口出方向上应用访问控制列表 3000。

　　[R1-GigabitEthernet0/0]

完成以上配置内容以后，进行结果验证。Host1 上的结果如实训图 21-3 所示。

Host1（192.168.1.2）可以 FTP 访问 172.16.1.2，不能 telent 172.16.1.2，可以 ping 通 172.16.1.2。

Host2（192.168.2.2）不能 FTP 访问 172.16.1.2，可以 telent172.16.1.2，不能 ping 通 172.16.1.2。

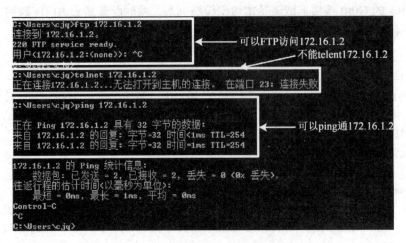

实训图 21-3　Host1 访问 172.16.1.2 情况

项目 20　网络地址转换 NAT 简介

网络地址转换（network address translation，NAT）主要作用在于将内网地址（内部地址、私有地址）转换为外网地址（外部地址、公网地址）。

由于现行 IP 地址标准——IPv4 的限制，Internet 面临着 IP 地址空间短缺的问题，从 ISP 申请并给企业的每位员工分配一个合法的公网 IP 地址是不现实的。NAT 不仅较好地解决了 IP 地址不足的问题，而且还能够有效地避免来自网络外部的攻击，隐藏并保护网络内部的计算机。NAT 功能通常被集成到三层交换机、路由器、防火墙等设备中。

内网 IP 地址范围为 10.0.0.0 到 10.255.255.255，172.16.0.0 到 172.31.255.255，192.168.0.0 到 192.168.255.255。内网 IP 地址可以不经过申请就在内部网络中使用。

NAT 的技术实现主要有三种方式。

1. 静态方式

静态地址转换是指外部网络和内部网络之间的地址映射关系由配置确定，该方式适用于内部网络与外部网络之间存在固定访问需求的组网环境。静态地址转换支持双向互访，内网用户可以主动访问外网，外网用户也可以主动访问内网。

如图 20-1 所示，内部主机 192.168.1.2 访问 Internet 服务器 222.2.2.2，内部主机发送到网关的 IP 数据包中，源 IP 地址为 192.168.1.2，目的 IP 地址为 222.2.2.2，当这个 IP 数据包到达路由器以后，经过路由器 NAT 静态转化以后，则 IP 数据包的源 IP 地址成为 211.1.1.10，目的 IP 地址为 222.2.2.2，当 Internet 服务器收到进行响应回复，回复 IP 数据包源 IP 地址为 222.2.2.2，目的 IP 地址为 211.1.1.10，当回复 IP 数据包到达路由器以后，路由器再进行 NAT 静态转化，目的 IP 地址成为内网 IP 地址 192.168.1.2。

静态 NAT 方式的配置命令如下，通过这样的配置就把内网地址 192.168.1.2 固定映射外网地址 211.1.1.10，形成一对一的关系。

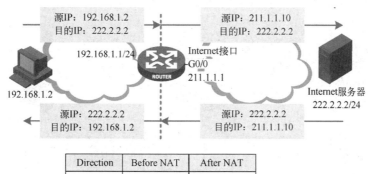

Direction	Before NAT	After NAT
Outbound	192.168.1.2	211.1.1.10
Inbound	211.1.1.10	192.168.1.2

地址池：211.1.1.10-211.1.1.20

图 20-1　静态 NAT 方式

```
 [RA]nat static outbound 192.168.1.2 211.1.1.10
[RA]nat static inbound 211.1.1.10 192.168.1.2
[RA]interface GigabitEthernet 0/0
[RA-GigabitEthernet0/1]nat static enable
```

2．动态方式

动态地址转换是指内部网络和外部网络之间的地址映射关系在建立连接的时候动态产生。该方式通常适用于内部网络有大量用户需要访问外部网络的组网环境。动态地址转换存在两种转换模式。

（1）NO-PAT 模式

NO-PAT（not port address translation），即无逻辑端口地址转换，一个外网地址同一时间只能分配给一个内网地址进行地址转换，不能同时被多个内网地址共用。当使用某外网地址的内网用户停止访问外网时，NAT 会将其占用的外网地址释放并分配给其他内网用户使用。

该模式类似于静态方式，只是使用完成以后，会释放外网地址。如图 20-1 所示，有一个 NAT 外网 IP 地址池 211.1.1.10～211.1.1.20，在 NAT 转换的时候，192.168.1.2 使用了 NAT 地址池中的 211.1.1.10，当 192.168.1.2 完成外网访问以后，NAT 会把这个 211.1.1.10 外网 IP 地址释放回地址池，提供给内部其他主机使用。

（2）PAT 模式

PAT（port address translation），即逻辑端口地址转换，一个外网 IP 地址可以同时分配给多个内网地址共用。该模式下，NAT 设备需要对 IP 地址和传输层端口同时进行转换。

如图 20-2 所示，内网主机 192.168.1.2 和 192.168.1.3 同时访问 Internet 服务器 222.2.2.2。

192.168.1.2 发出的报文源地址信息为 192.168.1.2:1111，1111 为传输层逻辑端口号，目的 IP 地址为 222.2.2.2，经过 NAT 的 PAT 转换以后，源地址信息为 211.1.1.1：1001，目的 IP 地址为 222.2.2.2。

192.168.1.3 发出的报文源地址信息为 192.168.1.3：1111，1111 为传输层逻辑端口号，目的 IP 地址为 222.2.2.2，经过 NAT 的 PAT 转换以后，源地址信息为 211.1.1.1：1002，目的 IP 地址为 222.2.2.2。

通过以上的介绍可以了解，PAT 模式通过增加逻辑端口的转化，可以实现多个内网 IP 地址共享一个外网 IP 地址。

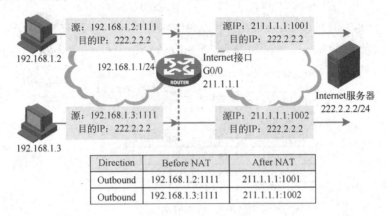

图 20-2　PAT 模式

（3）内部服务器

在实际应用中，内网中的服务器可能需要对外部网络提供一些服务，例如给外部网络提供 Web 服务、FTP 服务等。这种情况下，NAT 设备允许外网用户通过指定的 NAT 地址和端口访问这些内部服务器，NAT 内部服务器的配置就定义了外网地址：逻辑端口与内网服务器地址：逻辑端口的映射关系，如图 20-3 所示。

例如外网客户机 222.2.2.2 需要访问内网服务器 192.168.1.2 的 Web 服务（逻辑端口 80），在路由器上做了这样的内部服务器 NAT 映射，211.1.1.1:80 对应 192.168.1.2:80。

外网客户机发出的报文源地址信息为 222.2.2.2:1111，目的地址为 211.1.1.1:80，当这个报文到达路由器以后，根据 NAT 内部服务器映射关系，NAT 转换目的地址为 192.168.1.2:80，当内网服务器收到以后进行回复，其过程刚好相反。

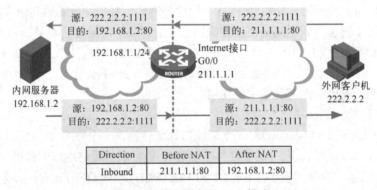

图 20-3　内部服务器 NAT 模式

总体而言，NAT 地址转换能力具备以下优点。

① 内部网络需要与外部网络通信或访问外部资源，可以通过将大量的内网地址转换成少量的外网地址来实现，这在一定程度上缓解了 IPv4 地址空间日益枯竭的压力。

② 地址转换可以利用逻辑端口信息，将内网地址和逻辑端口映射成外网地址和逻辑端口，使得多个内网用户可共用一个外网地址与外部网络通信，节省了外网地址。

③ 通过静态映射，不同的内部服务器可以映射到同一个外网地址。外部用户可通过外网

地址和端口访问不同的内部服务器，同时还隐藏了内部服务器的真实 IP 地址，从而防止外部对内部服务器乃至内部网络的攻击。

实训 22　路由器 NAT 配置

【实训任务】

通过本次实训任务，掌握 NAT 的 NO-PAT 模式、PAT 模式、EASY NAT、内部服务器 NAT 的配置方法和配置指令，并进行结果验证。

【实训拓扑】

在 HCL 模拟器中，添加一台交换机 SW，添加五台路由器，分别取名为 InServer、Client、NAT、R1、OutServer。

InServer 路由器，模拟内网 FTP 服务器。

Client 路由器，模拟内网访问外网 FTP 服务器的客户机。

NAT 路由器实现内网、外网地址的 NAT 转换功能。

R1 路由器，模拟 Internet 上外部网络连接路由器。

OutServer 路由器，模拟外网 FTP 服务器，同时也模拟访问内网 FTP 服务器的客户机。

各台设备的规划如实训图 22-1 和实训表 22-1 所示。

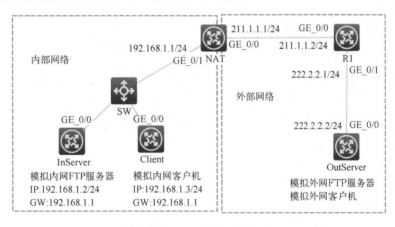

实训图 22-1　实训 22 拓扑图

实训表 22-1　实训 22 中各台设备规划

设备名称	接　口	IP 地址/子网掩码	连接对端
InServer	G0/0	192.168.1.2/24 默认路由指向 192.168.1.1	SW 任意接口
Client	G0/0	192.168.1.3/24 默认路由指向 192.168.1.1	SW 任意接口
NAT	G0/1	192.168.1.1/24	SW 任意接口
	G0/0	211.1.1.1/24	R1-G0/0
R1	G0/0	211.1.1.2/24	NAT-G0/0
	G0/1	222.2.2.1/24	OutServer-G0/0
OutServer	G0/0	222.2.2.2/24	R1-G0/1

【实训步骤】

① InServer 路由器，模拟内网 FTP 服务器，完成 InServer 的接口配置、默认路由配置、FTP 用户配置（用户名 inserver 密码 helloinserver）、FTP 服务配置。

```
[inserver]interface GigabitEthernet 0/0
[inserver-GigabitEthernet0/0]ip address 192.168.1.2 24
[inserver-GigabitEthernet0/0]quit
[inserver]ip route-static 0.0.0.0 0.0.0.0 192.168.1.1
[inserver]local-user inserver class manage
[inserver-luser-manage-inserver]service-type ftp
[inserver-luser-manage-inserver]password simple helloinserver
[inserver-luser-manage-inserver]authorization-attribute user-role network-admin
[inserver-luser-manage-inserver]quit
[inserver]ftp server enable
```

② Client 路由器，模拟内网访问外网 FTP 服务器的客户机。完成 Client 的接口配置、默认路由配置。

```
[client]interface GigabitEthernet 0/0
[client-GigabitEthernet0/0]ip address 192.168.1.3 24
[client-GigabitEthernet0/0]quit
[client]ip route-static 0.0.0.0 0.0.0.0 192.168.1.1
```

③ 完成网络地址转换设备的 NAT 接口配置、默认路由配置。

```
[NAT]interface GigabitEthernet 0/1
[NAT-GigabitEthernet0/1]ip address 192.168.1.1 24
[NAT-GigabitEthernet0/1]quit
[NAT]interface GigabitEthernet 0/0
[NAT-GigabitEthernet0/0]ip address 211.1.1.1 24
[NAT-GigabitEthernet0/0]quit
[NAT]ip route-static 0.0.0.0 0.0.0.0 211.1.1.2
```

④ 完成外部网络的 R1 接口配置。

```
[R1]interface GigabitEthernet 0/0
[R1-GigabitEthernet0/0]ip address 211.1.1.2 24
[R1-GigabitEthernet0/0]quit
[R1]interface GigabitEthernet 0/1
[R1-GigabitEthernet0/1]ip address 222.2.2.1 24
```

⑤ OutServer 路由器，模拟外网 FTP 服务器，同时也模拟访问内网 FTP 服务器的客户机。完成 OutServer 接口的配置、默认路由配置、FTP 用户配置（用户名 outserver 密码 hellooutserver）、FTP 服务配置。

```
[outserver]interface GigabitEthernet 0/0
[outserver-GigabitEthernet0/0]ip address 222.2.2.2 24
[outserver-GigabitEthernet0/0]quit
[outserver]ip route-static 0.0.0.0 0.0.0.0 222.2.2.1
```

[outserver]local-user outserver class manage

[outserver-luser-manage-outserver]password simple hellooutserver

[outserver-luser-manage-outserver]service-type ftp

[outserver-luser-manage-outserver]authorization-attribute user-role network-admin

[outserver-luser-manage-outserver]quit

[outserver]ftp server enable

⑥ 在 NAT 设备上配置 NO-PAT 模式后，进行结果验证。

[NAT]nat address-group 1

\\创建一个 NAT 地址池，地址池编号 1。

[NAT-address-group-1]address 211.1.1.10 211.1.1.20

\\地址池的范围为 211.1.1.10 到 211.1.1.20。

[NAT-address-group-1]quit

[NAT]acl basic 2000

\\创建访问控制列表 2000

[NAT-acl-ipv4-basic-2000]rule permit source 192.168.1.0 0.0.0.255

\\规则为允许源 IP 地址为 192.168.1.0 通配符掩码为 0.0.0.255。

[NAT-acl-ipv4-basic-2000]exit

[NAT]interface GigabitEthernet 0/0

[NAT-GigabitEthernet0/0]nat outbound 2000 address-group 1 no-pat

\\在 NAT 设备的 G0/0 出口方向上，对符合访问控制列表 2000 的流量，转化为地址池 1 中的地址，为 no-pat 模式。

在内部网络 client 客户机上使用 ftp 命令访问外网 FTP 服务器 222.2.2.2，用户名为 outserver，密码为 hellooutserver，成功登录结果如下。

<client>ftp 222.2.2.2

…

Connected to 222.2.2.2 (222.2.2.2).

220 FTP service ready.

User (222.2.2.2:(none)): outserver

331 Password required for outserver.

Password:

230 User logged in.

…

ftp>

在 NAT 设备上查看 nat 会话摘要，结果如下。

[NAT]display nat session brief

Slot 0:

Protocol	Source IP/port	Destination IP/port	Global IP/port
TCP	192.168.1.3/39234	222.2.2.2/21	211.1.1.10/39234

Total sessions found: 1

[NAT]

通过 nat 会话摘要可以看到，内网地址 192.168.1.3 经过 NAT 转换为外网地址 211.1.1.10，逻辑端口没有变化。

⑦ 在 NAT 设备上配置 PAT 模式后，进行结果验证。

```
[NAT]interface GigabitEthernet 0/0
[NAT-GigabitEthernet0/0]undo nat outbound 2000
[NAT-GigabitEthernet0/0]nat outbound 2000 address-group 1
\\\\在 NAT 设备的 G0/0 出口方向上，对符合访问控制列表 2000 的流量，转化为地址池 1 中的地址，
为 pat 模式。
```

在内部网络 client 客户机上使用 ftp 命令访问外网 FTP 服务器 222.2.2.2，用户名为 outserver，密码为 hellooutserver。

然后在 NAT 设备上查看 nat 会话摘要，结果如下。

```
<NAT>display nat session brief
Slot 0:
Protocol        Source IP/port        Destination IP/port      Global IP/port
TCP             192.168.1.3/39235     222.2.2.2/21             211.1.1.10/1025
Total sessions found: 1
<NAT>
```

通过 nat 会话摘要可以看到，内网地址 192.168.1.3 经过 NAT 转换为外网地址 211.1.1.10，逻辑端口也发生变化。

⑧ 在 NAT 设备上配置 easy nat 模式后，进行结果验证，所谓 easy nat 就是将内网地址转换为 NAT 设备外网接口 IP 地址的 PAT 模式。

```
[NAT]interface GigabitEthernet 0/0
[NAT-GigabitEthernet0/0]undo nat outbound 2000
[NAT-GigabitEthernet0/0]nat outbound 2000
[NAT-GigabitEthernet0/0]
```

在内部网络 client 客户机上使用 ftp 命令访问外网 FTP 服务器 222.2.2.2，用户名 outserver 密码 hellooutserver。

然后在 NAT 设备上查看 nat 会话摘要，结果如下。

```
<NAT>display nat session brief
Slot 0:
Protocol        Source IP/port        Destination IP/port      Global IP/port
TCP             192.168.1.3/39236     222.2.2.2/21             211.1.1.1/1025
Total sessions found: 1
<NAT>
```

通过 nat 会话摘要可以看到，内部 IP 地址 192.168.1.3 经过 NAT 转换为 NAT 设备的外网接口 IP 地址 211.1.1.1，逻辑端口也发生变化。

⑨ 在 NAT 设备上配置内部服务器 NAT，进行结果验证。

```
[NAT]interface GigabitEthernet 0/0
[NAT-GigabitEthernet0/0]nat server protocol tcp global 211.1.1.10 21 inside 192.168.1.2 21
\\配置 nat 服务器，协议为 tcp，外网地址 211.1.1.10 的 21 端口映射到内部的 192.168.1.2 的 21 端口。
```

然后在 OutServer 上访问 211.1.1.10 的 IP 地址，实现访问内部服务器 192.168.1.2，用户名为 inserver，密码为 helloinserver。成果登录的结果如下。

```
<outserver>ftp 211.1.1.10
…
Connected to 211.1.1.10 (211.1.1.10).
220 FTP service ready.
User (211.1.1.10:(none)): inserver
331 Password required for inserver.
Password:
230 User logged in.
…
ftp>
```

然后在 NAT 设备上查看 nat 会话摘要，结果如下。

```
[NAT]display nat session brief
Slot 0:
Protocol          Source IP/port        Destination IP/port        Global IP/port
TCP               192.168.1.2/21        222.2.2.2/6848             211.1.1.10/21
Total sessions found: 1
[NAT]
```

项目 21　虚拟路由器冗余协议 VRRP 简介

通常，同一网络内的所有主机上都存在一个相同的默认网关。主机发往其他网络的 IP 数据包将通过默认网关进行转发，从而实现主机与外部网络的通信。当默认网关发生故障时，本网络内所有主机将无法与外部网络通信。

因此，对默认网关采用冗余技术是提高网络可靠性的必然选择。对默认网关的冗余如图 21-1 所示。在一个默认网关完全不能工作的情况下，它的全部功能便被系统中的另一个备份默认网关完全接管，直至出现问题的路由器恢复正常，这就是虚拟路由器冗余协议虚拟路由器冗余协议（virtual router redundancy protocol，VRRP）要解决的问题。

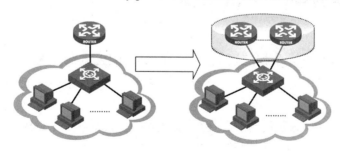

图 21-1　对默认网关采用冗余技术

由 IEEE 提出的 VRRP 是一种冗余协议，其目的是利用备份机制来提高路由器或三层交换机与外界连接的可靠性。

VRRP 运行于局域网的多台三层设备上，VRRP 示意图如图 21-2 所示。VRRP 将这两台路由器组织成一台虚拟路由器。在这个虚拟路由器中，有一个活动路由器（被称为 Master）和一个或多个备份路由器（被称为 Backup）。Master 将实际承担这个虚拟路由器的工作任务，而备份路由器则作为活动路由器的备份。

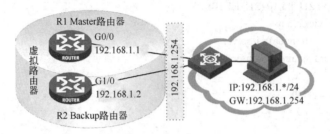

图 21-2　VRRP 虚拟路由器

图中，R1 路由器具有一个网关地址 192.168.1.1，R2 路由器具有一个网关地址 192.168.1.2，两者共同组成的一台虚拟路由器，在运行的时候，这个虚拟路由器拥有自己的虚拟 IP 地址 192.168.1.254。

由于 VRRP 只在路由器或三层交换机上运行，所以对于该网络上的各主机来说，这个虚拟路由器是透明的，它们仅仅知道这个虚拟路由器的虚拟 IP 地址，而并不知道 Master 及 Backup 的实际 IP 地址，因此它们将把自己的默认网关地址设置为该虚拟路由器的虚拟 IP 地址。

这里可以总结一下：在 VRRP 虚拟路由器内，总有一台路由器或三层交换机是活动路由器（Master），它完成虚拟路由器的工作，该虚拟路由器中其他的路由器或三层交换机作为备份路由器，随时监控活动路由器的活动。当原有的活动路由器出现故障时，各备份路由器将自动选举出一个新的活动路由器来接替其工作，继续为网络内各主机提供路由服务。由于这个选举和接替阶段短暂而平滑，因此，网段内各主机仍然可以正常地使用虚拟路由器，实现不间断地与外界保持通信。

实训 23　三层交换机 VRRP 配置

【实训任务】

通过本次实训任务，掌握三层交换机 VRRP 的配置方法和配置命令，并进行结果验证。

【实训拓扑】

在 HCL 模拟器中，添加两台三层交换机，分别是 L3SW-1 和 L3SW-2，添加一台二层交换机 L2SW，添加两台 VPC，分别是 VPC10、VPC20。

在拓扑图中有两个 VLAN，VLAN10 的 IP 网络为 192.168.10.0/24，VLAN20 的 IP 网络为 192.168.20.0/24，在 VRRP 配置中，L3SW-1 作为 VLAN10 的 Master 网关、VLAN20 的 Backup 网关，L3SW-2 作为 VLAN20 的 Master 网关、VLAN10 的 Backup 网关。

各台设备的规划如实训图 23-1 和实训表 23-1 所示。

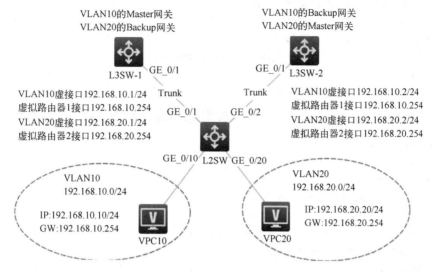

实训图 23-1　实训 23 拓扑图

实训表 23-1　实训 23 中各台设备规划

设备名称	接　　口	IP 地址/子网掩码	归属 VLAN	连接对端
L2SW	G1/0/10		VLAN10	VPC10
	G1/0/20		VLAN20	VPC20
	G1/0/1		Trunk	L3SW-1-G1/0/1
	G1/0/2		Trunk	L3SW-2-G1/0/1
L3SW-1	G1/0/1		Trunk	L2SW-1-G1/0/1
	VLAN10 虚接口	192.168.10.1/24	VLAN10	VLAN10
	VLAN20 虚接口	192.168.20.1/24	VLAN20	VLAN20
L3SW-2	G1/0/1		Trunk	L2SW-2-G1/0/2
	VLAN10 虚接口	192.168.10.2/24	VLAN10	VLAN10
	VLAN20 虚接口	192.168.20.2/24	VLAN20	VLAN20
VPC10	IP 地址 192.168.10.10/24，网关 192.168.10.1		VLAN10	L2SW-G1/0/10
VPC20	IP 地址 192.168.20.20/24，网关 192.168.20.1		VLAN20	L2SW-G1/0/20

【实训步骤】

1. 在 L2SW 上完成 VLAN 配置、Trunk 配置

[L2SW]vlan 10

[L2SW-vlan10]vlan 20

[L2SW-vlan20]quit

[L2SW]interface GigabitEthernet 1/0/10

[L2SW-GigabitEthernet1/0/10]port access vlan 10

[L2SW-GigabitEthernet1/0/10]quit

[L2SW]interface GigabitEthernet 1/0/20

[L2SW-GigabitEthernet1/0/20]port access vlan 20

[L2SW-GigabitEthernet1/0/20]quit

[L2SW]interface range GigabitEthernet 1/0/1 to GigabitEthernet 1/0/2

[L2SW-if-range]port link-type trunk

[L2SW-if-range]port trunk permit vlan 10 20

2. 在 **L3SW-1** 上完成 VLAN 配置、**Trunk** 配置，以及 VLAN 虚接口配置和 VRRP 配置

[L3SW-1]vlan 10

[L3SW-1-vlan10]vlan 20

[L3SW-1-vlan20]quit

[L3SW-1]interface GigabitEthernet 1/0/1

[L3SW-1-GigabitEthernet1/0/1]port link-type trunk

[L3SW-1-GigabitEthernet1/0/1]port trunk permit vlan 10 20

[L3SW-1-GigabitEthernet1/0/1]quit

[L3SW-1]interface vlan 10

[L3SW-1-Vlan-interface10]ip address 192.168.10.1 24

\\配置 VLAN10 虚接口 IP 地址为 192.168.10.1/24。

[L3SW-1-Vlan-interface10]vrrp vrid 1 virtual-ip 192.168.10.254

\\创建 VRRP 虚拟路由器组 1，设置该虚拟路由器组 1 的虚拟 IP 地址为 192.168.10.254。

[L3SW-1-Vlan-interface10]vrrp vrid 1 priority 200

\\配置本设备在虚拟路由器组 1 中的优先级为 200，默认优先级为 100。

[L3SW-1-Vlan-interface10]vrrp vrid 1 preempt-mode

\\配置本设备在虚拟路由器组 1 中为抢占模式，即如果本设备故障恢复以后，重新抢回 Master 角色。

[L3SW-1-Vlan-interface10]quit

[L3SW-1]interface vlan 20

[L3SW-1-Vlan-interface20]ip address 192.168.20.1 24

\\配置 VLAN20 虚接口 IP 地址为 192.168.20.1/24。

[L3SW-1-Vlan-interface20]vrrp vrid 2 virtual-ip 192.168.20.254

\\创建 VRRP 虚拟路由器组 2，设置该虚拟路由器组 2 的虚拟 IP 地址为 192.168.20.254。

3. 在 **L3SW-2** 上完成 VLAN 配置、**Trunk** 配置，以及 VLAN 虚接口配置和 VRRP 配置

[L3SW-2]vlan 10

[L3SW-2-vlan10]vlan 20

[L3SW-2-vlan20]quit

[L3SW-2]interface GigabitEthernet 1/0/1

[L3SW-2-GigabitEthernet1/0/1]port link-type trunk

[L3SW-2-GigabitEthernet1/0/1]port trunk permit vlan 10 20

[L3SW-2-GigabitEthernet1/0/1]quit

[L3SW-2]interface vlan 10

[L3SW-2-Vlan-interface10]ip address 192.168.10.2 24

\\配置 VLAN10 虚接口 IP 地址为 192.168.10.2/24。

[L3SW-2-Vlan-interface10]vrrp vrid 1 virtual-ip 192.168.10.254

\\创建 VRRP 虚拟路由器组 1，设置该虚拟路由器组 1 的虚拟 IP 地址为 192.168.10.254。

[L3SW-2-Vlan-interface10]quit

[L3SW-2]interface vlan 20

[L3SW-2-Vlan-interface20]ip address 192.168.20.2 24

\\配置 VLAN20 虚接口 IP 地址为 192.168.20.2/24。

[L3SW-2-Vlan-interface20]vrrp vrid 2 virtual-ip 192.168.20.254

\\创建 VRRP 虚拟路由器组 2，设置该虚拟路由器组 2 的虚拟 IP 地址为 192.168.20.254。

[L3SW-2-Vlan-interface20]vrrp vrid 2 priority 200

\\配置本设备在虚拟路由器组 2 中的优先级为 200。

[L3SW-2-Vlan-interface20]vrrp vrid 2 preempt-mode

\\配置本设备在虚拟路由器组 2 中为抢占模式，即如果本设备故障恢复以后，重新抢回 Master 角色。

4．在 L3SW-1 和 L3SW-1 上检查 VRRP 运行情况

① L3SW-1 的 VRRP 运行情况。可以看到本设备是作为 VLAN10 虚接口的 Master、VLAN20 虚接口的 Backup。

[L3SW-1]display vrrp

…

Interface	VRID	State	Running pri	Adver timer(cs)	Auth type	Virtual IP
Vlan10	1	Master	200	100	None	192.168.10.254
Vlan20	2	Backup	100	100	None	192.168.20.254

[L3SW-1]

② L3SW-2 的 VRRP 运行情况。可以看到本设备是作为 VLAN20 虚接口的 Master、VLAN10 虚接口的 Backup。

[L3SW-2]display vrrp

…

Interface	VRID	State	Running pri	Adver timer(cs)	Auth type	Virtual IP
Vlan10	1	Backup	100	100	None	192.168.10.254
Vlan20	2	Master	200	100	None	192.168.20.254

[L3SW-2]

5．在 L2SW 上 shutdown 关闭 G1/0/2 端口以后，在 L3SW-1 和 L3SW-2 上检查 VRRP 运行情况

① L3SW-1 的 VRRP 运行情况。可以看到本设备是作为 VLAN10 虚接口的 Master、VLAN20 虚接口的 Master。

[L3SW-1]display vrrp

…

Interface	VRID	State	Running pri	Adver timer(cs)	Auth type	Virtual IP
Vlan10	1	Master	200	100	None	192.168.10.254

| Vlan20 | 2 | Master | 100 | 100 | None | 192.168.20.254 |

[L3SW-1]

② L3SW-2 的 VRRP 运行情况。可以看到本设备的 VLAN10 虚接口、VLAN20 虚接口均处于初始化状态。

```
[L3SW-2]display vrrp
…
```

Interface	VRID	State	Running pri	Adver timer(cs)	Auth type	Virtual IP
Vlan10	1	Initialize	100	100	None	192.168.10.254
Vlan20	2	Initialize	200	100	None	192.168.20.254

[L3SW-2]

而在 VPC20（192.168.20.20）上依旧可以 ping 通网关 192.168.20.254，保持和外部网络的通信。

6．在 L2SW 上 undo shutdown 启用 G1/0/2 端口以后，在 L3SW-2 上检查 VRRP 运行情况。可以看到 VLAN20 虚接口重新抢回 Master 角色

```
[L3SW-2]display vrrp
IPv4 virtual router information:
 Running mode : Standard
 Total number of virtual routers : 2
```

Interface	VRID	State	Running pri	Adver timer(cs)	Auth type	Virtual IP
Vlan10	1	Backup	100	100	None	192.168.10.254
Vlan20	2	Master	200	100	None	192.168.20.254

[L3SW-2]

项目 22　策略路由简介

企业接入 Internet，通常会采用双线路接入的方式，如图 22-1 所示，企业使用线路 1 通过 ISP1 接入 Internet，使用线路 2 通过 ISP2 接入 Internet，这样双出口的 Internet 接入设计方案，可以保证企业与 Internet 连接的冗余性。

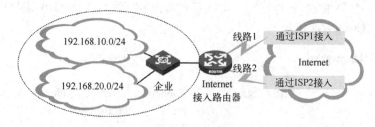

图 22-1　企业双出口接入 Internet

但是在 Internet 的接入设备路由器上不得不面临的一个问题是，在线路 1、线路 2 均通畅的情况下，如何将数据流量分配到线路 1 和线路 2 上，否则就会造成某条线路的带宽浪费。这种情况完全可以通过策略路由（policy based routing，PBR）的方式进行，在线路 1、线路 2 均通畅的情况下，使得企业内 192.168.10.0/24 的流量流向线路 1，通过 ISP1 接入 Internet，而 192.168.20.2/24 的流量流向线路 2，通过 ISP2 接入 Internet，即策略路由可以支持负载的均衡。

在前面的介绍中，已经阐明路由器会依据路由表的内容进行 IP 数据包的路由转发，而策略路由是一种比基于路由表进行路由更加灵活的数据包路由转发机制，策略路由使得用户可以依靠某种人为定义的策略来进行路由，而不是依靠路由协议。

也就是说，策略路由是一种依据用户制定的策略进行路由转发的机制。策略路由可以对满足一定条件（ACL 规则、报文长度等）的 IP 数据包，执行指定的操作（设置下一跳、出接口、默认下一跳和默认出接口等）。

IP 数据包到达后，系统首先根据策略路由转发，若没有配置策略路由，或者配置了策略路由但找不到匹配的节点，或者虽然找到了匹配的节点但指导 IP 数据包转发失败时，再根据路由表来转发报文。即策略路由的优先级高于路由表。

策略路由的配置流程如下。

（1）配置策略

① 创建策略节点。可以创建多个节点，每个节点由节点编号来标识。节点编号越小节点的优先级越高，优先级高的节点优先被执行。

② 配置策略节点的匹配规则和配置策略节点的动作。每个节点的具体内容由 if-match 子句和 apply 子句来指定。if-match 子句定义该节点的匹配规则，apply 子句定义该节点的动作。

（2）应用策略

在接口应用策略。

实训 24　策略路由配置

【实训任务】

掌握三层交换机上策略路由的配置方法和配置命令，并进行结果验证。

【实训拓扑】

在 HCL 模拟器中，添加四台路由器，分别是 10Host、20Host、InternetR1、InternetR2，添加一台二层交换机 L2SW，添加一台三层交换机 L3SW，添加一台 VPC。

因 HCL 模拟器中的 VPC 不支持 Tracert 路由跟踪命令，因此用两台路由器 10Host 和 20Host 模拟主机，进行路由跟踪从而路径的结果验证。

在 L3SW 上做策略路由，对 192.168.10.0/24 前往 10.1.1.3 的流量指向下一跳 172.16.1.2，对 192.168.20.0/24 前往 10.1.1.3 的流量指向下一跳 172.16.2.2。

各台设备的规划如实训图 24-1 和实训表 24-1 所示。

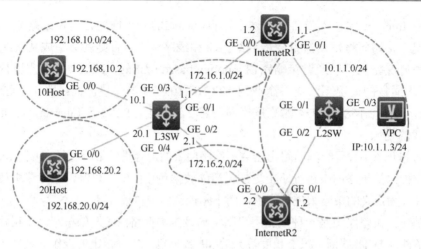

实训图 24-1　实训 24 拓扑图

实训表 24-1　实训 24 中各台设备规划

设 备 名 称	接　　口	IP 地址/子网掩码	归属 VLAN	连 接 对 端
10Host	G0/0	192.168.10.2/24 默认路由 192.168.10.1		L3SW-G1/0/3
20Host	G0/0	192.168.20.2/24 默认路由 192.168.20.1		L3SW-G1/0/4
L3SW	G1/0/3		VLAN10	10Host-G0/0
	G1/0/4		VLAN20	20Host-G0/0
	VLAN10 虚接口	192.168.10.1/24	VLAN10	VLAN10
	VLAN20 虚接口	192.168.20.1/24	VLAN20	VLAN20
	G1/0/1	172.16.1.1/24		InternetR1-G0/0
	G1/0/2	172.16.2.1/24		InternetR2-G0/0
InternetR1	G0/0	172.16.1.2/24		L3SW- G1/0/1
	G0/1	10.1.1.1/24		L2SW-G1/0/1
InternetR2	G0/0	172.16.2.2/24		L3SW- G1/0/2
	G0/1	10.1.1.2/24		L2SW-G1/0/2
VPC	G0/0	10.1.1.3/24		L2SW-G1/0/3

【实训步骤】

1. 配置 10Host 和 20Host

（1）10Host 配置

```
[10Host]interface GigabitEthernet 0/0
[10Host-GigabitEthernet0/0]ip address 192.168.10.2 24
[10Host-GigabitEthernet0/0]quit
[10Host]ip route-static 0.0.0.0 0.0.0.0 192.168.10.1
```

（2）20Host 配置

```
[20Host]interface GigabitEthernet 0/0
[20Host-GigabitEthernet0/0]ip address 192.168.20.2 24
```

```
[20Host-GigabitEthernet0/0]quit
[20Host]ip route-static 0.0.0.0 0.0.0.0 192.168.20.1
```

2．在 L3SW 上完成 VLAN 配置、VLAN 虚接口 IP 地址配置、三层接口配置、RIP 协议配置，保证全网互通，同时启用 ICMP 的 TTL 超时报文发送功能

```
[L3SW]vlan 10
[L3SW-vlan10]vlan 20
[L3SW-vlan20]quit
[L3SW]interface GigabitEthernet 1/0/3
[L3SW-GigabitEthernet1/0/3]port access vlan 10
[L3SW-GigabitEthernet1/0/3]quit
[L3SW]interface GigabitEthernet 1/0/4
[L3SW-GigabitEthernet1/0/4]port access vlan 20
[L3SW-GigabitEthernet1/0/4]quit
[L3SW]interface vlan 10
[L3SW-Vlan-interface10]ip address 192.168.10.1 24
[L3SW-Vlan-interface10]quit
[L3SW]interface vlan 20
[L3SW-Vlan-interface20]ip address 192.168.20.1 24
[L3SW-Vlan-interface20]quit
[L3SW]interface GigabitEthernet 1/0/1
[L3SW-GigabitEthernet1/0/1]port link-mode route
[L3SW-GigabitEthernet1/0/1]ip address 172.16.1.1 24
[L3SW-GigabitEthernet1/0/1]quit
[L3SW]interface GigabitEthernet 1/0/2
[L3SW-GigabitEthernet1/0/2]port link-mode route
[L3SW-GigabitEthernet1/0/2]ip address 172.16.2.1 24
[L3SW-GigabitEthernet1/0/2]quit
[L3SW]rip 1
[L3SW-rip-1]version 2
[L3SW-rip-1]undo summary
[L3SW-rip-1]network 192.168.10.0 0.0.0.255
[L3SW-rip-1]network 192.168.20.0 0.0.0.255
[L3SW-rip-1]network 172.16.1.0 0.0.0.255
[L3SW-rip-1]network 172.16.2.0 0.0.0.255
[L3SW-rip-1]quit
[L3SW]ip ttl-expires enable
```

3．在 InternetR1、InternetR2 上完成三层接口配置、RIP 协议配置，保证全网互通，同时启用 ICMP 的 TTL 超时报文发送功能

（1）InternetR1 的配置内容

```
[InternetR1]interface GigabitEthernet 0/0
[InternetR1-GigabitEthernet0/0]ip address 172.16.1.2 24
[InternetR1-GigabitEthernet0/0]quit
[InternetR1]interface GigabitEthernet 0/1
[InternetR1-GigabitEthernet0/1]ip address 10.1.1.1 24
```

[InternetR1-GigabitEthernet0/1]quit
[InternetR1]rip 1
[InternetR1-rip-1]version 2
[InternetR1-rip-1]undo summary
[InternetR1-rip-1]network 172.16.1.0 0.0.0.255
[InternetR1-rip-1]network 10.1.1.0 0.0.0.255
[InternetR1-rip-1]quit
[InternetR1]ip ttl-expires enable

（2）InternetR2 的配置内容

[InternetR2]interface GigabitEthernet 0/0
[InternetR2-GigabitEthernet0/0]ip address 172.16.2.2 24
[InternetR2-GigabitEthernet0/0]quit
[InternetR2]interface GigabitEthernet 0/1
[InternetR2-GigabitEthernet0/1]ip address 10.1.1.2 24
[InternetR2-GigabitEthernet0/1]quit
[InternetR2]rip 1
[InternetR2-rip-1]version 2
[InternetR2-rip-1]undo summary
[InternetR2-rip-1]network 172.16.2.0 0.0.0.255
[InternetR2-rip-1]network 10.1.1.0 0.0.0.255
[InternetR2-rip-1]quit
[InternetR2]ip ttl-expires enable

4. 在 L3SW 上配置策略路由，并检查配置结果，同时启用 ICMP 的 TTL 超时报文发送功能

[L3SW]ip ttl-expires enable
[L3SW]acl basic 2000
\\创建访问控制列表 2000。
[L3SW-acl-ipv4-basic-2000]rule permit source 192.168.10.0 0.0.0.255
\\访问控制列表 2000 允许源地址为 192.168.10.0、通配符掩码为 0.0.0.255 的流量。
[L3SW-acl-ipv4-basic-2000]quit
[L3SW]acl basic 2001
\\创建访问控制列表 2001。
[L3SW-acl-ipv4-basic-2001]rule permit source 192.168.20.0 0.0.0.255
\\访问控制列表 2001 允许源地址为 192.168.20.0、通配符掩码为 0.0.0.255 的流量。
[L3SW-acl-ipv4-basic-2001]quit
[L3SW]policy-based-route test permit node 1
\\创建策略路由，名称为 test，节点编号为 1，动作为允许。
[L3SW-pbr-test-1]if-match acl 2000
\\策略路由 test 节点 1 如果符合访问控制列表 2000。
[L3SW-pbr-test-1]apply next-hop 172.16.1.2
\\策略路由 test 节点 1 如果符合访问控制列表 2000 的流量，应用下一跳为 172.16.1.2。
[L3SW-pbr-test-1]quit
[L3SW]policy-based-route test permit node 2
\\创建策略路由，名称为 test，节点编号为 2，动作为允许。

[L3SW-pbr-test-2]if-match acl 2001

\\策略路由 test 节点 2 如果符合访问控制列表 2001。

[L3SW-pbr-test-2]apply next-hop 172.16.2.2

\\策略路由 test 节点 2 如果符合访问控制列表 2001 的流量，应用下一跳为 172.16.2.2。

[L3SW-pbr-test-2]quit

[L3SW]interface vlan 10

[L3SW-Vlan-interface10]ip policy-based-route test

\\在 VLAN10 虚接口上应用策略路由 test。

[L3SW-Vlan-interface10]quit

[L3SW]interface vlan 20

[L3SW-Vlan-interface20]ip policy-based-route test

\\在 VLAN20 虚接口上应用策略路由 test。

[L3SW-Vlan-interface20]quit

[L3SW]display ip policy-based-route

Policy name: test

 node 1 permit:

  if-match acl 2000

  apply next-hop 172.16.1.2

 node 2 permit:

  if-match acl 2001

  apply next-hop 172.16.2.2

[L3SW]

5．在 10Host 和 20Host 上验证策略路由的路由跟踪情况

① 10Host 上路由跟踪 10.1.1.3 的情况如下。可以看到 192.168.10.0 前往 10.1.1.3 的流量下一跳走向了 172.16.1.2。

```
<10Host>tracert 10.1.1.3
…
 1   192.168.10.1 (192.168.10.1)   0.000 ms   1.000 ms   3.000 ms
 2   172.16.1.2 (172.16.1.2)   1.000 ms   1.000 ms   1.000 ms
…
<10Host>
```

② 20Host 上路由跟踪 10.1.1.3 的情况如下。可以看到 192.168.20.0 前往 10.1.1.3 的流量下一跳走向了 172.16.2.2。

```
<20Host>tracert 10.1.1.3
…
 1   192.168.20.1 (192.168.20.1)   2.000 ms   1.000 ms   1.000 ms
 2   172.16.2.2 (172.16.2.2)   2.000 ms   0.000 ms   2.000 ms
…
<20Host>
```

第 8 部分　虚拟专用网配置

项目 23　VPN 技术

23.1　VPN 概述

1．VPN 的概念

VPN 的英文全称是"virtual private network"，即虚拟专用网络。

虚拟专用网络是将不同地域的企业私有网络，通过公用网络连接在一起，如同在不同地域之间为企业架设了专线一样，也就是说，VPN 的核心就是利用公共网络建立虚拟私有网。

VPN 被定义为通过一个公用网络（通常是 Internet）建立一个临时的、安全的连接，是一条穿过混乱的公用网络的安全、稳定的隧道。

实现 VPN 功能的网络设备通常有 VPN 服务器、防火墙、路由器、专用 VPN 网关等。

2．VPN 的分类和结构

VPN 可以简单地分为远程访问 VPN 和站点到站点 VPN 两种。

远程访问 VPN 主要应用于企业员工的远程办公的情况，如图 23-1 所示，公司员工出差到外地想访问企业内部网络的服务器资源，外地员工在当地接入 Internet 后，并通过 Internet 连接到 VPN 服务设备，然后通过 VPN 服务设备接入企业内网，这就相当于在远程 VPN 客户端与 VPN 服务设备之间建立了一条穿越 Internet 的专有隧道，这样 VPN 客户端就可直接通过内部 IP 地址访问企业内部服务器。

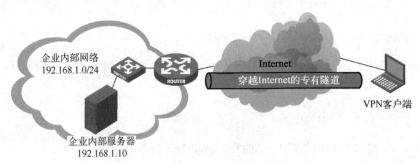

图 23-1　远程访问 VPN 示意图

站点到站点 VPN 主要应用于企业分支机构网络或商业伙伴网络与企业总部网络之间的远程连接的情况，如图 23-2 所示，某企业分别在不同城市建立有分支机构，各分支机构均接入 Internet，各分支机构可以通过 VPN 技术相互之间建立起专有连接，从而实现对企业内部网络的扩展。

图 23-2　站点到站点 VPN 示意图

在以上的图例中，均提到了穿越 Internet 的专有隧道的概念，隧道是 VPN 的关键技术，隧道的特点是只有两端，即从隧道一端进入的流量只能从隧道的另一端流出。

23.2　VPN 隧道协议

无论是在图 23-1 中连接在 Internet 两端的 VPN 服务设备与 VPN 客户端之间，还是在图 23-2 中连接在 Internet 两端的 VPN 设备之间，只有遵循相同的隧道协议，它们之间才能够建立穿越 Internet 的隧道。

按照 VPN 隧道协议工作的层次不同，可以将 VPN 隧道协议分为二层隧道协议和三层隧道协议。

二层隧道协议主要有：L2TP（layer 2 tunnel protocol，二层隧道协议）、PPTP（point to point tunnel protocol，点对点隧道协议）。二层隧道协议都是建立在 PPP 协议基础上的，首先把原 IP 数据包（具有内部 IP 地址）封装到 PPP 帧中，再把整个 PPP 帧装入隧道协议，然后再加上新的 IP 首部（具有外部 IP 地址），如图 23-3 所示。

图 23-3　二层隧道协议封装示意图

三层隧道协议主要有：GRE（general routing encapsulation，通用路由封装）、IPSec（IP security protocol，IP 安全协议）。

本书内容主要介绍 GRE 和 IPSec 三层隧道协议。

23.3　GRE 隧道

GRE 协议是对某些网络层协议的数据包（如 IP 数据包）进行封装，使这些被封装的数据包能够在另一个网络层协议（如 IP 协议）中传输。GRE 隧道的特点是配置简单，但缺乏安全机制。

如图 23-4 所示为 GRE 隧道协议封装。

图 23-4　GRE 隧道协议封装示意图

GRE 采用了 Tunnel 技术，是 VPN 第三层隧道协议。Tunnel 是一个虚拟的点对点的连接，并且在一个 Tunnel 的两端分别对数据包进行封装及拆封，图 23-5 表明了 GRE 的这种封装和拆封过程。

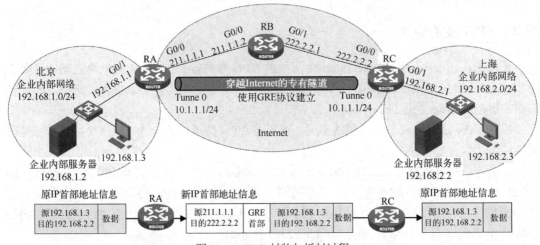

图 23-5　GRE 封装与拆封过程

图中，RA 与 RC 建立了一个 Tunnel，RA 这端 Tunnel 的地址为 10.1.1.1/24，RC 这端 Tunnel 的地址为 10.1.1.2/24，假设北京的 192.168.1.3 需要访问上海的内部服务器 192.168.2.2，那么源 IP 地址为 192.168.1.3，目的 IP 地址为 192.168.2.2，当这个数据包到达 RA 以后，RA 把原来的 IP 数据包加上了 GRE 首部和新的 IP 地址首部，新的 IP 地址首部源地址为 RA 的 Internet 接口 IP 地址 211.1.1.1，新的 IP 地址首部目的地址为 RC 的 Internet 接口 IP 地址 222.2.2.2，当这个数据包到达 RC 以后，RC 再拆除掉新的 IP 首部，恢复出原来的 IP 数据包发送给 192.168.2.2，这个过程就仿佛是在 RA 与 RC 之间建立了一个穿越 Internet 的专有隧道。

23.4　IPSec 隧道

1. IPSec 简介

IPSec 协议是一种开放标准的框架结构，通过使用加密的安全服务以确保在 IP 网络上进行保密而安全的通信。

IPSec 规定了如何在对等层之间选择安全协议、确定安全算法和密钥交换，向上层提供了访问控制、数据源认证、数据加密等网络安全服务。

IPSec 不是单独的一个协议，而是一整套体系结构，它应用在网络层上，包括 AH

（authentication header，认证首部）协议、ESP（encapsulating security payload，封装安全负荷）协议、IKE（Internet key exchange，Internet 密钥交换）协议和用于网络认证及加密的一些算法等。其中 AH 协议和 ESP 协议为安全协议，用于提供安全服务，IKE 协议用于密钥交换。

2．IPSec 的协议组成

IPSec 提供的安全机制包括数据完整性、身份验证和数据加密。

数据完整性可以确定数据在传输的过程中是否被篡改，主要使用 MD5、SHA、HMAC 报文鉴别方法。

身份验证可以使得数据接收方能够确认数据发送方的真实身份，主要使用预共享密钥（Pre-Shared Key）方法、RSA 签名（RSA-sig）、RSA 实时加密（RSA-engr）。

数据加密通过对数据进行加密运算来保证数据的机密性，以防数据在传输过程中被窃听，主要采用的加密算法为 AES、DES、3DES。

IPSec 的安全协议 AH 和 ESP 以及密钥交换协议 IKE 的作用如下。

（1）AH 协议：可实现数据完整性、身份验证。

（2）ESP 协议：可实现数据加密、数据完整性、身份验证。

（3）IKE 协议：在 IPSec 网络中用于密钥管理，为 IPSec 提供了自动协商交换密钥、建立安全关联 SA 的服务。IKE 包含了 ISAKMP 协议和 Oakley 协议两个协议。

① ISAKMP 协议（Internet security association and key management protocol，互联网安全关联和密钥管理协议）定义了建立、协商、修改和删除安全关联 SA 的过程，IPSec 前期的所有参数协商都要由 ISAKMP 来完成。

② Oakley 协议利用 Diffie-Hellman 算法来管理密钥交换过程，Diffie-Hellman 算法可以让双方在完全没有对方任何预先信息的条件下通过不安全信道创建起一个密钥。这个密钥可以在后续的通信中作为对称密钥来加密通信内容。

3．IPSec 的两种工作模式

IPSec 工作的时候有隧道模式和传输模式两种。

在隧道模式下 IPSec 对原来的整个 IP 数据包进行封装和加密，隐蔽了原来的 IP 首部，而在传输模式下 IPSec 只对原来 IP 数据包的有效数据进行封装和加密，原来的 IP 首部不加密传送。在实际进行 IP 通信时，AH 协议和 ESP 协议可以根据实际安全需求同时使用这两种协议或选择使用其中的一种。因此根据 AH 协议和 ESP 协议的使用情况，两种模式下具体的封装情况如图 23-6 所示。有关 AH 首部、ESP 首部、ESP 尾部的格式可自行查阅相关资料。

模式　安全协议	传输模式	隧道模式
	原IP首部　数据	原IP首部　数据
Ipsec安全协议使用AH协议	原IP首部　AH首部　数据	新IP首部　AH首部　原IP首部　数据
Ipsec安全协议使用ESP协议	原IP首部　ESP首部　数据　ESP尾部	新IP首部　ESP首部　原IP首部　数据　ESP尾部
Ipsec安全协议使用AH和ESP协议	原IP首部　AH首部　ESP首部　数据　ESP尾部	新IP首部　AH首部　ESP首部　原IP首部　数据　ESP尾部

图 23-6　IPSec 两种模式下的数据封装结构

NAT 和 AH IPSec 无法一起运行，因为根据定义，NAT 会改变 IP 分组的 IP 地址，而 IP 分组的任何改变都会被 AH 标识所破坏。当两个 IPSec 边界点之间采用了 NAPT 功能但没有设置 IPSec 流量处理的时候，IPSec 和 NAT 同样无法协同工作；另外，在传输模式下，ESP IPSec 不能和 NAPT 一起工作，因为在这种传输模式下，端口号受到 ESP 的保护，端口号的任何改变都会被认为是破坏。在隧道模式的 ESP 情况下，TCP/UDP 报头是不可见的，因此不能被用于进行内外地址的转换，而此时静态 NAT 和 ESP IPSec 可以一起工作，因为只有 IP 地址要进行转换，对高层协议没有影响。

4．IPSec 的工作流程

IPSec 的工作流程可以简单地通过图 23-7 来理解。需要注意的是，在 IPSec 工作过程中会产生两个阶段的安全关联，即第一阶段的 IKE SA 和第二阶段的 IPSec SA，只有在两个安全关联均成功建立之后，可靠的数据传输才会进行。

图 23-7　IPSec 的工作流程

5．IPSec 的配置流程

① 配置 ACL：指定要保护的数据流。通常采用扩展访问控制列表。

② 配置 IPSec 安全提议：指定安全协议、认证算法、加密算法、封装模式等。

③ 配置 IKE 自动协商方式生成 IPSec SA，包含：配置 IKE 预共享密码；配置 IKE 协商文件；配置 IPSec 安全策略，将 ACL、安全提议进行关联，并指定 Ipsec SA 的生成方式（IKE 协商方式）、本地地址、对等体 IP 地址、IKE 协商文件等。

④ 配置流量的静态路由。

⑤ Ipsec 安全策略应用于接口。

实训 25　GRE 隧道配置

【实训任务】

通过本次实训任务，掌握路由器 GRE 隧道的配置，并进行结果验证。

【实训拓扑】

在 HCL 模拟器中，添加三台路由器 RA、RB、RC，添加两台 VPC，分别是 VPC1、VPC2。在 RA 与 RC 之间建立 GRE 隧道，实现 VPC1 与 VPC2 之间的互通。

各台设备的规划如实训图 25-1 和实训表 25-1 所示。

实训图 25-1　实训 25 拓扑图

实训表 25-1　实训 25 中各台设备规划

设 备 名 称	接　　口	IP 地址/子网掩码	连 接 对 端
RA	G0/1	192.168.1.1/24	VPC1
	G0/0	211.1.1.1/24	RB-G0/0
RB	G0/0	211.1.1.2/24	RA-G0/0
	G0/1	222.2.2.1/24	RC-G0/0
RC	G0/0	222.2.2.2/24	RB-G0/1
	G0/1	192.168.2.1/24	VPC2
VPC1	IP 地址 192.168.1.2/24，网关 192.168.1.1		RA-G0/1
VPC2	IP 地址 192.168.2.2/24，网关 192.168.2.1		RC-G0/1

【实训步骤】

1．完成各台路由器接口和 VPC 的 IP 地址配置。配置命令略，同时在 RA、RC 上配置默认路由，实现外网区域互通

> [RA]ip route-static 0.0.0.0 0.0.0.0 211.1.1.2
> [RC]ip route-static 0.0.0.0 0.0.0.0 222.2.2.1

2．分别在 RA、RC 上配置 GRE 隧道

（1）RA 上 GRE 隧道配置如下。

> [RA]interface Tunnel 0 mode gre
> \\创建 Tunnel0 接口，并指定隧道模式为 GRE 隧道。
> [RA-Tunnel0]ip address 10.1.1.1 24
> \\配置 Tunnel0 接口的 IP 地址。
> [RA-Tunnel0]source 211.1.1.1
> \\配置 Tunnel0 接口的源端地址（RA 的 G0/0 接口 IP 地址）。
> [RA-Tunnel0]destination 222.2.2.2
> \\配置 Tunnel0 接口的目的端地址（RC 的 G0/0 接口 IP 地址）。
> [RA-Tunnel0]quit
> [RA]ip route-static 192.168.2.0 24 Tunnel 0
> \\配置从 RA 经过 Tunnel0 接口去往 192.168.2.0/24 的静态路由。

（2）RC 上 GRE 隧道配置如下。

> [RC]interface Tunnel 0 mode gre

[RC-Tunnel0]ip address 10.1.1.2 24
[RC-Tunnel0]source 222.2.2.2
[RC-Tunnel0]destination 211.1.1.1
[RC-Tunnel0]quit
[RC]ip route-static 192.168.1.0 24 Tunnel 0

3．查看配置结果

完成以上 GRE 隧道配置以后，VPC1（192.168.1.2）与 VPC2（192.168.2.2）之间可以相互 ping 通。在 RA 上查看路由表可以看到去往 192.168.2.0/24 的路由信息，接口为 Tunnel0，同时在 RA、RC 上可以查看 Tunnel0 的接口状态均为 UP。

```
[RA]display ip routing-table 192.168.2.0
…
Destination/Mask    Proto    Pre Cost        NextHop         Interface
0.0.0.0/0           Static   60   0          211.1.1.2       GE0/0
192.168.2.0/24      Static   60   0          0.0.0.0         Tun0
[RA]display interface Tunnel 0
Tunnel0
Current state: UP
Line protocol state: UP
…
[RA]
```

实训 26　　IPSec 隧道配置

【实训任务】

通过本次实训任务，掌握路由器 IPSec 隧道的配置，掌握 IPSec 协议的专业术语，并进行结果验证。

【实训拓扑】

在 HCL 模拟器中，添加三台路由器 R1、R2、R3，添加两台 VPC，分别是 VPC1、VPC2。

在 RA 与 RC 之间建立 IPSec 隧道，实现 VPC1 与 VPC2 之间的互通。

各台设备的规划如实训图 26-1 和实训表 26-1 所示。

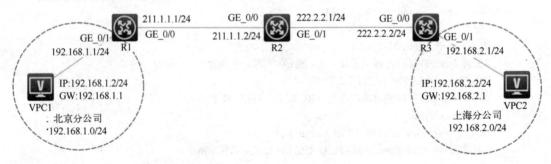

实训图 26-1　实训 26 拓扑图

实训表 26-1　实训 25 中各台设备规划

设 备 名 称	接　　口	IP 地址/子网掩码	连 接 对 端
R1	G0/1	192.168.1.1/24	VPC1
	G0/0	211.1.1.1/24	RB-G0/0
R2	G0/0	211.1.1.2/24	RA-G0/0
	G0/1	222.2.2.1/24	RC-G0/0
R3	G0/0	222.2.2.2/24	RB-G0/1
	G0/1	192.168.2.1/24	VPC2
VPC1	IP 地址 192.168.1.2/24，网关 192.168.1.1		RA-G0/1
VPC2	IP 地址 192.168.2.2/24，网关 192.168.2.1		RC-G0/1

【实训步骤】

1．完成各台路由器接口和 VPC 的 IP 地址配置（配置命令略）。同时在 RA、RC 上配置默认路由，实现外网区域互通

```
[R1]ip route-static 0.0.0.0 0.0.0.0 211.1.1.2
[R3]ip route-static 0.0.0.0 0.0.0.0 222.2.2.1
```

2．配置 ACL。指定要保护的数据流

① R1 上配置访问控制列表 3000，对 192.168.1.0/24 去往 192.168.2.0/24 的数据流量进行保护。

```
[R1]acl advanced 3000
[R1-acl-ipv4-adv-3000]rule permit ip source 192.168.1.0 0.0.0.255 destination 192.168.2.0 0.0.0.255
```

② R2 上配置访问控制列表 3000，对 192.168.2.0/24 去往 192.168.1.0/24 的数据流量进行保护。

```
[R3]acl advanced 3000
[R3-acl-ipv4-adv-3000]rule permit ip source 192.168.2.0 0.0.0.255 destination 192.168.1.0 0.0.0.255
```

3．配置 Ipsec 安全提议，指定安全协议、认证算法、加密算法、封装模式等

（1）R1 的 IPSec 安全提议配置

```
[R1]ipsec transform-set bj
\\创建 IPsec 安全提议，安全提议名称为 bj。
[R1-ipsec-transform-set-bj]protocol esp
\\配置 IPsec 安全提议采用的安全协议为 esp。
[R1-ipsec-transform-set-bj]esp authentication-algorithm md5
\\配置 ESP 协议采用的认证算法为 MD5。
[R1-ipsec-transform-set-bj]esp encryption-algorithm 3des-cbc
\\配置 ESP 协议采用的加密算法为 3des-cbc。
[R1-ipsec-transform-set-bj]encapsulation-mode tunnel
\\配置安全协议对 IP 报文的封装模式为隧道。
```

（2）R3 的 IPsec 安全提议配置

[R3]ipsec transform-set sh
[R3-ipsec-transform-set-sh]protocol esp
[R3-ipsec-transform-set-sh]esp authentication-algorithm md5
[R3-ipsec-transform-set-sh]esp encryption-algorithm 3des-cbc
[R3-ipsec-transform-set-sh]encapsulation-mode tunnel

4．配置 IKE 自动协商方式生成 IPSec SA

（1）在 R1 上配置 IKE 预共享密码

[R1]ike keychain bjkeychain
//配置 ike 钥匙串，钥匙串名为 bjkeychain。
[R1-ike-keychain-bjkeychain]pre-shared-key address 222.2.2.2 key simple hello
//与对端 222.2.2.2 预共享密码 hello。

（2）在 R1 上配置 IKE 协商文件

[R1]ike profile bjh3c
//配置 ike 的协商文件，取名为 bjh3c。
[R1-ike-profile-bjh3c]keychain bjkeychain
//ike 的 profile 使用 ike 钥匙串 bjkeychain。
[R1-ike-profile-bjh3c]local-identity address 211.1.1.1
[R1-ike-profile-bjh3c]match remote identity address 222.2.2.2
//以上配置本端身份信息和匹配远程身份信息，使用 ip 地址方式。
[R1-ike-profile-bjh3c]exchange-mode main
//IKE 协商的模式为主模式（默认），可选 aggressive 野蛮模式。
[R1-ike-profile-bjh3c]quit

（3）在 R3 上配置 IKE 预共享密码

[R3]ike keychain shkeychain
//配置 ike 钥匙串，钥匙串名为 shkeychain
[R3-ike-keychain-shkeychain]pre-shared-key address 211.1.1.1 key simple hello
//与对端 211.1.1.1 预共享密码 hello

（4）在 R3 上配置 IKE 协商文件

[R3]ike profile shh3c
//配置 ike 的协商文件，取名为 shh3c。
[R3-ike-profile-shh3c]keychain shkeychain
//ike 的 profile 使用 ike 钥匙串 shkeychain。
[R3-ike-profile-shh3c]local-identity address 222.2.2.2
[R3-ike-profile-shh3c]match remote identity address 211.1.1.1
//以上配置本端身份信息和匹配远程身份信息，使用 ip 地址方式。
[R3-ike-profile-shh3c]exchange-mode main
//IKE 协商的模式为主模式，可选 aggressive 野蛮模式。
[R3-ike-profile-shh3c]quit

（5）在 R1 上配置 Ipsec 安全策略

将 ACL、安全提议进行关联，并指定 Ipsec SA 的生成方式（IKE 协商方式）、本地地址、对等体 IP 地址、IKE 协商文件等。

[R1]ipsec policy bjp 1 isakmp
//配置 ipsec 安全策略，名称为 bjp，序号 1，采用 ike 协商方式。
[R1-ipsec-policy-isakmp-bjp-1]security acl 3000
//关联 acl3000。
[R1-ipsec-policy-isakmp-bjp-1]transform-set bj
//关联安全提议 bj。
[R1-ipsec-policy-isakmp-bjp-1]local-address 211.1.1.1
//隧道本地地址 211.1.1.1。
[R1-ipsec-policy-isakmp-bjp-1]remote-address 222.2.2.2
//隧道远程地址 222.2.2.2。
[R1-ipsec-policy-isakmp-bjp-1]ike-profile bjh3c
//关联 ike profile 的 bjh3c。

（6）在 R3 上配置 Ipsec 安全策略

将 ACL、安全提议进行关联，并指定 Ipsec SA 的生成方式（IKE 协商方式）、本地地址、对等体 IP 地址、IKE 协商文件等。

[R3]ipsec policy shp 1 isakmp
//配置 ipsec 安全策略，名称为 shp，序号 1，采用 ike 协商方式。
[R3-ipsec-policy-isakmp-shp-1]security acl 3000
//关联 acl3000。
[R3-ipsec-policy-isakmp-shp-1]transform-set sh
//关联安全提议 sh。
[R3-ipsec-policy-isakmp-shp-1]local-address 222.2.2.2
//隧道本地地址 222.2.2.2。
[R3-ipsec-policy-isakmp-shp-1]remote-address 211.1.1.1
//隧道远程地址 211.1.1.1。
[R3-ipsec-policy-isakmp-shp-1]ike-profile shh3c
//关联 ike profile 的 shh3c。

5．在 R1 和 R3 上配置流量的静态路由

[R1]ip route-static 192.168.2.0 24 222.2.2.2
[R3]ip route-static 192.168.1.0 24 211.1.1.1

6．在 R1 和 R3 上将 IPSec 安全策略应用于接口

[R1]interface GigabitEthernet 0/0
[R1-GigabitEthernet0/0]ipsec apply policy bjp

[R3]interface GigabitEthernet 0/0
[R3-GigabitEthernet0/0]ipsec apply policy shp

7．结果验证

完成以上配置以后，VPC1（192.168.1.2）可以与 VPC2（192.168.2.2）相互 ping 通。同时可以在 R1、R3 上检查 Ipsec 的配置情况。以下为 R1 上检查 IPSec 的配置情况。

（1）在 R1 上查看 IKE 提议

[R1]display ike proposal

Priority	Authentication method	Authentication algorithm	Encryption algorithm	Diffie-Hellman group	Duration (seconds)
default	PRE-SHARED-KEY	SHA1	DES-CBC	Group 1	86400

[R1]

（2）在 R1 上查看 IKE 安全联盟

[R1]display ike sa

Connection-ID	Remote	Flag	DOI
1	222.2.2.2	RD	IPsec

Flags:

RD--READY RL--REPLACED FD-FADING RK-REKEY

[R1]

（3）在 R1 上查看 IPSec 安全提议

[R1]display ipsec transform-set
IPsec transform set: bj
  State: complete
  Encapsulation mode: tunnel
  ESN: Disabled
  PFS:
  Transform: ESP
  ESP protocol:
    Integrity: MD5
    Encryption: 3DES-CBC
[R1]

（4）在 R1 上查看 IPSec 安全策略

[R1]display ipsec policy

IPsec Policy: bjp
Interface: GigabitEthernet0/0

  Sequence number: 1
  Mode: ISAKMP

  Traffic Flow Confidentiality: Disabled
  Security data flow: 3000
  Selector mode: standard
  Local address: 211.1.1.1
  Remote address: 222.2.2.2
  Transform set: bj
  IKE profile: bjh3c

IKEv2 profile:

SA duration(time based): 3600 seconds

SA duration(traffic based): 1843200 kilobytes

SA idle time:

[R1]

（5）在 R1 上查看 IPSec 安全联盟

[R1]display ipsec sa brief

Interface/Global	Dst Address	SPI	Protocol	Status
GE0/0	222.2.2.2	515019511	ESP	Active
GE0/0	211.1.1.1	2940314765	ESP	Active

[R1]

附录 A 防火墙配置实验

H3C 公司的模拟器 HCL 中也提供了防火墙设备，型号为 F1060。限于篇幅有限，本书特把防火墙方面的教学内容，精简为九个实验，提供给读者自行完成，同时也提供防火墙的视频教学，视频教学二维码如下。

实验 1 防火墙出厂配置和 Console 登录配置

图 A-1 防火墙视频二维码

【实验拓扑】

实验 1 的拓扑图如实验图 1-1 所示。

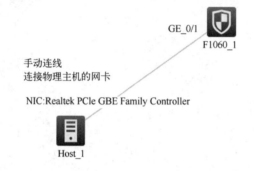

实验图 1-1 实验 1 拓扑图

H3C 的 F1060 防火墙接口说明如实验图 1-2 所示。

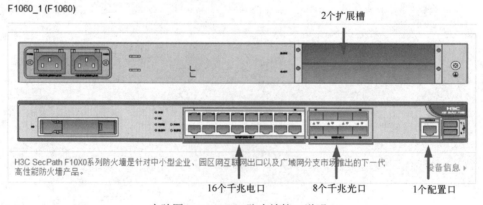

实验图 1-2 F1060 防火墙接口说明

【实验内容】

① 按拓扑结构连接防火墙 G1/0/1 接口，启动 F1060 防火墙。

② 通过 Console 口登录防火墙。用户名和密码均为 admin。

```
……………………………
Press ENTER to get started.
login: admin
Password:
%Oct 25 10:49:11:484 2019 H3C SHELL/5/SHELL_LOGIN: -Context=1; admin logged in from con0.
<H3C>
```

③ 查看 F1060 防火墙出厂时的重要配置，解读重要内容。

```
<H3C>display current-configuration
……………………………
#
  version 7.1.064, Alpha 7164
// (操作系统版本)
#
  sysname H3C
// (默认主机名为 H3C)
#
telnet server enable
// (默认情况 telnet 服务已经打开)
#
interface GigabitEthernet1/0/1
  port link-mode route
// (G1/0/1 接口为三层口)
  combo enable copper
  ip address 192.168.0.1 255.255.255.0
// (G1/0/1 接口默认 IP 地址为 192.168.0.1)
#
line class console
  user-role network-admin
// (console 登录的默认权限为最高级别 network-admin)
#
line class vty
  user-role network-operator
// (VTY 登录的默认权限为 network-operator)
#
line con 0
  authentication-mode scheme
// (console 登录的默认认证方式为 scheme)
  user-role network-admin
// (console 登录的用户角色为 network-admin)
#
line vty 0 4
  authentication-mode scheme
// (VTY 登录的默认认证方式为 scheme)
  user-role network-admin
// (VTY 登录的用户角色为 network-admin)
```

```
#
local-user admin class manage
//（用户 admin 的类型为管理者）
  password hash $h$6$UbIhNnPev……
//（用户 admin 的密码为 admin）
  service-type telnet terminal http
//（用户 admin 的服务类型为 telnet、terminal、http）
  authorization-attribute user-role level-3
  authorization-attribute user-role network-admin
  authorization-attribute user-role network-operator
#
 ip http enable
//（默认情况 http 服务已经打开）
 ip https enable
//（默认情况 https 服务已经打开）
#
return
<H3C>
```

通过以上解读分析，可以得到以下结论。

（1）console 登录，可以使用用户名 admin 密码 admin 登录，用户权限为 network-admin。

（2）通过配置以后，可以通过 telnet 方式、使用用户名 admin 密码 admin 登录防火墙的 G1/0/1 接口，IP 地址为 192.168.0.1，用户权限为 network-admin。

（3）通过配置以后，可以通过 http 方式、使用用户名 admin 密码 admin 登录防火墙的 G1/0/1 接口，IP 地址为 192.168.0.1，用户权限为 network-admin。

（4）暂时不能通过 https 方式、使用用户名 admin 密码 admin 登录防火墙的 G1/0/1 接口，IP 地址为 192.168.0.1，因为用户 admin 的服务类型限制为 telnet、terminal、http，没有包含 https。

① 配置通过 Console 口登录设备时无须认证（none）。

```
<H3C>system-view
[H3C]line console 0
[H3C-line-console0]authentication-mode ?
  none         Login without authentication
  password   Password authentication
  scheme      Authentication use AAA
[H3C-line-console0]authentication-mode none
\\console 认证方式为无
[H3C-line-console0]user-role network-admin
\\console 登录用户权限为 network-admin
[H3C-line-console0]quit
[H3C]quit
<H3C>save
<H3C>quit
```

测试发现，不需要用户名、密码就可以登录防火墙。

⑤ 配置通过 Console 口登录设备时采用密码认证（password）。

```
[H3C]line console 0
[H3C-line-console0]authentication-mode password
\\console 认证方式为密码
[H3C-line-console0]set authentication password simple gzeic
\\console 认证密码为 gzeic
[H3C-line-console0]user-role network-admin
[H3C-line-console0]quit
[H3C]quit
<H3C>save
<H3C>quit
```

测试发现，不需要用户名，使用密码 gzeic 就可以登录防火墙。

⑥ 配置通过 Console 口登录设备时采用 AAA 认证（scheme）。

```
[H3C]line console 0
[H3C-line-console0]authentication-mode scheme
\\console 认证方式为 scheme，即 AAA 认证
[H3C-line-console0]quit
[H3C]local-user gzeic class manage
\\创建本地用户 gzeic，类型为管理
[H3C-luser-manage-gzeic]password simple gzeich3c
\\用户 gzeic 的密码为 gzeich3c
[H3C-luser-manage-gzeic]service-type terminal
\\用户 gzeic 的服务类型为 terminal 终端
[H3C-luser-manage-gzeic]authorization-attribute user-role network-admin
\\用户 gzeic 认证的用户角色为 network-admin
[H3C-luser-manage-gzeic]quit
[H3C]quit
<H3C>save
<H3C>quit
```

测试发现，使用用户名 gzeic、密码 gzeich3c 就可以登录防火墙。

⑦ 完成以上配置后，从安全角度考虑，建议更换 admin 用户的密码或者删除 admin 用户。

```
//更换密码
[H3C]local-user admin class manage
[H3C-luser-manage-admin]password simple gzeic
//删除用户 admin
[H3C]undo local-user admin class manage
```

⑧ 恢复出厂设置。

```
<H3C>reset saved-configuration
```

实验 2 安全域知识和 Telnet、Http、Https 方式登录防火墙配置

【实验拓扑】

实验 2 的拓扑图如实验图 2-1 所示。注意连接的 Host 网卡为物理主机的网卡，实现物理

主机接入 HCL 模拟器内。

实验图 2-1   实验 2 拓扑图

【专业知识】

1．安全域的知识

安全域（security zone），用于管理防火墙设备上安全需求相同的多个接口。

管理员将安全需求相同的接口进行分类，并划分到不同的安全域，能够实现安全策略的统一管理。

2．防火墙出厂默认的安全域

H3C 防火墙出厂存在默认安全域：Local、Trust、DMZ、Management 和 Untrust。默认安全域不能被删除，且安全域中没有接口。

```
[H3C]security-zone name ?
  STRING<1-31>   Security zone name
  Local
  Trust
  DMZ
  Untrust
  Management
[H3C]
```

3．默认安全域说明及安全等级

UNTrust（不可信任）安全等级是 5，一般都是连外网区域（Internet）的接口。

DMZ（demilitarized zone，非军事区）安全等级是 50，一般为连服务器区域的接口。

Trust（信任）安全等级是 85，一般都是连内部网络的接口。

Local（本地）安全等级是 100，指防火墙本身的各接口，用户不能改变 Local 区域本身的任何配置，包括向其中添加接口。

Management（管理）的安全等级是 100，指通过 telnet、http、https 等方式用于管理防火墙设备的连接接口。

安全域接口的连接如实验图 2-2 所示。

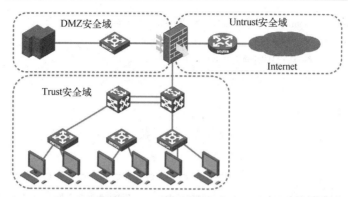

实验图 2-2 安全域接口的连接

4. 安全域配置主要步骤

（1）创建安全域，并向安全域中添加成员。

（2）创建安全域间实例。

安全域间实例，用于定义两个安全域之间相互访问时，所进行的安全策略检查（如包过滤策略 ACL、ASPF 策略、对象策略等）。

① 包过滤策略，即 ACL。

② 对象策略，即 object-policy。

③ ASPF 策略，即 Advanced Stateful Packet Filter，高级状态包过滤。

必须在安全域间实例上配置安全策略，而且只有匹配放行策略的报文，才允许通过，否则系统默认丢弃这些接口之间发送的报文。

5. 安全域接口之间报文转发规则

创建安全域后，设备上各接口的报文转发遵循以下规则：

① 一个安全域中的接口与一个不属于任何安全域的接口之间的报文，会被丢弃。

② 属于同一个安全域的各接口之间的报文缺省会被丢弃。

③ 安全域之间的报文由安全控制策略进行安全检查，并根据检查结果放行或丢弃。若安全控制策略不存在或不生效，则报文会被丢弃。

④ 非安全域的接口之间的报文被丢弃。

【实验内容】

① 按拓扑结构连接防火墙 G1/0/1 接口，启动 F1060 防火墙。

② 配置 G1/0/1 接口为 management 安全域接口。创建访问控制列表 2000 作为安全策略检查，配置从 management 安全域到 local 安全域之间的安全域间实例，执行访问控制列表 2000 的安全策略检查。

```
\\在安全域 management 中添加接口 G1/0/1
[H3C]security-zone name management
[H3C-security-zone-Trust]import interface GigabitEthernet 1/0/1
[H3C-security-zone-Trust]quit
\\创建访问控制列表 2000 作为安全策略检测
[H3C]acl basic 2000
[H3C-acl-ipv4-basic-2000]rule permit source 192.168.0.0 0.0.0.255
[H3C-acl-ipv4-basic-2000]quit
```

\\配置从 management 安全域到 local 安全域之间的安全域间实例
[H3C]zone-pair security source management destination local
[H3C-zone-pair-security-Trust-Any]packet-filter 2000
[H3C-zone-pair-security-Trust-Any]quit
[H3C]quit
<H3C>save

③ 在物理主机上通过 Telnet 方式登录防火墙，账号密码使用默认的 admin。如实验图 2-3 所示。

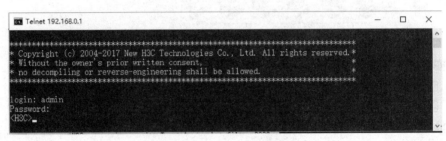

实验图 2-3　Telnet 登录防火墙

④ 在物理主机上通过 http 方式登录防火墙，账号密码使用默认的 admin。如实验图 2-4 所示。http 登录防火墙后的界面如实验图 2-5 所示。

实验图 2-4　http 登录防火墙

⑤ 为了在主机上通过 https 方式登录防火墙，首先检查 admin 账号可以发现 service-type 没有 https，需要增加服务类型。

```
[H3C]local-user admin class manage
[H3C-luser-manage-admin]display this
#
local-user admin class manage
 password hash $h$6$UbIhNnPevyKUwfpmIFnjJPEGR00YiYA1Sz4LiY3FmEdru2fOLMb1shQ==
 service-type telnet terminal http
```

authorization-attribute user-role level-3

authorization-attribute user-role network-admin

authorization-attribute user-role network-operator

\#

return

[H3C-luser-manage-admin]service-type telnet terminal http https

[H3C-luser-manage-admin]quit

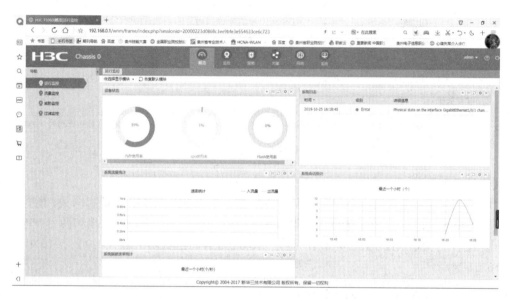

实验图 2-5 http 登录防火墙后的界面

⑥ 在主机上通过 https 方式登录防火墙，账号密码使用默认的 admin。https 方式登录防火墙如实验图 2-6 所示。

实验图 2-6 https 方式登录防火墙

实验 3　基于包过滤策略的 Trust 与 Local、Untrust 之间访问配置

【实验拓扑】

实验 3 的拓扑图如实验图 3-1 所示。

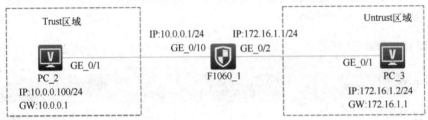

实现效果：
1. Trust区域的IP数据包可以访问Untrust区域和防火墙（即Trust区域可以ping通Untrust区域和防火墙）
3. Untrust区域的IP数据包不能访问Trust区域和防火墙（即Untrust区域不能ping通Trust区域和防火墙）

实验图 3-1　实验 3 拓扑图

【实验内容】

① 按拓扑结构连接防火墙和两台 VPC 后，按图配置 PC_2 的 IP 地址和网关、配置 PC_3 的 IP 地址和网关，两台 VPC 的网关均设置在 F1060 防火墙上，启动防火墙和两台 VPC。

② 配置防火墙 G1/0/10 接口 IP 地址 10.0.0.1/24，配置防火墙 G1/0/2 接口 IP 地址 172.16.1.1/24。

```
[H3C]interface GigabitEthernet 1/0/10
[H3C-GigabitEthernet1/0/10]ip address 10.0.0.1 24
[H3C-GigabitEthernet1/0/10]quit
[H3C]interface GigabitEthernet 1/0/2
[H3C-GigabitEthernet1/0/2]ip address 172.16.1.1 24
[H3C-GigabitEthernet1/0/2]quit
[H3C]
```

③ 配置防火墙 G1/0/10 接口为 trust 安全域接口。配置防火墙 G1/0/2 接口为 Untrust 安全域接口。

```
[H3C]security-zone name Trust
[H3C-security-zone-Trust]import interface GigabitEthernet 1/0/10
[H3C-security-zone-Trust]quit
[H3C]security-zone name Untrust
[H3C-security-zone-Untrust]import interface GigabitEthernet 1/0/2
[H3C-security-zone-Untrust]quit
[H3C]
```

④ 创建访问控制列表 3000，允许任何源的 IP 地址。

```
[H3C]acl advanced 3000
[H3C-acl-ipv4-adv-3000]rule permit ip source any destination any
```

⑤ 配置安全域间实例，从 trust 安全域到 local 安全域、从 trust 安全域到 untrust 安全域，

执行访问控制列表 3000 的检查。

> [H3C]zone-pair security source trust destination local
> [H3C-zone-pair-security-Trust-Local]packet-filter 3000
> [H3C-zone-pair-security-Trust-Local]quit
> [H3C]zone-pair security source trust destination untrust
> [H3C-zone-pair-security-Trust-Untrust]packet-filter 3000
> [H3C-zone-pair-security-Trust-Untrust]quit

完成以上配置后，采用 ping 的方式，结果如实验图 3-2 所示。

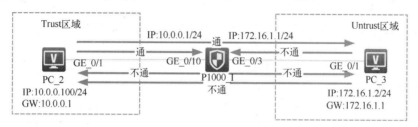

实验图 3-2　ping 通结果

⑥ 配置安全域间实例，从 local 安全域到 trust 安全域、从 local 安全域到 untrust 安全域，执行访问控制列表 3000 的检查。

> [H3C]zone-pair security source local destination trust
> [H3C-zone-pair-security-Local-Trust]packet-filter 3000
> [H3C-zone-pair-security-Local-Trust]quit
> [H3C]zone-pair security source local destination untrust
> [H3C-zone-pair-security-Local-Untrust]packet-filter 3000
> [H3C-zone-pair-security-Local-Untrust]

完成以上配置后，采用 ping 的方式，结果如实验图 3-3 所示。

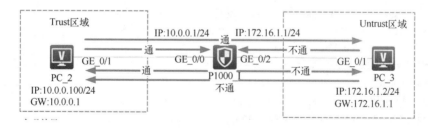

实验图 3-3　ping 通结果

实验 4　基于包过滤策略的 Trust 访问 Untrust 动态 NAT 配置

【实验拓扑】

实验 4 的拓扑图如实验图 4-1 所示。在实际的网络应用中，我们通常在防火墙上做 NAT 配置。

实验图 4-1   实验 4 拓扑图

【实验内容】

① 按拓扑结构连接内部网络（Trust 区域）和 Internet 网络（Untrust 区域），Host_1 和 Host_2 均在 Oracle VM VirtualBox 中使用虚拟机，按图配置 Host_1、Host_2 的 IP 地址和网关。在 Host_2 上使用工具软件 Quick easy ftp server 和 MyWebServer 分别架设 FTP 服务和 Web 服务。

② 在 S5820 上完成以下配置，配置内部网络实现 VLAN10 互通，配置 G1/0/1 的 IP 地址，同时勿忘配置默认路由。

```
[H3C]sysname S3
[S3]vlan 10
[S3-vlan10]quit
[S3]interface vlan 10
[S3-Vlan-interface10]ip address 192.168.10.1 24
[S3-Vlan-interface10]quit
[S3]interface GigabitEthernet 1/0/2
[S3-GigabitEthernet1/0/2]port access vlan 10
[S3]quit
[S3]interface GigabitEthernet 1/0/1
[S3-GigabitEthernet1/0/1]port link-mode route
[S3-GigabitEthernet1/0/1]ip address 192.168.1.2 24
[S3-GigabitEthernet1/0/1]quit
[S3]ip route-static 0.0.0.0 0.0.0.0 192.168.1.1
```

结果验证：完成以上配置后，host_1 可以 ping 通 192.168.10.1 和 192.168.1.2

③ 在 MSR3620 上完成以下配置，配置模拟 internet，按图配置 MSR3620 的接口 IP 地址。

```
[H3C]sysname R
[R]interface GigabitEthernet 0/0
[R-GigabitEthernet0/0]ip address 211.1.1.1 29
[R-GigabitEthernet0/0]quit
[R]interface GigabitEthernet 0/1
[R-GigabitEthernet0/1]ip address 211.2.2.1 24
```

结果验证：完成以上配置后，host_2 可以 ping 通 211.2.2.1 和 211.1.1.1

④ 在 F1060 防火墙上配置接口 IP 地址，并在 Trust 安全域中加入 G1/0/10 接口，在 Untrust 安全域中加入 G1/0/2 接口。

```
[H3C]sysname firewall
[firewall]interface GigabitEthernet 1/0/10
[firewall-GigabitEthernet1/0/10]ip address 192.168.1.1 24
[firewall-GigabitEthernet1/0/10]quit
[firewall]interface GigabitEthernet 1/0/2
[firewall-GigabitEthernet1/0/2]ip address 211.1.1.2 29
[firewall-GigabitEthernet1/0/2]quit
[firewall]security-zone name Trust
[firewall-security-zone-Trust]import interface GigabitEthernet 1/0/10
[firewall-security-zone-Trust]quit
[firewall]security-zone name Untrust
[firewall-security-zone-Untrust]import interface GigabitEthernet 1/0/2
[firewall-security-zone-Untrust]quit
```

⑤ 在 F1060 防火墙上配置访问控制列表，对从内部网络 IP 地址段访问 Internet 予以放行。

```
[firewall]acl advanced 3000
[firewall-acl-ipv4-adv-3000]rule permit ip source 192.168.10.0 0.0.0.255 destination any
[firewall-acl-ipv4-adv-3000]quit
```

⑥ 在 F1060 防火墙上配置安全域间实例，从 trust 到 untrust 安全域，执行访问控制列表 3000 的检查。

```
[firewall]zone-pair security source trust destination untrust
[firewall-zone-pair-security-Trust-Untrust]packet-filter 3000
```

⑦ 在 F1060 防火墙上配置 NAT 地址池，起始 IP 地址为 211.1.1.3，终止 IP 为 211.1.1.6。在出接口 GE1/0/2 上应用 acl3000 和 nat 地址池。

```
[firewall]nat address-group 0
[firewall-address-group-0]address 211.1.1.3 211.1.1.6
[firewall-address-group-0]quit
[firewall]interface GigabitEthernet 1/0/2
[firewall-GigabitEthernet1/0/2]nat outbound 3000 address-group 0
```

关于动态 NAT 的说明，有三种模式，分别是 PAT、NO-PAT、Easy NAT，在接口模式下。

如果使用指令 nat outbound 3000 address-group 0，为 PAT 模式，即，内部地址:内端口号<——>地址池中外部地址:外端口号，有进行传输层端口的变化。Web 管理界面如实验图 4-2 所示。

实验图 4-2　PAT 模式

如果使用指令 nat outbound 3000 address-group 0 no-pat，为 NO-PAT 模式，即，内部地址 <——>地址池中外部地址，没有进行传输层端口的变化。Web 管理界面如实验图 4-3 所示。

实验图 4-3　NO-PAT 模式

如果使用指令 nat outbound 3000，为 Easy NAT 转换模式，即，内部地址:内端口号<——> 接口 IP 地址:外端口号，有进行传输层端口的变化。Web 管理界面如实验图 4-4 所示。

实验图 4-4　Easy PAT 模式

⑧ 在 F1060 防火墙上配置静态路由，使得从防火墙去往内部网络、去往 Internet 均有路由。

[firewall]ip route-static 0.0.0.0 0.0.0.0 211.1.1.1
[firewall]ip route-static 192.168.10.0 24 192.168.1.2

⑨ 在 Host_1 上进行结果验证，分别通过 ftp 访问 Internet 服务器 211.2.2.2，如实验图 4-5 所示，通过 http 访问 Internet 服务器 211.2.2.2，如实验图 4-6 所示，均可以实现。并在 FTP 访问界面上可以看到客户端地址为 211.1.1.5，说明在防火墙上已经进行了 NAT 地址转换。

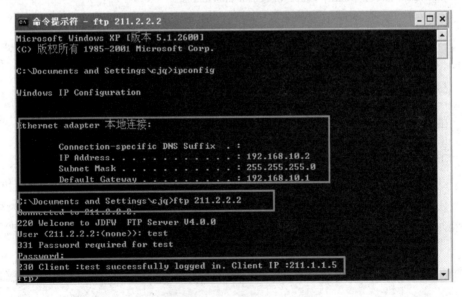

实验图 4-5　FTP 访问 211.2.2.2

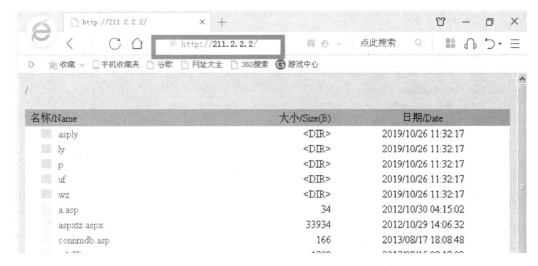

实验图 4-6　Http 访问 211.2.2.2

实验 5　基于包过滤策略的 UnTrust 访问 DMZ 内部服务器 NAT 配置

【实验拓扑】

实验 5 的拓扑图如实验图 5-1 所示。

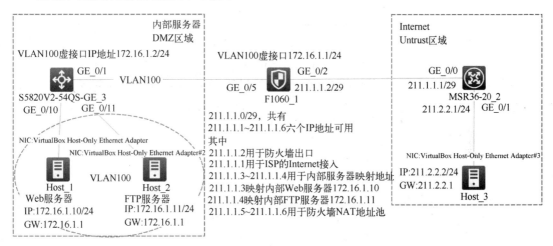

实验图 5-1　实验 5 拓扑图

【实验内容】

① 按拓扑结构连接内部服务器（DMZ 区域）和 Internet 网络（Untrust 区域），Host_1、Host_2、Host_3 均在 Oracle VM VirtualBox 中使用虚拟机，按图配置 Host_1、Host_2、Host_3 的 IP 地址和网关。在 Host_1 使用工具软件 MyWebServer 架设 Web 服务，在 Host_2 上使用工具软件 Quick easy ftp server 架设 FTP 服务。

② 在 S5820 上完成以下配置，配置内部网络实现 VLAN100 互通。

```
[H3C]sysname S3
```

```
[S3]vlan 100
[S3-vlan100]quit
[S3]interface vlan 100
[S3-Vlan-interface100]ip address 172.16.1.2 24
[S3-Vlan-interface100]quit
[S3]interface GigabitEthernet 1/0/10
[S3-GigabitEthernet1/0/10]port access vlan 100
[S3-GigabitEthernet1/0/10]quit
[S3]interface GigabitEthernet 1/0/11
[S3-GigabitEthernet1/0/11]port access vlan 100
[S3-GigabitEthernet1/0/11]quit
[S3]interface GigabitEthernet 1/0/1
[S3-GigabitEthernet1/0/1]port access vlan 100
[S3-GigabitEthernet1/0/1]quit
```

结果验证：完成以上配置后，host_1、Host_2 可以 ping 通 172.16.1.2。

③ 在 MSR3620 上完成以下配置，配置模拟 Internet，按图配置 MSR3620 的接口 IP 地址。

```
[H3C]sysname R
[R]interface GigabitEthernet 0/0
[R-GigabitEthernet0/0]ip address 211.1.1.1 29
[R-GigabitEthernet0/0]quit
[R]interface GigabitEthernet 0/1
[R-GigabitEthernet0/1]ip address 211.2.2.1 24
[R-GigabitEthernet0/1]quit
```

结果验证：完成以上配置后，host_3 可以 ping 通 211.2.2.1 和 211.1.1.1。

④ 在 F1060 防火墙上配置 G1/0/2 的接口 IP 地址和 VLAN100 虚接口 IP 地址，并在 DMZ 安全域中加入 VLAN100 虚接口，在 Untrust 安全域中加入 G1/0/2 接口。

```
[H3C]sysname firewall
[firewall]vlan 100
[firewall-vlan100]quit
[firewall]interface GigabitEthernet 1/0/5
[firewall-GigabitEthernet1/0/5]port link-mode bridge
[firewall-GigabitEthernet1/0/5]port access vlan 100
[firewall-GigabitEthernet1/0/5]quit
[firewall]interface vlan 100
[firewall-Vlan-interface100]ip address 172.16.1.1 24
[firewall-Vlan-interface100]quit
[firewall]interface GigabitEthernet 1/0/2
[firewall-GigabitEthernet1/0/2]ip address 211.1.1.2 29
[firewall-GigabitEthernet1/0/2]quit
[firewall]security-zone name DMZ
[firewall-security-zone-DMZ]import interface vlan 100
[firewall-security-zone-DMZ]quit
[firewall]security-zone name Untrust
[firewall-security-zone-Untrust]import interface GigabitEthernet 1/0/2
```

[firewall-security-zone-Untrust]

⑤ 在 F1060 防火墙上配置访问控制列表，对从 Internet 访问内部服务器予以放行。

[firewall]acl advanced 3000
[firewall-acl-ipv4-adv-3000]rule permit ip source any destination 172.16.1.0 0.0.0.255
[firewall-acl-ipv4-adv-3000]quit

⑥ 在 F1060 防火墙上配置安全域间实例，从 untrust 到 DMZ 安全域，执行访问控制列表 3000 的检查。

[firewall]zone-pair security source untrust destination dmz
[firewall-zone-pair-security-Untrust-DMZ]packet-filter 3000
[firewall-zone-pair-security-Untrust-DMZ]quit

⑦ 在接口 GE1/0/2 上设置内部 Web 服务器和 FTP 服务器，其中外部地址 211.1.1.3 映射内部 Web 服务器 172.16.1.10，外部地址 211.1.1.4 映射内部 FTP 服务器 172.16.1.11。

[firewall]interface GigabitEthernet 1/0/2
[firewall-GigabitEthernet1/0/2]nat server protocol tcp global 211.1.1.3 80 inside 172.16.1.10 80
[firewall-GigabitEthernet1/0/2]nat server protocol tcp global 211.1.1.4 21 inside 172.16.1.11 21

⑧ 在 F1060 防火墙上配置静态路由，从防火墙去往 Internet 的路由。

[firewall]ip route-static 0.0.0.0 0.0.0.0 211.1.1.1

⑨ 在 Host_3 上进行结果验证，分别通过 http://211.1.1.3 可以内部服务器 172.16.1.10，如实验图 5-2 所示，通过 ftp 211.1.1.4 可以访问内部服务器 172.16.1.11，如实验图 5-3 所示。

实验图 5-2　http 访问内部服务器

实验图 5-3　FTP 访问内部服务器

实验 6　基于包过滤策略的 Trust、Untrust、DMZ 互访和 DNS mapping 配置

【实验拓扑】

实验 6 的拓扑图如实验图 6-1 所示。

实验图 6-1　实验 6 拓扑图

【实验内容】

① 按拓扑结构连接 Trust、Untrust 和 DMZ 区域，Host_1、Host_2、Host_3、Host_4 均在 Oracle VM VirtualBox 中使用虚拟机，按图配置 Host_1、Host_2、Host_3、Host_4 的 IP 地址和网关、DNS。在 Host_2 使用工具软件 MyWebServer 架设 Web 服务。在 Host_4 使用工具软件 MyWebServer 架设 Web 服务。在 Host_3 上使用 Windows 2003 操作系统架设 DNS 服务，

并配置相应的主机记录。

② 在 MSR360 上完成以下配置，实现 Internet 互通。

```
[H3C]sysname R
[R]interface GigabitEthernet 0/0
[R-GigabitEthernet0/0]ip address 211.1.1.1 29
[R-GigabitEthernet0/0]quit
[R]interface GigabitEthernet 0/1
[R-GigabitEthernet0/1]ip address 211.2.2.1 24
[R-GigabitEthernet0/1]quit
[R]interface GigabitEthernet 0/2
[R-GigabitEthernet0/2]ip address 211.3.3.1 24
[R-GigabitEthernet0/2]
```

结果验证：完成以上配置后，host_3、Host_4 可以相互 ping 通。

③ 在 F1060 防火墙上配置 G1/0/2、G1/0/5、G1/0/10 的接口 IP 地址，并在 DMZ 安全域中加入 G1/0/5，在 Untrust 安全域中加入 G1/0/2 接口，在 Trust 安全域中加入 G1/0/10 接口。

```
[H3C]sysname Firewall
[Firewall]interface GigabitEthernet 1/0/10
[Firewall-GigabitEthernet1/0/10]ip address 192.168.10.1 24
[Firewall-GigabitEthernet1/0/10]quit
[Firewall]interface GigabitEthernet 1/0/5
[Firewall-GigabitEthernet1/0/5]ip address 172.16.1.1 24
[Firewall-GigabitEthernet1/0/5]quit
[Firewall]interface GigabitEthernet 1/0/2
[Firewall-GigabitEthernet1/0/2]ip address 211.1.1.2 29
[Firewall-GigabitEthernet1/0/2]quit
[Firewall]security-zone name Trust
[Firewall-security-zone-Trust]import interface GigabitEthernet 1/0/10
[Firewall-security-zone-Trust]quit
[Firewall]security-zone name DMZ
[Firewall-security-zone-DMZ]import interface GigabitEthernet 1/0/5
[Firewall-security-zone-DMZ]quit
[Firewall]security-zone name Untrust
[Firewall-security-zone-Untrust]import interface GigabitEthernet 1/0/2
[Firewall-security-zone-Untrust]
```

④ 在 F1060 防火墙上配置访问控制列表和安全域间实例。

配置访问控制列表 2000，应用在从 Trust 到 Untrust 安全域间实例、从 Trust 到 DMZ 的安全域间实例：

```
[Firewall]acl basic 2000
[Firewall-acl-ipv4-basic-2000]rule permit source 192.168.10.0 0.0.0.255
[Firewall-acl-ipv4-basic-2000]quit
[Firewall]zone-pair security source trust destination untrust
[Firewall-zone-pair-security-Trust-Untrust]packet-filter 2000
[Firewall-zone-pair-security-Trust-Untrust]quit
```

```
[Firewall]zone-pair security source trust destination dmz
[Firewall-zone-pair-security-Trust-DMZ]packet-filter 2000
[Firewall-zone-pair-security-Trust-DMZ]quit
```

配置访问控制列表 3000，应用在从 Untrust 到 DMZ 的安全域间实例：

```
[Firewall]acl advanced 3000
[Firewall-acl-ipv4-adv-3000]rule permit ip source any destination 172.16.1.0 0.0.0.255
[Firewall-acl-ipv4-adv-3000]quit
[Firewall]zone-pair security source untrust destination dmz
[Firewall-zone-pair-security-Untrust-DMZ]packet-filter 3000
[Firewall-zone-pair-security-Untrust-DMZ]
```

⑤ 配置 NAT 地址池，用于将内部网络的 IP 地址转换为 NAT 地址池地址，在防火墙出接口 GE1/0/2 上设置 NAT 动态转换和内部 Web 服务器。

```
[Firewall]nat address-group 0
[Firewall-address-group-0]address 211.1.1.4 211.1.1.6
[Firewall-address-group-0]quit
[Firewall]interface GigabitEthernet 1/0/2
[Firewall-GigabitEthernet1/0/2]nat outbound 2000 address-group 0
[Firewall-GigabitEthernet1/0/2]nat server protocol tcp global 211.1.1.3 80 inside 172.16.1.10 80
[Firewall-GigabitEthernet1/0/2]
```

⑥ 在 F1060 防火墙上配置静态路由，从防火墙去往 Internet 的路由。

```
[firewall]ip route-static 0.0.0.0 0.0.0.0 211.1.1.1
```

⑦ 结果验证。

在 Host_1 上，可通过 http://172.16.1.10 方式访问内部服务器 172.16.1.10。

在 Host_1 上，可通过 http://211.3.3.2 方式访问 Internet 服务器 211.3.3.2。

在 Host_4 上，可通过 http://211.1.1.3 方式访问内部服务器 172.16.1.10。

在 Host_4 上，可通过 http://www.cjq.com 方式访问内部服务器 172.16.1.10。

在 Host_1 上，不能以域名方式 http://www.cjq.com 访问内部服务器 172.16.1.10，使用命令 nslookup 进行域名解析，得到 www.cjq.com 的 IP 地址为 211.1.1.3。域名解析结果如实验图 6-2 所示。

实验图 6-2　域名解析结果

在防火墙上通过配置 DNS mapping，实现内网用户可通过域名访问内部服务器的功能。

　　[Firewall]nat alg dns
　　[Firewall]nat dns-map domain www.cjq.com protocol tcp ip 211.1.1.3 port 80

完成以上配置后，在 Host_1 上可以使用域名方式 http://www.cjq.com 访问内部服务器 172.16.1.10，使用命令 nslookup 进行域名解析，得到 www.cjq.com 的 IP 地址为 172.16.1.10。域名解析结果如实验图 6-3 所示。

实验图 6-3　域名解析结果

实验 7　基于对象策略的区域访问配置

【实验拓扑】

实验 7 的拓扑图如实验图 7-1 所示。

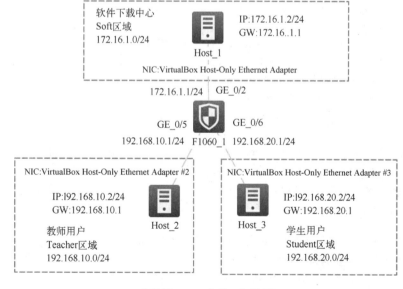

实验图 7-1　实验 7 拓扑图

【实验内容】

通过配置对象策略，实现以下要求：允许教师用户区域在任意时间通过 http、FTP 协议访问软件下载中心，允许学生用户区域在工作时间通过 FTP 访问软件下载中心，任何时间禁止通过 http 访问软件下载中心。

以下实验内容可以通过 Web 界面配置完成。

① 按拓扑结构连接 Soft、Teacher、Student 区域，Host_1、Host_2、Host_3 均在 Oracle VM VirtualBox 中使用虚拟机，按图配置 Host_1、Host_2、Host_3 的 IP 地址和网关。在 Host_1 使用工具软件 Quick easy ftp server 架设 FTP 服务、使用工具软件 MyWebServer 架设 Web 服务。

② 在 F1060 防火墙上配置 G1/0/2、G1/0/5、G1/0/6 的接口 IP 地址，并在各安全域中加入相应的接口。

```
[H3C]sysname Firewall
[Firewall]
[Firewall]time-range worktime 08:00 to 18:00 working-day
\\创建名为 worktime 的时间段，其时间范围为每周工作日的 8 点到 18 点。
\\配置 G1/0/2 接口 IP 地址，创建 soft 安全域，并添加 G1/0/2 接口。
[Firewall]interface GigabitEthernet 1/0/2
[Firewall-GigabitEthernet1/0/2]ip address 172.16.1.1 24
[Firewall-GigabitEthernet1/0/2]quit
[Firewall]security-zone name soft
[Firewall-security-zone-soft]import interface GigabitEthernet 1/0/2
[Firewall-security-zone-soft]quit
\\配置 G1/0/5 接口 IP 地址，创建 teacher 安全域，并添加 G1/0/5 接口。
[Firewall]interface GigabitEthernet 1/0/5
[Firewall-GigabitEthernet1/0/5]ip address 192.168.10.1 24
[Firewall-GigabitEthernet1/0/5]quit
[Firewall]security-zone name teacher
[Firewall-security-zone-teacher]import interface GigabitEthernet 1/0/5
[Firewall-security-zone-teacher]quit
\\配置 G1/0/6 接口 IP 地址，创建 student 安全域，并添加 G1/0/6 接口。
[Firewall]interface GigabitEthernet 1/0/6
[Firewall-GigabitEthernet1/0/6]ip address 192.168.20.1 24
[Firewall-GigabitEthernet1/0/6]quit
[Firewall]security-zone name student
[Firewall-security-zone-student]import interface GigabitEthernet 1/0/6
[Firewall-security-zone-student]
```

③ 配置 IP 地址对象组。

```
\\创建名为 softadd 的 IP 地址对象组，并定义其子网地址为 172.16.1.0/24。
[Firewall]object-group ip address softadd
[Firewall-obj-grp-ip-softadd]network subnet 172.16.1.0 24
[Firewall-obj-grp-ip-softadd]quit
\\创建名为 teacheradd 的 IP 地址对象组，并定义其子网地址为 192.168.10.0/24。
```

[Firewall]object-group ip address teacheradd

[Firewall-obj-grp-ip-teacheradd]network subnet 192.168.10.0 24

[Firewall-obj-grp-ip-teacheradd]quit

\\创建名为 studentadd 的 IP 地址对象组，并定义其子网地址 192.168.20.0/24。

[Firewall]object-group ip address studentadd

[Firewall-obj-grp-ip-studentadd]network subnet 192.168.20.0 24

[Firewall-obj-grp-ip-studentadd]quit

[Firewall]

④ 配置策略，可以采用以下方法之一。如采用 Web 配置方式，为方法 1 的方式。

方法 1：

[Firewall]security-policy ip

\\创建安全策略

[Firewall-security-policy-ip]rule 0 name teacher-soft

\\安全策略规则 0，名称为 teacher-soft

[Firewall-security-policy-ip-0-teacher-soft]action pass

[Firewall-security-policy-ip-0-teacher-soft]time-range worktime

[Firewall-security-policy-ip-0-teacher-soft]source-zone teacher

[Firewall-security-policy-ip-0-teacher-soft]destination-zone soft

[Firewall-security-policy-ip-0-teacher-soft]source-ip teacheradd

[Firewall-security-policy-ip-0-teacher-soft]destination-ip softadd

[Firewall-security-policy-ip-0-teacher-soft]service ftp

[Firewall-security-policy-ip-0-teacher-soft]service http

[Firewall-security-policy-ip-0-teacher-soft]quit

[Firewall-security-policy-ip]rule 1 name student-soft

\\安全策略规则 1，名称为 student-soft

[Firewall-security-policy-ip-1-student-soft]action pass

[Firewall-security-policy-ip-1-student-soft]source-zone student

[Firewall-security-policy-ip-1-student-soft]destination-zone soft

[Firewall-security-policy-ip-1-student-soft]source-ip studentadd

[Firewall-security-policy-ip-1-student-soft]destination-ip softadd

[Firewall-security-policy-ip-1-student-soft]service ftp

[Firewall-security-policy-ip-1-student-soft]quit

[Firewall-security-policy-ip]quit

[Firewall]

\\完成以上内容已可实现目的要求

方法 2：

\\配置从 teacher 区域去往 soft 区域的对象策略，允许 ftp 和 http，对象策略名称为 teacher-soft

[Firewall]object-policy ip teacher-soft

[Firewall-object-policy-ip-teacher-soft]rule pass source-ip teacheradd destination-ip softadd service ftp

[Firewall-object-policy-ip-teacher-soft]rule pass source-ip teacheradd destination-ip softadd service http

[Firewall-object-policy-ip-teacher-soft]quit

\\配置从 student 区域去往 soft 区域的对象策略，工作时间允许 ftp，任何时间丢弃 http，对象策略名称为 student-soft

[Firewall]object-policy ip student-soft

[Firewall-object-policy-ip-student-soft]rule pass source-ip studentadd destination-ip softadd service ftp time-range worktime

[Firewall-object-policy-ip-student-soft]rule drop source-ip studentadd destination-ip softadd service http

[Firewall-object-policy-ip-student-soft]quit

\\在源安全域 teacher 和目的安全域 soft 之间，应用对象策略 teacher-soft

[Firewall]zone-pair security source teacher destination soft

[Firewall-zone-pair-security-teacher-soft]object-policy apply ip teacher-soft

[Firewall-zone-pair-security-teacher-soft]quit

\\在源安全域 student 和目的安全域 soft 之间，应用对象策略 student-soft

[Firewall]zone-pair security source student destination soft

[Firewall-zone-pair-security-student-soft]object-policy apply ip student-soft

[Firewall-zone-pair-security-student-soft]quit

[Firewall]

⑤ 结果验证。

（1）在 Host_2 上，可以通过 http、ftp 访问服务器 172.16.1.2。

（2）在 Host_3 上，可以通过 ftp 访问服务器 172.16.1.2，不能通过 http 访问 172.16.1.2。

⑥ 为了更好地保证 FTP 传输安全，可以启用 ASPF（advanced stateful packet filter，高级状态包过滤）策略。ASPF 能够实现的主要功能有：应用层协议检测、传输层协议检测、ICMP 差错报文检测、TCP 连接首包检测等。ASPF 可以和包过滤防火墙（ACL）协同工作，也可以和对象策略（Object-policy）协同工作，ACL 或者 Objec-policy 负责按照规则进行报文过滤（阻断或放行），ASPF 负责对已放行报文进行信息记录。因此，ASPF 能够为企业内部网络提供更全面的、更符合实际需求的安全策略。

创建 ASPF 策略 1，配置检测应用层协议 FTP。

[Firewall]aspf policy 1

[Firewall-aspf-policy-1]detect ftp

[Firewall-aspf-policy-1]quit

[Firewall]zone-pair security source teacher destination soft

[Firewall-zone-pair-security-teacher-soft]aspf apply policy 1

[Firewall-zone-pair-security-teacher-soft]quit

[Firewall]zone-pair security source student destination soft

[Firewall-zone-pair-security-student-soft]aspf apply policy 1

[Firewall-zone-pair-security-student-soft]quit

[Firewall]

实验 8　基于对象策略的 IPSec 典型配置

【实验拓扑】

实验 8 的拓扑图如实验图 8-1 所示。

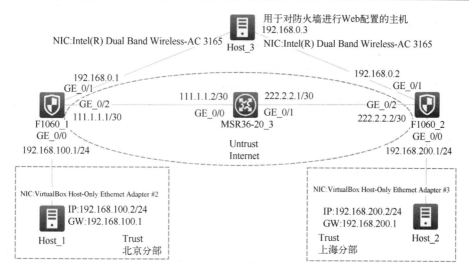

实验图 8-1   实验 8 拓扑图

【实验内容】

① 按拓扑结构连接拓扑结构，Host_1、Host_2 均在 Oracle VM VirtualBox 中使用虚拟机，按图配置 Host_1、Host_2、Host_3 的 IP 地址和网关。Host_3 为用于对防火墙进行 Web 配置的主机。

② 在 MSR3620 路由器上完成以下接口配置，实现模拟 Internet。

```
[H3C]sysname Router
[Router]interface GigabitEthernet 0/0
[Router-GigabitEthernet0/0]ip address 111.1.1.2 30
[Router-GigabitEthernet0/0]quit
[Router]interface GigabitEthernet 0/1
[Router-GigabitEthernet0/1]ip address 222.2.2.1 30
[Router-GigabitEthernet0/1]quit
```

③ 在 F1060_1 防火墙上完成以下配置，实现 Web 管理。

```
[H3C]sysname FW01
[FW01]security-zone name Management
[FW01-security-zone-Management]import interface GigabitEthernet 1/0/1
[FW01-security-zone-Management]quit
[FW01]acl basic 2000
[FW01-acl-ipv4-basic-2000]rule permit source any
[FW01-acl-ipv4-basic-2000]quit
[FW01]zone-pair security source management destination local
[FW01-zone-pair-security-Management-Local]packet-filter 2000
[FW01-zone-pair-security-Management-Local]quit
[FW01]
```

完成以上配置后，可以从 Host_3 上通过 http://192.168.0.1 对防火墙进行 Web 配置管理。

④ 在 F1060_2 防火墙上完成以下配置，实现 Web 管理。

```
[H3C]sysname FW02
[FW02]interface GigabitEthernet 1/0/1
[FW02-GigabitEthernet1/0/1]ip address 192.168.0.2 24
[FW02-GigabitEthernet1/0/1]quit
[FW02]security-zone name Management
[FW02-security-zone-Management]import interface GigabitEthernet 1/0/1
[FW02-security-zone-Management]quit
[FW02]acl basic 2000
[FW02-acl-ipv4-basic-2000]rule permit source any
[FW02-acl-ipv4-basic-2000]quit
[FW02]zone-pair security source management destination local
[FW02-zone-pair-security-Management-Local]packet-filter 2000
[FW02-zone-pair-security-Management-Local]quit
[FW02]
```

完成以上配置后，可以从 Host_3 上通过 http://192.168.0.2 对防火墙进行 Web 配置管理。

⑤ 在 FW01、FW02 上完成接口 IP 地址配置，并加入到相应的安全域。如实验图 8-2 和实验图 8-3 所示。

实验图 8-2　FW01 接口 IP 地址和相应安全与配置

实验图 8-3　FW01 接口 IP 地址和相应安全与配置

⑥ 在 FW01 防火墙上 IPSec 的 IKE 提议和 IPSec 策略。

IPSec 的 IKE 提议，配置内容如实验图 8-4 所示。

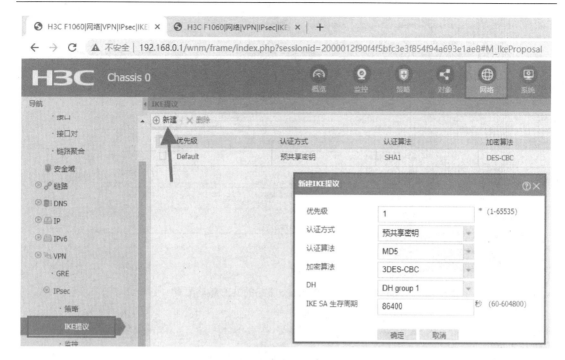

实验图 8-4 FW01 IPsec 的 IKE 提议

IPSec 策略的基本配置，配置内容如实验图 8-5 所示。

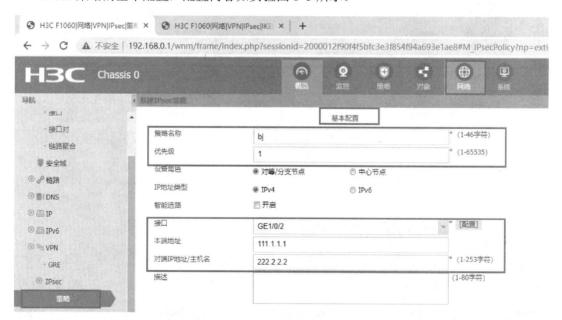

实验图 8-5 FW01 IPsec 策略的基本配置

IPSec 策略的 IKE 策略配置，配置内容如实验图 8-6 所示。
IPSec 策略的保护数据流配置，配置内容如实验图 8-7 所示。

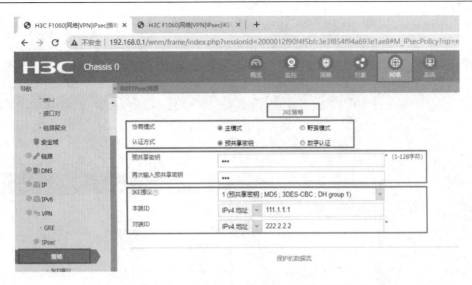

实验图 8-6　FW01 IPsec 策略的 IKE 策略配置

实验图 8-7　FW01 IPsec 策略的保护数据流配置

IPSec 策略的高级配置保持默认值。

FW01 完成 IPSec 的配置以后，结果如实验图 8-8 所示。

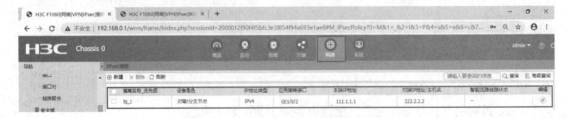

实验图 8-8　FW01 完成 IPsec 配置

⑦ 在 FW02 防火墙上 IPSec 的 IKE 提议和 IPSec 策略。

IPSec 的 IKE 提议，配置内容如实验图 8-9 所示。

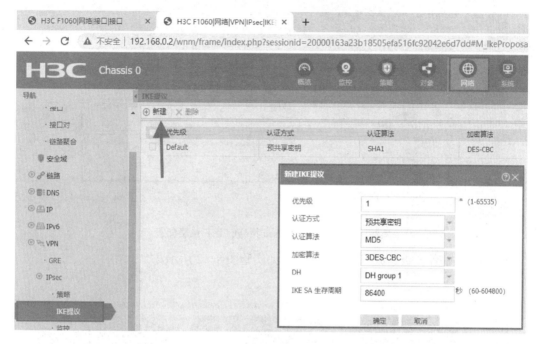

实验图 8-9　FW02 IPsec 的 IKE 提议

IPSec 策略的基本配置，配置内容如实验图 8-10 所示。

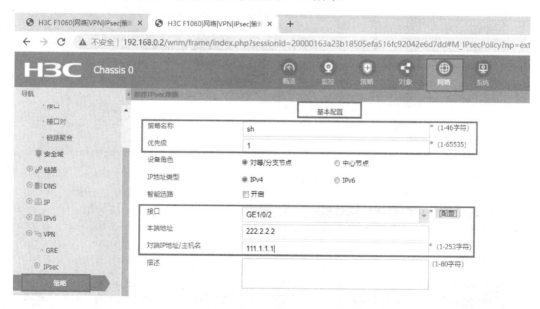

实验图 8-10　FW02 IPsec 策略的基本配置

IPSec 策略的 IKE 策略配置，配置内容如实验图 8-11 所示。

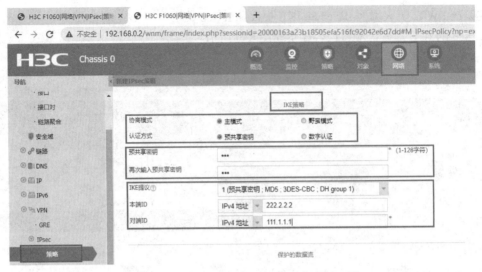

实验图 8-11   FW02 IPsec 策略的 IKE 策略配置

IPSec 策略的保护数据流配置，配置内容如实验图 8-12 所示。

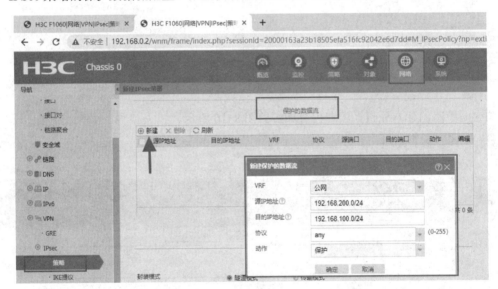

实验图 8-12   FW02 IPsec 策略的保护数据流配置

IPSec 策略的高级配置保持默认值。

FW02 完成 IPSec 的配置以后，结果如实验图 8-13 所示。

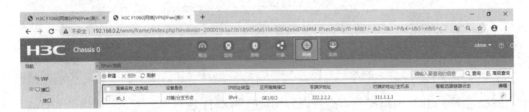

实验图 8-13   FW02 完成 IPsec 配置

⑧ 在 FW01 防火墙上配置静态路由，如实验图 8-14 所示。

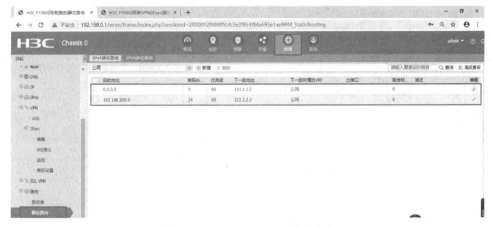

实验图 8-14　FW01 配置静态路由

⑨ 在 FW02 防火墙上配置静态路由，如实验图 8-15 所示。

实验图 8-15　FW02 配置静态路由

⑩ 在 FW01 防火墙上配置地址对象，如实验图 8-16 所示。

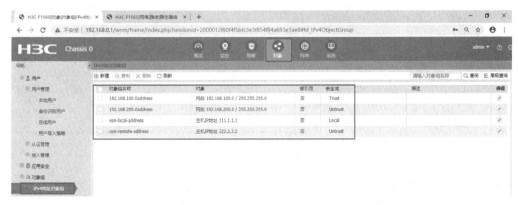

实验图 8-16　FW01 配置地址对象

⑪ 在 FW02 防火墙上配置地址对象，如实验图 8-17 所示。

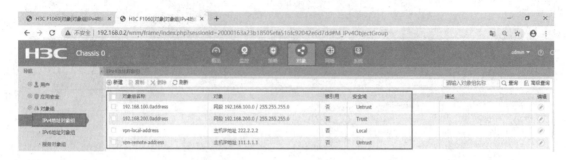

实验图 8-17　FW02 配置地址对象

⑫ 在 FW01 防火墙上配置安全策略，注意顺序。

创建允许 VPN 的 local 地址 111.1.1.1 连接 VPN 的 remote 地址 222.2.2.2 的策略，如实验图 8-18 所示。

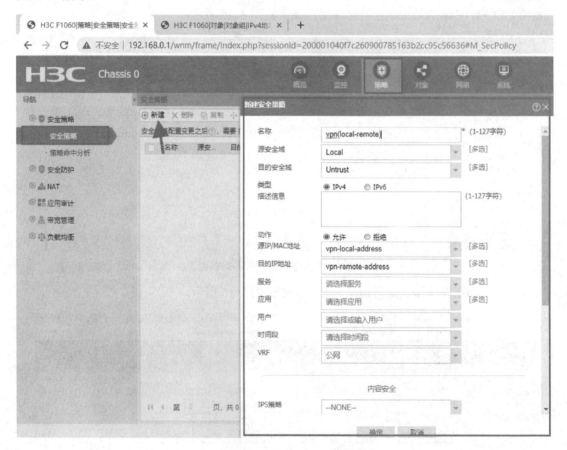

实验图 8-18　FW01 配置安全策略

创建允许 VPN 的 remote 地址 222.2.2.2 连接 VPN 的 local 地址 111.1.1.1 的策略，如实验图 8-19 所示。

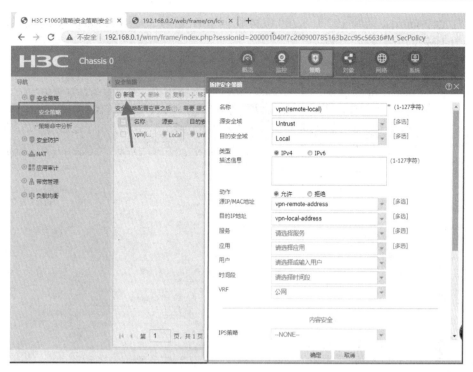

实验图 8-19   FW01 配置安全策略

创建允许 trust 区域 192.168.100.0/24 访问 untrust 区域 192.168.200.0/24 的策略，如实验图 8-20 所示。

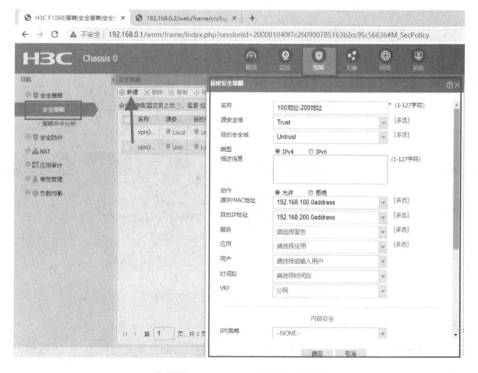

实验图 8-20   FW01 配置安全策略

创建允许 untrust 区域 192.168.200.0/24 访问 trust 区域 192.168.100.0/24 的策略，如实验图 8-21 所示。

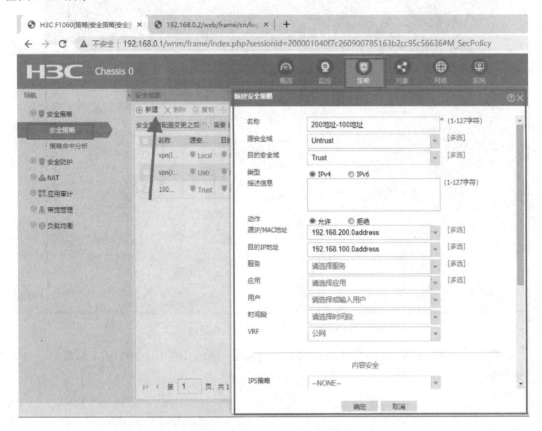

实验图 8-21　FW01 配置安全策略

在 FW01 上完成以上安全策略后，单击"提交"，以便激活安全策略，如实验图 8-22 所示。

实验图 8-22　FW01 激活安全策略

⑬ 在 FW02 防火墙上配置安全策略，注意顺序。

创建允许 VPN 的 local 地址 222.2.2.2 连接 VPN 的 remote 地址 111.1.1.1 的策略，如实验图 8-23 所示。

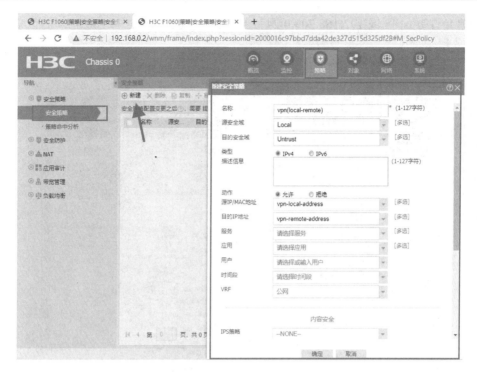

实验图 8-23 FW02 配置安全策略

创建允许 VPN 的 remote 地址 111.1.1.1 连接 VPN local 地址 222.2.2.2 的的策略，如实验图 8-24 所示。

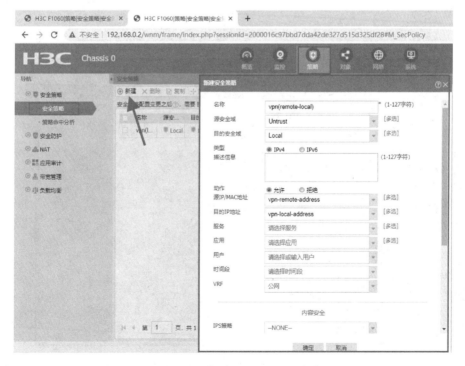

实验图 8-24 FW02 配置安全策略

创建允许 trust 区域 192.168.200.0/24 访问 untrust 区域 192.168.100.0/24 的策略，如实验图 8-25 所示。

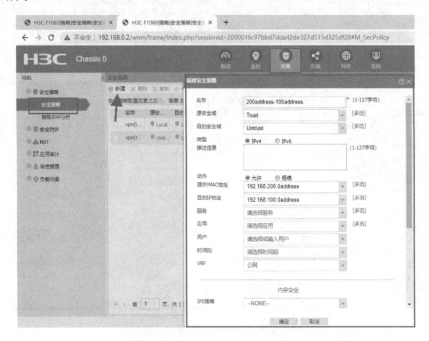

实验图 8-25　FW02 配置安全策略

创建允许 untrust 区域 192.168.100.0/24 访问 trust 区域 192.168.200.0/24 的策略，如实验图 8-26 所示。

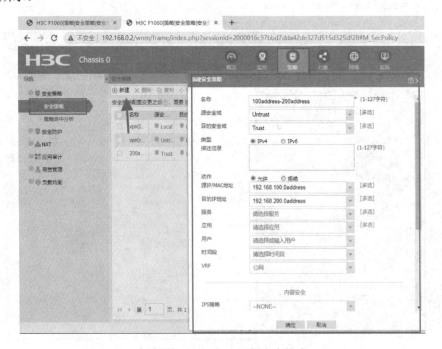

实验图 8-26　FW02 配置安全策略

在 FW01 上完成以上安全策略后，单击"提交"，以便激活安全策略，如实验图 8-27 所示。

实验图 8-27　FW02 激活安全策略

⑭ 结果验证，从 Host_1 可以 ping 通 Host_2。在 FW01、FW02 防火墙上检查 IPSec 的监控状态。结果验证如实验图 8-28 和实验图 8-29 所示。

实验图 8-28　结果验证

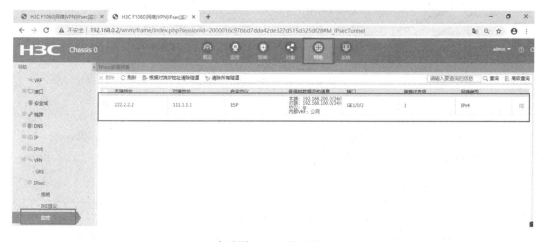

实验图 8-29　结果验证

实验 9　防火墙安全防护典型配置

【实验拓扑】

实验 9 的拓扑图如实验图 9-1 所示。

实验图 9-1　实验 9 拓扑图

【专业知识】

防火墙能够提供很多的安全防护措施，主要措施如实验图 9-2 所示。

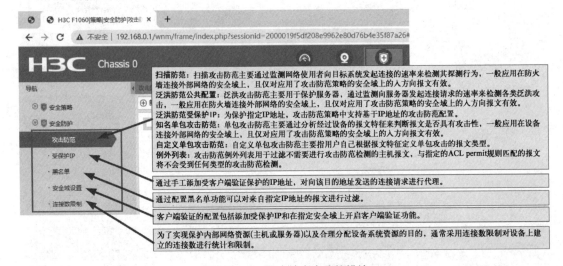

实验图 9-2　防火墙安全防护措施

【实验内容】

① 按拓扑结构连接拓扑结构。Host_1 为用于对防火墙进行 Web 配置的主机。

② 在 F1060_1 防火墙上完成以下配置，实现 Web 管理。

```
[H3C]sysname FW01
[FW01]security-zone name Management
[FW01-security-zone-Management]import interface GigabitEthernet 1/0/1
[FW01-security-zone-Management]quit
```

[FW01]acl basic 2000

[FW01-acl-ipv4-basic-2000]rule permit source any

[FW01-acl-ipv4-basic-2000]quit

[FW01]zone-pair security source management destination local

[FW01-zone-pair-security-Management-Local]packet-filter 2000

完成以上配置后，可以从 Host_1 上通过 http://192.168.0.1 对防火墙进行 Web 配置管理。

③ 在 F1060_1 防火墙上完成接口配置，并把相应接口纳入相应的安全域，如实验图 9-3 所示。

实验图 9-3　接口配置和安全域配置

④ 在防火墙上创建允许 Untrust 访问 DMZ 的安全策略，如实验图 9-4 所示。

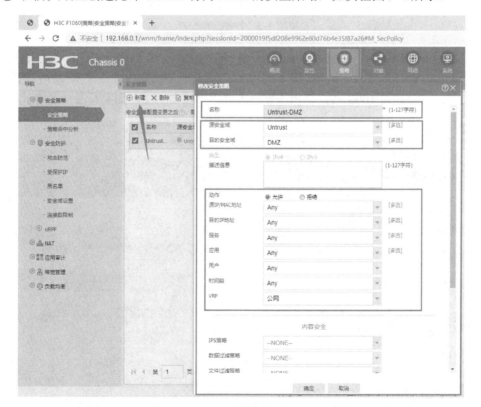

实验图 9-4　安全策略配置

⑤ 扫描防范配置。为防止外部网络对内部网络服务器的扫描攻击，需要在 Untrust 安全

域上开启扫描攻击防范。具体要求为：中防范级别的扫描攻击防范；输出告警日志并丢弃攻击报文，如实验图 9-5 所示。

实验图 9-5　扫描防范配置

⑥ 泛洪防范公共配置。为防止外部网络对内部服务器的 SYN Flood 攻击，需要在 Untrust 安全域上开启 SYN Flood 攻击防范。具体要求为：当设备监测到向内部服务器每秒发送的 SYN 报文数持续达到或超过 1000 时，输出告警日志并丢弃攻击报文，如实验图 9-6 所示。

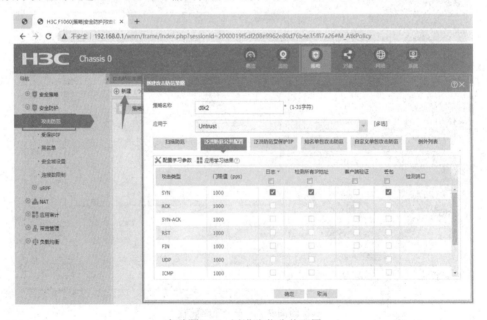

实验图 9-6　泛洪防范公共配置